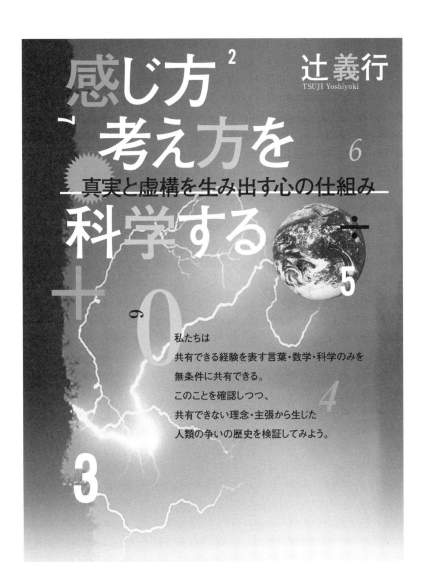

感じ方² 考え方を 科学する

― 真実と虚構を生み出す心の仕組み ―

辻 義行
TSUJI Yoshiyuki

私たちは
共有できる経験を表す言葉・数学・科学のみを
無条件に共有できる。
このことを確認しつつ、
共有できない理念・主張から生じた
人類の争いの歴史を検証してみよう。

合同フォレスト

科学は共有された経験にもとづくため常識的なものが多いが、常識から外れていても共有されて科学となるものもある。

カナダのバージェス頁岩（けつがん）から化石で発見された5億年前の動物たち (p73)

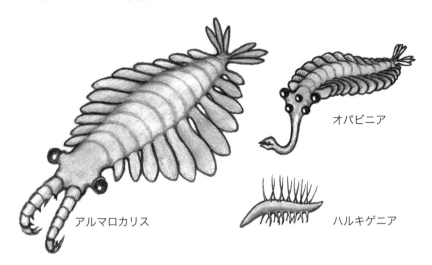

オパビニア

アルマロカリス

ハルキゲニア

ミクロな領域で確率的な素顔を見せる物体の存在─量子力学
(p42、p113、p211)

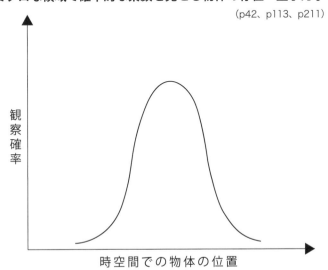

観察確率

時空間での物体の位置

目　　次

プロローグ　感じ方考え方を科学する──その必要性と困難さ 10

感じ方考え方を科学する必要性 10

問題1―人工知能は人間を超えるか　10／問題2―知的不満感が生み出す人間どうしの争い　10／言葉は真実もフィクションも語る　11／世界の人々が共有できる経験にもとづく考え方　12／世界に共有された経験を表す言葉、数学そして科学　12

人間の感じ方考え方を理論づけることの本質的な困難さ 14

感じ方考え方の科学の素描　15／科学的思考　16

経験・科学に立ちはだかる既存の理論群 17

哲学を最上位とした学問の世界　17／西洋哲学の成り立ち　18／哲学から始まった心理学　19／数学が哲学に組み込まれた理由　20／集合論について　21／公理論について　21／近代科学の哲学的解釈　22／宗教の影響　23／科学が疎んじられている理由　24／思考法の原点回帰の試み　25

得られた理論の概要 26

人の感じ方考え方を経験的・科学的に考える 26

満足感への欲求が人の心を動かす　26／個人的な思考経験が生み出す個人的感じ方と考え方　26／自我意識──人間社会の一員としての自分　27／判断の選択肢の成り立ち　27／知的満足感・不満感の織り成す人間社会　29／ロボットは人間になれない　30

言葉から理論と科学を考える 31

言葉、言語の成り立ちと共有性　31／言葉の成因から見た言葉の種類とその意味の共有性　32／個人・状況・文脈で変わる言葉・文章の意味　34／科学とは世界的に共有された経験を表す法則である　34／科学理論の成立要件、有効範囲・理論域　36／数学・科学の理論域を補う科学的思考　36／科学の価値・道徳性　37

数学から理論と科学を考える 38

経験的に習得できる共有された数学　38／数学は自立した理論であり、形式的・論理的な言葉の母体ともなっている　38／無限に関する難問の解決、無矛盾の数学　39／幾何学と数学の同一性　40／共有可能な数学理論の限界・理論域　40／数学的時空間の成り立ち　40／近代科学の成り立ちとその理論域　41／確率論と科学　42／科学の理論域を越えてしまった世界観・宇宙論　43

まとめ──著者の願い 43

第1話　私たちはいかにして感じ方考え方を習得したか..........45
私たちの感じ方考え方の習得経験を書き出してみる..........45
幼子の感情と思考　45／誕生の記憶？　46／好き嫌い　46／二足歩行習慣の習得　47／泣くことを我慢する　48／相手の気持ちを考える　48／転ぶのは自分が悪い――因果関係について　49／できない理由とできること　49／自発的な思考の始まり　50／反抗期・反抗心　51／神様・良心・道徳　52／何が善か――私の正義感　53／価値観　53／達観、達人　55

人の世の難しさ..........56
私の対人観　56／私と自然の関係のシンプルさ　56／疎んじられる理屈、もてはやされる情緒・高揚感　57／孤独感に弱い人間　58／集団の力と善悪　59／国家と戦争　58／失敗を人に知られる恐れ　60／謝ること、自分を正すことの難しさ　60／思考と感情　61／薄らぐ記憶、変貌する感じ方考え方　63

人は希望と絶望・過去と未来の間を生きている..........63
余暇と退屈――時間の価値観　63／私の夢の変遷　64／童話、小説、芸術の世界　64／死者はどこへ行くのか　66／私と宗教　67／科学の習得とその性質　67／「我思う故に我あり」　68／時間概念の習得　69／時間軸上の過去・現在・未来　70

科学にまつわる二つのエピソード..........71
経験で育つ人間性とオオカミ少女の話　71／奇想天外な動物たち　72

第2話　感じ方考え方を理論づける..........74
人は不満を解消して満足感を求めようと心を動かす..........74

感じ方考え方を制限する要素..........75
実現の可能性による選択の自由度の制限　75／実行・実現の可能性を制限する要因　76／個人的判断の共通性、個人差、社会による違い　77／選択肢に残された実現の可能性　78

感覚の生む満足感から知的満足感へ..........78
感覚の生む満足感とその性質　78／感覚の生む満足感から知的満足感へ　80／理性的人間と感情的人間　80／日常的な思考・行動のしくみ　81／個人的な思考経験が生み出す個人的考え方感じ方　81／達成感――知ること、達成することで得られる知的満足感　83／他に代えがたい達成感、生きがい　85／自信という満足感　85／物と自然に対する解釈と感情　86

人や社会との関係から生まれる満足感、不満感..........87
自我意識の誕生　87／人に対する感情　88／社会的な満足感と優位感、劣位感　89／共感――満足感・不満感の増幅　90／扇動されやすい人間　90／本音とタテマエ　91／他の人への配慮　92／知的に作られる争いの要因――優位感・誇りの相対性　93／競争の功罪　94／笑い　95／余暇の発生とその過ごし方　95

社会の大型化、安定化で生じた心理上の問題..........96
大きな社会で生まれやすい不信感、孤独感　96／優位感、劣位感の固定化　97

／心のバランスの問題　97／博愛、公の立場の難しさ　98／満足感と生きがい　98／特殊な社会の影響　99／幸福とは　100

既存の心理学の理論と比較する 101
哲学から始まった心理学　101／生得的と経験的との区別の問題　102／宗教社会の影響　103／マズローの欲求段階説と価値観について　103／事例別の心理学の限界　104

本書の感じ方考え方は科学的か 105

第3話　ロボットは人間になれない 107
自分・自我意識とは何か 107
自分・自我意識の成立条件　107

自分の意志は自由か 108
人の関心事である因果関係　108／因果関係では世界全体をカバーできない　109／因果関係の蓋然性・確率性　110／この世界は決定的か　110／自分を取り巻く環境は自分で変えられる　112／意志の自発性、自由さと物理学　113／私はなぜ生まれたのか　114／私は生まれ変われるのか　114／自分の死を知る——知的人間の宿命　115

心を形成する神経系の仕組み 116
記憶のネットワーク　116／脳の構造と記憶の仕組み　117／感覚・知覚の仕組み　118

現実感と仮想現実 119
現実感と仮想現実　119／バーチャルリアリティーの技術の進歩　120／リアルとバーチャルは何が違うか　122

生体の科学と物理学・化学の関係 124
科学そして物理学・化学のもつ理論の限界　124／二つの科学理論の結合　124／生体の科学の性質、制約　125

人工知能・ＡＩの可能性と限界 126
コンピューターと人間の根本的な違い　126／ＡＩは理論の発見に役立つが発見するのは人間である　127／ディープラーニング・深層学習・自己学習　128／ビッグデータの活用　130／会話・翻訳ロボット　131／感覚そのものも自我意識ももてないロボット　133／コンピューター・ＡＩの活躍できる分野　134／望まれるマイロボット　134／究極の民主主義？——ＡＩ政治　135

改めて人の意識・感覚を科学する 136
哲学上の問題——ソフトプロブレムについて　136／哲学上の問題——ハードプロブレムについて　137／改めて人の意識・感覚を考える　138

第4話　言葉、理論、そして科学を考える 140
言葉の成り立ち 140
言葉の習得　140／言葉の起源　141／名と意味が対応する言葉の構造　141／社会に根差した言語体系　142／言葉の意味──言葉から呼び起こされる感覚・感情　143

言葉を生んだ感じ方考え方──言葉の成因と性質 144
言葉の表す物事の分類と物事の型式　144／A　物事を分類した言葉　145／B　物事に共通する形式面を表す言葉　148／C　分類と形式が複合した言葉　149／D　それ以外の成因をもつ言葉　150／型式を表す言葉と種類を表す言葉との本質的な違い　150

言葉・文章の意味・表現の幅 151
個人の経験により形成される言葉の意味　151／言葉の組み合わせ方・文章で異なってくる意味の共有性　152／気持ちで使い分けられる接続詞　153／文脈、環境、書き手、読み手で変わる言葉・文章の意味　154／言葉と善悪　155

言葉による科学の成り立ち 155
科学──経験を法則的に考える　155／科学──世界で共有された理論　156／純粋に経験にもとづく考え方のみが確実に共有できる　157／共有可能な経験を表す言葉　158／科学法則とは発生確率の高い因果関係である　158／叙述の種類　159／科学理論の成立要件　159／科学理論の有効範囲・理論域　160／形式を表す理論とそれ以外の理論の結合　161／科学的思考法──最も経験的で共有できる思考法　163／科学理論群で構成されたネットワーク　164／不規則性・あいまいさと科学理論　165／科学の利用とその善悪　166／進化論とその意味　167

論理学、言語学、哲学について 168
論理学について　168／言語学について　170／哲学──言葉と論理による思索について　170／独我論について　173／カテゴリー論と四元素論について　175

第5話　数学、理論、そして科学を考える 177
数学の成り立ちと性質 177
物の数、そして数学の習得　177／物の長さにもとづいた数学　178／物の形と位置関係の理論──幾何学　178／数学は本来的に世界的に共有された数の理論である　179

数学の原理を書き出してみる 180
数学の原理の必要性と原理の性質　180／数学理論、数学の原理の性質　180

無限を理論づける 181
経験に一致して共有できる無限の定義　181

数学として共有できる理論とできない理論──数学の理論域 183
A　整合的な数の理論　183／B　数だけでは理論づけられない理論　184／C　数学に不必要な因果関係　184

平面・立体図形の数学 185
座標幾何学 185 ／数学的平面・空間には歪はない 188 ／3次元空間の習得と成り立ち 188

数学的時空間の成り立ち 189
時間とは何か 189 ／時間の正体 190 ／時間軸と3次元空間軸の結合 191 ／数学は第一原理である 191

近代物理学と化学の成り立ち 192
定量的な速度の表現の始まり 192 ／ニュートン力学 193 ／ニュートン力学の科学としての正しさ 194 ／ニュートン力学の時間 195 ／ニュートン力学は地動説か 196 ／科学理論の表現法の言葉から数学への転換 197 ／電波と光の性質の発見 197 ／光の不思議な性質 198 ／相対性理論とその数学的時空間との関係 199 ／科学的根拠の薄弱なビッグバン 200 ／数学的・図形的・形式的な原子論にもとづく近代科学 201 ／物理・化学の有効範囲・理論域 203 ／物理・化学理論と感覚の理論との結合 204 ／多層的で整合的な科学理論群のネットワーク 206

確率論による事象の解釈 208
日常生活に溶け込んだ確率論 208 ／気体分子のランダムな動きが作り出す気体の性質 209 ／熱力学とエントロピー 209 ／エントロピーの増加は時間の方向を定めるか 210 ／量子力学 211

［別記1］数学の原理と性質 212
数学の原理の一例 212 ／定義、定理、証明 213 ／数の基本的性質 214 ／数の性質・関係に含まれている論理規則・推論規則 215 ／数学の無矛盾性 216

［別記2］四元数 219
座標内の動きを数の演算で表す 219 ／四元数 220 ／四元数の盛衰 222

［別記3］確率論の成り立ち 223
確率——実現する可能性の大きさ 223 ／二項分布——離散的な確率分布 223 ／連続的な確率分布 224

第6話　無限の謎への挑戦3章 226
1章　無限をめぐる難問の歴史 226
ゼノンの難問——理論が限りなくつづくゆえの難問 226 ／無限小理論の展開 227 ／小数表記および微分積分で生じた難問 228 ／コーシーとワイエルシュトラスによる極限（値）理論 228 ／極限値の確定性の問題 229 ／アルキメデスの公理 230 ／数直線上に数はどのように存在するのか——実数の稠密性と連続性 230 ／数直線の切断、そして集合論へ 231

2章　共有された数学における無限論 233
無限値の定義とその妥当性・整合性 233 ／無限値の定義により確定する極限値 233

「極限の値」と無限数列どうしの演算「極限演算型」 234
　　無限数列の値　234／極限演算型の定義　235／極限演算型に対応する解　236

極限演算型の応用 237
　　無限数列の定義の違いによる有限長と無限長　237／無限数列の区分の例　238

実数の性質、無限個概念、および無限値を含む数学のまとめ 239
　　実数の稠密性と連続性　239／無限個の集合　240／どこまでも整合的な数学理論　241

無限をめぐる謎を解き明かす 241
　　ガリレイの無限論　241／無限ホテルの謎　242／不定値となる数列　242／ランプは点灯しているか　243／無限数列の逆読み　243／非幾何学的図形　244

ユークリッド幾何学の公理系と無限の謎 245
　　ユークリッド幾何学の公理系とは　245／ユークリッドの平行線公理と非ユークリッド幾何学　246／『原論』における「無限」の役割　247／整合的な理論は無歪である　248

3章　集合論の無限について 249

カントール超限集合論について 249
　　無限集合と有限集合　249／集合の基数　250／有理数の順序づけと「可算」　250／超限集合　251

非可算無限の誤りとその証明のトリック 252
　　構成的実数列　252／区間縮小法とそのトリック　253／対角線論法　254／対角線論法のトリック　255

集合論と言葉の問題 257
　　素朴なカントールの集合論とパラドックス　257／嘘つきのパラドックス　257／共有された数学による解釈　257／ラッセルのパラドックス　258／共有された数学による解釈　258／数学基礎論論争　259

公理的集合論について 260
　　有限および無限集合の定義　260／公理的集合論における数学の解釈　261／集合論における矛盾と数学基礎論　261／極限理論　261／不完全性定理とその解釈　262／公理的集合論へのコメント　263

参考文献 265

索引 268

感じ方考え方を科学する──その必要性と困難さ

感じ方考え方を科学する必要性

問題1─人工知能は人間を超えるか

　今日のコンピューター関連技術の発達には著しいものがある。複雑な思考が必要なチェス、将棋、囲碁などのゲームで人間を打ち負かすＡＩ（人工知能・artificial intelligence）が登場した。人間の行う仕事をこなすＡＩが組み込まれた人間型ロボットも登場した。

　この状況を受けて、ＡＩやロボットが人間の能力を凌駕する日が間もなく来るのではないかと、期待感と不安感を交えた議論が盛んになっている。ところがこれらの議論のほとんどは単にＡＩの可能性を論じている。今後のＡＩやロボットと人間の関係を深く論じようとするならば、コンピューター・ロボットと人間の仕組み・動作原理の違いにまでさかのぼって、そこから生じる違いを論じるべきだろう。

　著者はそう考えて人間の感じ方考え方の成り立ちと、そこから生じる可能性や限界を説明した公開資料を探したのだが、適切なものが見当たらない。デジタル動作するコンピューター、ロボットという機械に比べて、生身の人間の心の動きと身体感覚ははるかに複雑であいまいで観察し難い。

　それゆえに、この方面の科学的解明が遅れて、人間とロボットの違いが明確に説明されていないのだろう。この状況が問題である。

問題2─知的不満感が生み出す人間どうしの争い

　時代と共に人類の知識・文明は蓄積されて、文明は世界的に広がっていった。ところがこれに反して人々は一面的な世界観によって自らの不満を募らせ、新たに争いの種を作り出しているようにも見える。これは動物たちの生存をかけた争いとは次元を異にする、人間の知性により生み出された

感情によって作られた争いの種ではないだろうか。

　広大で複雑多彩なのこの世界を、自分の限られた知識や自分に都合の良い側面から解釈すると、それは事実ではなくバイアスのかかった考え・偏見・差別となりかねない。個人の心に生じた偏見は、次々と疑いを生み出して妄想や憎しみになりやすい。妄想をもった本人はそれを事実と考えたとしても、他の多くの人々にとっては妄想なのだから、もめごとの種になる。

　妄想・憎しみが原因とみられる殺人や争いは古くから頻発している。コミュニケーション手段や武器が発達した今日では、偏見にもとづく主義主張が瞬く間に世界中に拡散して、妄想にもとづきテロリズムを実行する集団も目立つようになった。知的不満感は情報にもとづいて生まれ知的に増長されるため、感覚の生む不満感に比べると容易に人々に拡散して人々を共鳴させる力が強いのである。

　ポピュリズムという政治スタイルにも偏見・差別が含まれている。

　人間は大きな不満がなくても、刺激のない日常に飽き飽きして、ともするとセンセーショナルな主張に乗ろうとする。ポピュリズムはこの心情に、強いリーダーや大勢の力に加担しようとする易きに流れる心情も加わって生れるのだろう。

　歴史をひもとくと、20世紀に勃発した二つの世界大戦の原因として、国家のリーダーが国民に「自国民は他国から不平等に扱われている」という、事実の一面的な見方・偏見を吹き込んで煽り立てたとの指摘もされている。

　独裁政治、密告制度、身分制度、人種差別などは、知的思考によって仕組まれた社会統制制度の最も悪しき例であろう。

言葉は真実もフィクションも語る

　人間は言葉を用いる動物であり、言葉によって作り話・フィクションを組み立てることもできる。たとえば、「鳥が空を飛ぶ」といえば経験に合致した事実だが、「ゾウが空を飛ぶ」といえばフィクションとなる。

　人間は実現の可能性・理論の共有性を気にかけずに好みの話を作り、それを、夢・希望・ファンタジーなどと呼んで限りなく膨らますことのできる感情を手に入れ、これを楽しんでいる。これは知的に創造されたという意味で「知的満足感」といえよう。

　しかしながら、人間は考え方の道筋・理路を習得し、それに導かれて、さまざまな考え方ができる動物でもある。人間は現実を直視して理路を組

み立て、事実・真実・ファクトとして正しく認識した上で伝える能力も備えている。たとえば例外はあるにしても、ニュース報道は事実を伝えることを建前としており、報道により私たちは世界中の出来事をほぼ正確に知ることができる。

世界の人々が共有できる経験にもとづく考え方

　事実と作り話の違いとは、それが世界の誰もが経験できる事実として共有できるか否かの違いと考えられる。

　私たち人間は、作り話・フィクションを排して誰もが共有できる理路に沿い、物事を事実として思考すれば、共通的な話し合いが成立してお互いの知的不満感の原因が共有でき、知的不満感にもとづく争いは抑制できるだろう。

　私たちは自らの経験を積んでいるわけだから、人々が共有可能な経験・観察について共有可能な方法で説明された物事については、自らの経験に照らして妥当であれば、たとえ又聞きであっても、自分の中で正しい・事実であると信じることができる。それが思考を経て得られる法則・理論であっても自分で確かめることができるだろう。

　たとえ言語は異なっても、共有された経験の叙述は簡単に翻訳して共有できる。このため、純粋に経験にもとづく事実の説明・解釈・主張は他の要素が入ったものに比べると、世界の誰もが同意できる可能性が格段に高い。

　逆に、誰もが経験できるとは限らない要素が入った個人的な説明・解釈・主張について他の人がそれを信じようとするならば、その主張の提唱者か主張そのものを丸ごと信じるしかない。しかも、たとえある人がその主張を信じたとしても、他の人も同様にその主張を信じるとの確信はもてない。もしそのような主張・理論が永く信じられているとするならば、その理由は、その理論に社会的役割があるか、または経験できない理論・概念に関心を寄せる人の心理が支えているからだろう。

世界に共有された経験を表す言葉、数学そして科学

　世界各地に残された古代文明の遺跡を目の当たりにすると、その建設に携わった人々、そこで文化的生活を営んでいた人々は、相当の言語力、相当の社会組織、数学・幾何学の知識、さまざまな科学的知識・技術などをすでに獲得して活用していたと考えられている。そして古代文明で活用さ

れたこれらの知的遺産は、代々にわたり祖先から受け継がれ育てられてきて、今も私たちの習得した感じ方考え方の骨子を形成していると推測される。

　人間の知的関心と経験から誕生して共有されてきた知性の道具としては、経験を表す言葉、数・図形の概念と、これにもとづく数学（四則演算・数式・丸や四角などのシンプルな幾何学上の図形の理論）があり、さらにこれらを利用したさまざまな科学法則・科学理論が考えられる。

　「$a<b$、$b<c$ ならば $a<c$」などの「論理規則、推論規則」といわれている法則類も世界で共有されてきた。これらの法則類は数の性質と一致しているため、私たちは数に親しみながらそれとなく習得できたのではないだろうか。

　このような数学・科学には、
- 世界的に共有された経験・観察が法則・理論の根拠となっている。
- 法則・理論が世界的に共有されている（共有され得る）。
- 法則・理論の有効範囲が限られており、理論上未知として残る事柄がある。

との顕著な特徴がある。

　たとえば、共有された数学は数・図形に関する理論であるため、これを勝手に「7は幸運の数だ」といっても同意できない人は多い。だからこれは共有された数学の理論ではない。

　またたとえば、中生代の地層から爬虫類に似た巨大な骨の化石が多数発見され詳しく研究されたため、この発見にもとづいた「中生代には恐竜という巨大な動物が栄えていた」との理論は共有された科学となった。しかし恐竜の皮膚の色を決定づける根拠は発見されていないため、皮膚の色は科学的に未知である。これを科学的根拠なしに「恐竜はピンク色だ」といっても共有されることは期待できない。

　このような仕組みによって、数学・科学の有効範囲が限定されて、数学・科学の共有性が保たれていることは実態に照らしてみて明らかである。

　これとは異なり、科学とはいわない哲学・宗教・思想・芸術・文芸作品などは、共有できる経験・観察にもとづかない事柄が含まれていても成立する。これが意見が対立する大きな原因だと考えられる。

　私たちの日常の思考・行動を律している習慣・法律などといわれる規範類も、社会ごとに異なるものが多い。このような規範類は、社会ごとに必要性に迫られ、先人の知恵として始まり、それが社会ごとに変遷しながら

継承されてきたものだからだろう。

　それゆえ、世界で共有できる話し合いに向けては、共有できる科学にもとづいた思考法をよく知る必要がある。さらに、ともすると理路よりも感情が優先されがちになる人間の感じ方考え方の仕組みも科学的によく知っておく必要があるだろう。

　このような推理をしたのだが、ここに至って〈問題１〉と同じ困難に直面することになる。

　つまり、このような推理を裏付ける人間の感じ方考え方の成り立ち、言葉と理路・理論との関係、これに伴う思考の可能性や限界を経験的・科学的にわかりやすく説明した公開資料が見出せないのである。

　そこで、この原因をさらに考えてみることにした。

人間の感じ方考え方を理論づけることの本質的な困難さ

　経験にもとづいて成り立っているはずの、全般的な人の感じ方考え方についての公開された資料が見出せない。これは次のような理由によると考えられる。

- 人の心の動きは目視観察ができない。その人の言動にもとづいて推測するしかない。
- 自らの経験・感じたこと・思考したことは分け隔てなく一つの心に記憶されており、思考することでこれらが次々に想起される。この多種多様な心の動きは、限られた言葉や法則では表し切れない。
- 人の感じ方考え方には個人差が大きい。
- 人の感じ方考え方は社会環境・社会の規範類の影響を大きく受けているため、属する社会の違いによる差異が大きい。

　自分の感覚・感情についてはある程度言葉でいい表せるとしても、他の人の感覚・感情を直接感じることはできないので、たとえば、自分と同じコーヒーを飲んでいる他の人が同じような苦さを感じているかどうかはわからない。それどころか、感想を聞くほどに感覚には個人差があることがわかる。

　他の人たちと会話すれば、さまざまな好みにも個人差が大きいことがわかる。これは、各自の好みとは、個人差のある感覚、個人差のある過去の経験、これに関する個人的な思考、思考から生じる感情がすべて影響して

いるからだろう。この複雑さは感じ方考え方を科学する上での本質的な難しさといえよう。

　古来、多くの先人たちは、人の心の多様な動き、状態、仕組みを表す、うれしい、悲しい、満足、不満、好き、嫌い、希望、絶望、感覚、知覚、認知、感情、理性、意志、意識、欲求、恨み、優位感、劣位感、意地、など多岐にわたる言葉を生み出してきた。しかしこれらの言葉を弄しても、私たちの心の動きや状態のすべてをいい表せるわけではない。

　哲学では古くから知・情・意、精神・肉体、主観・客観などの意味が論じられてきたが、未だにこれらの言葉の意味にはあいまいさが残っている。

　用いられる思考の枠組みについても、個人差に加えて社会の規範類は社会によって大きく異なる。これらのことが人の感じ方考え方を共通的に説明できる法則の発見を困難にしているのだろう。

　以上のような困難はあるものの、世界的に共通する話し合いが、共有できる経験を表す言葉・数学・科学を優先することで成立するように、人の感じ方考え方についても理論思考と感情の関係を社会の違いを越えて法則化することで共有できる科学として成立する可能性はあると考えられる。

感じ方考え方の科学の素描

　以上の考察・推理から次のような感じ方考え方の科学の素描が思い浮かぶ。

- 人はそれぞれの理論と好みに従って不満・不安を解消し、満足感を得ようと自発的に思考・行動している。
- 理論には世界で共有できる経験的・科学的なものと、社会により異なる規範類などがある。
- したがって、社会的な規範類の違いの部分を、社会によるバイアスと考えて補償するか除外すると、個人差は残るものの、人の感じ方考え方についての科学的な法則が成立する。
- 人は思考内容に好き嫌いなどの感情をいだく。感情は規範や理路に比べて個人差が大きいため、感情を優先した思考の結果は他の人、他の社会と共有しにくい。さらに人は自己愛をもつ、感情の高揚を好むなどの側面をもつため、これが争いを生み出すこともある。
- 人は社会生活をすることで「仲間の一員である自分」との自我意識が生まれる。自我意識は人の社会的な思考・行動を生み出している。

- ロボットの動作原理は、デジタル動作ともいわれている数の計算と論理判断に限られる。ロボットがもつセンサーもデジタル信号として処理される。このため、これらに人の感じ方考え方はもてない。
- 世界的に共有できる話し合いは、個人差のある感情や社会で異なる規範類よりも、共有できる経験的事実、そして経験にもとづいた言葉・数学・科学にもとづいた思考法により成立する。

科学的思考

　最後の項の世界の誰もが共有できる思考法とは、科学にのっとった思考法であり、「科学的思考」といえるだろう。

　科学的思考によると、宇宙の始まり、絶対的な善、神の意志など、科学的に未知の問題については、共有できる結論は期待できない。社会の規範類についてもその正しさが共有できないものもあるだろう。これらの点はお互いに了解した上で話し合う必要がある。

　一つの社会の中に限れば、社会規範を優先してその次に科学的思考を行えばよい。しかし、異なる社会規範がぶつかる場合、この妥結点を見出そうとする科学的思考には、相当の経験、科学的知識、社会規範に影響されず思考する強い意志などを必要とするだろう。これが科学的思考がなかなか普及しない一つの原因かも知れない。

　しかしながら、世界で共有できる話し合いにより紛争を解決するためには、遠回りであっても私たちは科学的思考力を身につけるべきだろう。

　日常会話に含まれる理論にも理性と感情が混じり合ったものが多い。

　たとえば、「あの子はよく勉強するから優秀な子だ」と、人を分類、類推して、つづいて「あの子は優秀だから難関校に入学できるだろう」と因果関係で結論を推定したりする。しかしこの推定は個人の希望にすぎないのかも知れない。これを誰もが共有できる理論にしようとするならば、その子の成績や難関校の合格レベルを数値で表して確率的に考えて感情を排除する必要があるだろう。

　以上のように考えて既存の文献などを調べてゆくうちに、ここまでの推理をないがしろにするような意外な事実が判明した。

　今日の学問の世界では数学や論理規則は経験だけでは得られないとされている。さらに、究極的に正しさを共有できる理論は何もないとされている

のだ。数学の共有性、正しさすらもあいまいなのである。これでは常軌を逸したテロリズムやポピュリズムが横行しても、「正しい理論にしたがうべきだ。科学的思考を優先すべきだ」と教え諭すこともできない。これは大問題である。そこでこの原因を探ってみた。

経験・科学に立ちはだかる既存の理論群

哲学を最上位とした学問の世界

　「哲学・philosophy」という言葉は、今日では単に「基本的な考え方・方針」という意味で広く用いられているが、学問の世界では科学の発達した今日でも、哲学とは経験にもとづく理論のさらに基礎を論じる学問とされている。そしていつの頃からか「科学は仮定から出発するが、哲学はその仮定の根拠を論じる」といわれている。以下で説明する哲学とはすべてこの学問上の哲学である。

　私たちの多くは学問上の哲学がいかなるものかは知らないとしても、世界で共有できる言葉や数学・科学的な理論を祖先から成功裏に引き継いで、日常的に使いこなしてきたとの実績を有する。これはこれらの理論が純粋に共有できる経験から得られたものだからと考えられる。

　そこで本書では、共有できる経験のみから成り立つとは考え難い哲学や宗教、思想といわれている理論類を棚上げにして、共有できる経験のみにもとづき、未知なものは未知としたまま成り立つ私たちの感じ方考え方の科学を説明して、それがすべての読者に了解されて共有できることを実証したい。

　ただし、哲学に加えて西洋の宗教などの文化も、歴史的に世界に影響を与えてきた事実がある。そこで、このような西洋文化の影響の中にあっても、西洋文化に影響されずに共有できる経験のみから理論が成立し得ることを明確にする目的で、この実証に先立ってこれらの西洋文化を「共有できる経験との違い」との切り口から概観しておこう。

　以下の概説はこの目的に限った超概観であるため、参考文献との照合はとくに行わない。興味のある読者諸氏は巻末の文献リストを参考にしていただきたい。

西洋哲学の成り立ち

　洋の東西を問わず、経験・観察にもとづく科学だけでは、人々が知りたい善、真理、神の存在、無限、などについてはなかなか完全には説明・解明しきれない。古代ギリシャでは、哲学の原理となる言葉と論理は「ロゴス・logos」といわれて天与の知識の源と考えられていた。これを具現化したものが、言葉と論理により、物事の根本的な成り立ちを問う「哲学」であった。

　アテネの市民ソクラテス（BC470-399）は、知ったかぶりをした人々に無知を悟らせる鋭い質問を突きつけて人々を啓蒙しようとした。しかしこれが災いして、ソクラテスは告発されて死刑判決を受け、毒杯をあおいで死んだ。ソクラテスを師と仰いでいたプラトン（BC428-347）は、この民衆迎合的な死刑判決に疑問を抱き、ソクラテスの説教に加えて、「絶対的な善」などの「イデア」概念からなる自説を説教して本に書き残した。これが今日の哲学の源流ともされている。

　絶対的な善は、神と同様に共有できる経験を越えた概念である。イデアの実現を論じたとすれば、哲学はその始まりから経験を越えていたことになる。

　ところがこのような哲学にあっても、人の知性は経験的に得られるとの「経験論・経験主義・empiricism」といわれる流れがある。

　18世紀哲学界の巨星イマヌエル-カント（1724-1804）もこの流れに与(くみ)しているが、カントも理論の原理は「純粋理性」という経験に先立ち人間がもつ能力により得られるとして、経験的に得られる「実践理性」とは異なるものと考えた。

　経験論の流れは近年に至り、現象にもとづいたことのみを論じる「現象学」、「言語学」を生んで、言葉は人々の営みとして誕生したものということになった。『旧約聖書　創世記』の影響もあって、西洋ではそれまで言葉は神からの授かりものと考えられてきたのである。

　言語学によってさすがに言語神授説は否定されたのだが、その反動のせいかこれらの哲学では言葉の恣意的・無計画な成り立ちが強調されて、言葉の共有性・コミュニケーション能力が軽視されたように思われる。

　さらに大きな問題は、経験論・現象学・言語学によっても論理規則や数学は天与のものとされたままとなっている点である。哲学に対するどのような批判も、天与の要素を用いている限り、それは「哲学を批判した哲学」にすぎない。これにより哲学は理論の原理を経験・科学から死守した形と

なっているのである。

20世紀初めには、数は集合によって認識される、そして論理規則は天与のものであるとの哲学的原理にもとづいて「集合論」が生まれた。

さらに「科学の哲学」も興り、主要な科学法則・理論にはさまざまな哲学的基礎が与えられて、科学の経験的な基礎はバラバラに引き裂かれてしまったのである。

今日まで学問の世界で、経験的で全体として整合的な科学の成り立ち、私たちの感じ方考え方を総合的に科学的に説明する理論、そして世界の人々が話し合える共通の土俵についてあまり論じられてこなかった理由として、このような哲学の存在が影響してきたことは否定できないだろう。

哲学から始まった心理学

「心理学」についても古代ギリシャのアリストテレス哲学などにその始まりがあるとされている。

人間心理の哲学的な見方は今日までつづいてきて、今日も心理学者を兼ねた哲学者が多い。そして、人間心理を包括的に説明した学説の多くには、未だに哲学的・思想的といえる仮説や価値観が含まれているように思われる。

19世紀末、ヴィルヘルム‐ヴント（1832-1920）は実験や観察にもとづいた科学的な心理学を創始したが、意識や物事の概念は知覚などから成る要素で構成されているとのヴントの説は、後に行動、全体、無意識、現象などを重視する学説・主義群を生み出して、逆に「構造主義」と批判された。

ここでも、理論の正しさは相対的だとする哲学が影響して、学説・主義の乱立を招いているように思われる。

人の心は一つの心の中で複雑多岐な要素が互いに関係しあって複雑多岐に動くゆえに、一つの心理事象も多面的に解釈可能だろう。このような場合には骨格となるいくつかの法則とその多面的な解釈の可能性を併せて説明することで、その理論の共有性は高まるだろう。

今日では科学的な心理学の理論も増えたが、そのほとんどが個別的に感覚・感情などを説明する理論である。そこには本当に知りたいこと、つまり私たちの感じ方考え方において重要な役割を果たしているはずの、さまざまな理論的思考とそれに伴って生じるさまざまな感情の関係があまり説き明かされてはいない。

理論的思考とそこから生じる感情の動きを法則的に説明することで、人

の感じ方考え方についての明快で科学的な理論が得られると考えられる。

数学が哲学に組み込まれた理由

　西洋で数学の哲学が形成された主な理由を説明しよう。

　数は1、2、3、……という数の概念と数の性質さえ習得できれば、四則演算により新たな数が次々と自足的に得られる。この数の性質によると、演算で得られる個々の数は演算とは関係なく自立して存在しているようにも思える。これにより数は古くから物のように自立的、実体的に考えられてきたようである。

　次に説明する最初の事例は数が実体的にみられていたため生じた事件であり、つづく三事例は、数が実体的でありながらも、理論上演算は限りなく繰り返すことができて、数は限りなく大きくなり、数列は限りなく長くなることから生じた事件・難問である。

- 0や負数があると計算上便利である。しかしそれらの数は物に対応しない。このため、0や負数が知られるようになった中世の西洋では、その使用を認めるか否かで異端審問が開かれた。
- 古代ギリシャのピタゴラス学派は「万物は数から成る」との教義を掲げた。しかし、一門徒による$\sqrt{2}$などの無理数の発見でこの教義に破綻が生じた。無理数は分数では表せないため、無理数は物を構成するとはみなし難いのだ。ピタゴラスはその門徒の口を封じるために、船から彼を海に投じて命を奪ったとの説もある。
- 俊足のアキレスが後ろから人を追った。アキレスが人の出発点1に到達したとき、人はその先の地点2に到達している。アキレスが人の到達点2に到達したとき、人はその先の地点3に到達している。この論理は限りなくつづくためアキレスは人に追いつけない。これは古代ギリシャのゼノンが唱えたもので、「ゼノンの難問」といわれており、今も「無限」を説明する際によく用いられるエピソードとなっている。
- 直線の長さ、直線上の位置は数・数値で表せる。しかし1つの数値では1点しか表せないため、位置を表す直線上の数はいくら増やして密に並べても隣り合う数との間隔は0にはならない。このため連続的な直線の位置のすべてを数で表すことはできない。それにも関わらず連続的な直線は存在する（少なくとも理論的に考

えることができる)。これは矛盾である。

これらの無限に関する問題を解決した(解決する)ものとして、20世紀初頭に「集合論」と「公理論」が生まれた。

集合論について

世界中で古くからつづいてきた数学には、「純粋な数と大きさに関する理論」という理論の制限・理論域が実態としてあって、これによって数の概念、数の性質を習得すれば数学を理解できるとの数学の共有性・公共性が保たれていた。

一方、西洋には言葉と論理を用いた理論として、哲学と論理学があった。そこでは、「数学と言葉の論理の合体」、ならびに神とならんで理論づけが困難であった「無限」を理論づけることが永年の夢とされていた。

ゲオルク・カントール(1845-1918)の着想にもとづき20世紀初めに今日の形となった「集合論」は数学の哲学的拡張によってこの夢をかなえた。しかし集合論によって数学の完全性と共有性は失われた。

このことを説明しよう。

集合を有限値の数の集合に限定すれば何の問題も起こらない。しかし、集合論の核心には数の全体を「無限集合」と定義して、さらに無限集合に含まれた個々の数を識別できるとの考え方があり、この考え方は経験からは得られない。

後に本書で提唱する「無限値」は、ちょうど正の数が負の数を生み出すように純粋な数の理論から得られる。しかしこの無限値の定義によれば、どのような数列であってもある条件を満たす数列はすべて同じ無限値となる。そのような無限値を無限集合とみなしても、無限集合の中にどのような数が含まれているかとの理論は成り立たない。

公理論について

集合論は、言葉により定義された集合も理論の対象とされた。しかし、言葉による集合には「パラドックス」も含まれる。パラドックスとは、「クレタ人はすべて嘘つきだと一人のクレタ人がいった。このクレタ人は嘘つきか否か」との疑問のように、肯定しても否定しても矛盾が生じる言葉による理論のことをいう。

パラドックスが生じない集合論を構成するために、20世紀初頭にダフィ

ット - ヒルベルト（1862-1943）により次のような「公理論」が提唱され、これにもとづいて公理を原理とする集合論が検討された。

  ⅰ 理論の原理はそれ以上さかのぼって定義のできない無前提の仮定である「公理」の集まり・公理系から成る
  ⅱ 公理は「〜は〜である」との命題の形をとる。
  ⅲ さらに、その公理系から矛盾が生じないことが公理系の必要条件である。

 ところが間もなく、「パラドックスは言葉を数値化すると数値でも表すことができる」との「不完全性定理」がクルト - ゲーデル（1906-1978）により発表されて、ⅲ項の条件を満たす公理というものは、原理的に証明できないということになった。それでも公理論はⅰ、ⅱ項の条件のみで生きつづけて、「公理的集合論」、さらにその基礎を論じる「数学基礎論」などが生まれるに至ったのである。

 公理的集合論はすべての理論の骨格となる、数学と言葉の論理を司るモンスター理論である。哲学が数学や科学をのみ込んでしまったのだ。不完全性定理によって、1＋1＝2すらも絶対的に正しいとはいえないと考えられるに至った。今日では専門家が眺める理論の風景は、私たちが日常的に眺めている理論の風景とは全く異なっているのである。

 このように生まれた数学基礎論は、共有できる純粋な数の理論との整合的なつながりに欠けて矛盾をはらんだ難解な理論であり、誰もが共有できるような理論ではない。しかしかえってその不可解さに魅力を感じる人は少なくないようである。これも人のもつ知的満足感の一側面といえよう。

 なお、公理論は古代ギリシャで生まれた「ユークリッド幾何学」に範を求めたものだが、その問題点については後述する。

近代科学の哲学的解釈

 哲学は科学の足らないところを説明する目的で始まったのだから、永く両者は補完的だったのだろう。

 このような関係が変わった大きな契機は、17世紀にアイザック - ニュートン（1642-1727）により発見された「ニュートン力学」と思われる。それまでの理論には言葉と論理規則が用いられていたが、ニュートン力学の法則には数式・図形、そしてこれらを支える数学的時空間が採用されたために、それまでの法則に比べてはるかに一律的に物の動きの実態を説明できるも

のとなった。

　「科学の哲学」が興った理由の一つは、数式・図形がなぜ言葉よりもよく実態を表すことができるのかとの疑問に答えることだった。「パラダイム転換」という言葉は、科学法則の言葉から数式への原理上の転換を表す哲学用語として生まれた。

　しかしながら、言葉も数式・図形・座標も同じく経験により得られたものとすると、ニュートンはただシンプルに法則を表し得るより適切な方法として、数式・図形・座標を選択したにすぎないということになる。

宗教の影響

　ここまでに科学に与えた哲学の影響を説明したが、宗教も科学に影響を与えてきた。

　宗教も哲学と同じく、世界には人の経験から得られるものに先立って、神や神から与えられた原理が存在することを主張している。しかしながら、共有できる経験のみでは得られないこのような仮定が入ると、その理論は共有しにくくなる。

　古代文明の遺跡には宗教儀式用の祭壇らしいものが往々にして残されている。今も昔も経験による理論だけでは、人々が恐れる自然の猛威や死後の世界などについてうまく説明しきれない。古代人たちはこれに対する人々の疑問を解き不安を和らげるために、経験だけでは説明できない現象を、超経験的な神々のなせる業とする物語を考え出したのだろう。人々を超越した神々は、社会を秩序づける権力としての役割も担っていたのだろう。

　これが今日、宗教といわれているものの始まりと考え得る。そして宗教は、人々の心に安らぎをもたらし、平和な社会をもたらすゆえにそれぞれの社会に継承されてきたのだと考えられる。かつての日本でも仏教は国を治める大きな役割を果たした。

　西洋では、地動説を唱えたガリレオ - ガリレイ（1564-1642）が異端審問にかけられて有罪になったことでもわかるように、「神の教えを説いたキリストの教え・Christianity が世界を統括するルールである」との考え方は、少なくとも近代科学が興るまであまり疑われることなくつづいてきた。宗教は日常生活に溶け込んでおり「宗教・religion」との概念すら乏しかった。宗教裁判は inquisition を、宗教改革は the Reformation を日本人が意訳した言葉である。

プロローグ　23

宗教への信仰は、人々のもつ心を通じ合える仲間を求める欲求にも根差しているのだろう。

　人は感じ方考え方が異なる他人や他民族に対しては、不安・警戒心をもち排除しがちである。ところが信仰する宗教が同じならば、異郷の他人や言葉の違う他民族であっても、根幹となる感じ方考え方を共有できるため、信頼し合って胸襟を開けるだろう。多くの人々がこのような心理をもつゆえに、宣教師たちは異民族、異教徒の住む地での布教に力を入れてきたのだろう。さらに自分たちは正義の使者であるとの思いが布教活動を力づけたのだろう。

　世界的に見ると、国家は次々と興亡を繰り返す中で、宗教、特に三大宗教といわれる仏教、キリスト教、イスラム教は長く続いてきた。そのような世界で育った人々の感じ方考え方の根幹は、今日でも宗教に由来するといっても過言ではないだろう。

　しかしながら、これらの宗教の神（仏）が世界を創造したとする理論は、世界の創造は未知であり、理論の起源は人の営みであるとする科学的な理論とは両立し難い。経験ではわからないことを神の教えに従おうとすると、信じる神や宗派が異なればその教えも異なり、人々に対立が生じかねない。

　このような状況にあっても、人々は自らの社会で平和に生きることを望んでいる。それゆえ、宗教が重んじられた社会で生きる人々は、対立を恐れて異なる宗教や科学的な主張からは距離を置こうとするだろう。

科学が疎んじられている理由

　世界的に古くから、科学は宗教や思想のように注目されてこなかったようである。これには宗教との関係以外に、次のような科学的判断の難しさが影響していると推測できる。

- ・広い経験と深い思考が必要となる。
- ・経験・科学だけでは材料不足で確定的な結論が得られないことが多い。
- ・経験・科学だけにもとづきようやく得た結論であっても、期待外れのこともある。

特に複雑な人間社会に関する科学的判断にはこの難しさが顕著に現れる。これに加えて多くの人は、

- ・理論的正しさよりも情緒的・希望的に満足できる判断を好む。

・理論であれば複雑な思考が必要なものよりも白黒が明白で歯切れ
　　のよいものを好む。
との傾向をもっている。

　これらの理由が重なって、経験的な科学的思考は軽んじられてあたかも空気のような存在となった、ということではないだろうか。

　古代ギリシャの哲学も、おそらくこの傾向に抗うために誕生したのだろう。その哲学が科学の縛りとなってしまったとすれば歴史の皮肉と言えよう。

思考法の原点回帰の試み

　ここまで説明してきた科学、宗教、哲学などの違いが西洋で明確に認識され始めたのは近代以降のようで、それゆえに、それまでの理論の混同はやむを得なかった。しかし、違いが明確になった後も関係する理論の見直しが進んでいない。科学理論の中にも共有性に疑問符がつく理論も見受けられる。

　そこには過去の知的創造物全体を人類の文化遺産として引き継ぐべきだとの考え方があるのだろう。この考え方に異論はないが、この考え方が世界で共有できる理論の普及を妨げているとすれば、この点は改めるべきだろう。

　思想が混乱した今日の私たちには、「継承されてきたさまざまな人類の知的遺産の中から、世界で共有できるものに光を当てる」との思考法の原点回帰が求められているのではないだろうか。

　　では、私たちや私たちの祖先の経験にもとづいて、私たちの感じ方考え方が得られた経緯に光を当ててゆこう。

得られた理論の概要

人の感じ方考え方を経験的・科学的に考える

満足感への欲求が人の心を動かす

　赤子を観察すると、生まれて間もなく食べ物や動くものに自発的な関心を示し始める。食べ物などに対する自発的欲求は動物たちが生きてゆくために必要で、これは動物のもつ生存本能といえる。

　そして欲求が満たされないと泣き始める。これは、味わう、知る・経験する、達成する、などに満足感・興味・関心が生じ、知らない、達成できない、などに不満感が生じるからだろう。親の前で泣けば、親から何らかの満足感が得られることもほどなく習得する。そして習得された事柄が増えるに伴って、このような満足感・不満感、関心の対象が増えて複雑化していく様子が観察できる。

　よく気をつけてみると、思考の度に思考に関連して感覚・感情・満足感・不満感などが生じていることが自覚できる。人は一つの心の中で、それらすべてを感じ考えるのだから、これは当然のことだろう。

　思考に伴って生起するこのような知的満足感・不満感は私たち人間の思考と行動の推進力となっていると考えられる。それどころか、自省したり人々を観察すればわかる通り、私たちはほぼ例外なく自らの知的満足感を満たし、不満感を解消しようとする気持ちに従って考え行動している。

　たとえやむなく人の命令に従ったとしても、それは「命令に背くよりも従った方が結果的に不満感がより小さくなるだろう」との、自分の不満感を少なくする気持ちに従っていることには変わりがない。他の人の立場を重んずる判断も「この判断の方が、他の人との関係において私には満足できる結果となるだろう」との判断に支えられていると考えられる。

個人的な思考経験が生み出す個人的感じ方考え方

　感情と思考は人の心の中ではほとんど一体的である。

　知的満足感を満たそう、不満感を解消しようとする気持ちが働いて、自

発的に思考が始まることがある。その結果に納得し満足することもあれば、逆に疑問感・不信感を増大させることもある。その結果から次の思考が始まり、さらにその結果から次の思考が始まるとの思考の連鎖がつづくこともある。

　自省してみると、このような思考の連鎖は記憶されて自らの思考経験となり、結果的に自分という個人の感じ方考え方の相当部分を形成してきたことがわかる。

自我意識——人間社会の一員としての自分
　成人の感じ方考え方には「自分は人間社会の一員である」との明確な自我意識が重要な役割を果たしている。

　子供が友達をいじめると、親は「あなたと友達は同じ人間だよ」と教え諭すが、このことは成長するにつれてだんだんと自覚できるようになる。

　「自分」という言葉の意味、その使い方などを習得すると、やがて自分を疑似的に外部から観察することができるようになり、「他の人と同じ人間だが、他の人からは独立して自由に感じ考える自分」との知的な自我意識が芽生えて、社会や他の人と自分との関係を考慮しながら言動する人間性が育つと考えられる。

　これが私たちの感じ方考え方、言葉、理論、そして感じ考える主体である自分の成り立ちの根幹をなしているだろう。さらに社会的に成立した言葉・習慣・規範なども、元をただせば私たちの祖先たちにより、営々と育まれ伝承されて私たちに受け継がれてきたものだと考えられる。

判断の選択肢の成り立ち
　思考は理路や好みに従って進められるが、個人の空想のような思考ではどのような理路や好みを用いるかは自由である。

　しかし実行・実現することを前提とした物事に対する私たちの判断にはそこまでの自由はない。それは次のような過程で成り立っていると考えられる。

　　　思い浮かぶ多くの選択肢のうち、まず常識的・理論的に除外すべきと思われる選択肢は除外する。残った選択肢の中から、実現の可能性も考慮しながら、自分が得られる満足感が大きいと期待できるものを選ぶ。

経験的に除外すべきと思われる選択肢には次のようなものがある。
1　経験的・物理的に不可能なもの。時間を戻す、未知の未来を確定する、自分が他者になる、など。
2　選ぶと問題が起こり得るもの。崖から飛び降りる、法律などの社会的規範を犯す、命令に背く、など。
3　実現が困難・実現の可能性が低いもの。自分が宝くじで10億円を当てる、自分が総理大臣になる、自分のいる環境を今すぐに変える、など。
4　その他の制約。

上記1項のいわゆる「物理的制約」については、それを覆せると考える人はまずいないだろう。それゆえに絶対的な制約といえる。また社会や人によっては、法律、社会の規範、宗教の教義、なども絶対的な制約だと思われていることもあるだろう。

2項については違反することは可能でも、違反の結果生じる問題が大きいと判断すると避けるだろう。

3項は人によっては努力目標になり得る。

4項のその他の制約としては、買い物・外食時の予算の制約など日常的にさまざまに考えられる。

つまり、1～4項の分類については個人差や社会的な違いがあり得るが、これらの項が人の思考・判断における基本的な制約条件となっているといえよう。

私たちはこれらの制約が存在する理由を過去の経験により習得した。

私たちは残された選択肢を自分の好みで選ぶことになる。しかし選択肢の実現の可能性は100％とは限らない。実現の可能性が確率的と考えられたり、判断に関する情報をもたない場合は判断に迷うことになる。確率的な考え方を知っている人は「実現時の満足感の大きさ×実現の可能性」との値を考えて選択肢どうしを比較するだろう。

もし小説のストーリーを考えているときに、可能性の高いものばかりを選択すれば面白くもない小説になってしまう。しかし、実行を前提とした判断の場合は、可能性の高さを重視しなければ失敗のリスクが大きくなる。

1～4項の制約の内容については、個人差や社会の違いによる差があり得るし、可能性の見方や好みにも個人差がある。したがって、どのような判断にも個人差が出る可能性がある。しかしその反面、個人の経験、個人

の科学知識には共通する部分があるし、大部分の人々は社会に通用する判断を目指しているから、個人の判断もその社会の多数の人たちが納得できるものが主体となると考えられる。

　他の人や社会とのかかわりをあまり重視せず、自分の好み・満足感を優先して判断する人は、わがままな人・好みの強い人・個性的な人などといわれる。

知的満足感・不満感の織り成す人間社会
　私たちが集団で社会生活を営む大きな理由は、それが快適で安全・安心な生活につながるためだろう。

　社会生活では仲間に好かれるか嫌われるかで、満足感に大きな違いがでる。そのためだろう、他の人や社会との心理上の関係が社会生活を営む私たちの満足感・不満感の大きなウエイトを占めている。このような満足感・不満感は、その成り立ちにより友情、博愛、不仲、不安感、疎外感、優位感、劣位感、不公平感などさまざまな言葉で表されている。

　知的満足感は感覚が生む満足感以上に相対的である。他の人やその仲間たちは自分たちよりも劣悪であると理論づけると、自分たちは優位感に浸ることができる。それが往々にして人間どうしの争いの原因になってきた。

　誰もが公平感をもてる社会が実現すれば、恐らく社会全体の不満感が最小となるだろう。しかし、さまざまな感じ方考え方をもつ人々からなるこの社会において、誰もが公平感をもてる社会とは何かを具体的に考えることすら難しい。さらに、公共的な人類愛よりも個人的な愛の方が手近に大きな満足感が得られるとの現実がある。これらのことが、人々が個人的で感情的な満足感に流れて、公平な社会の実現を難しくしていると考えられる。

　現代社会の問題として次が指摘されよう。

　経済規模の拡大などにより大きくなった現代社会では、個々の人間関係が希薄になり、会話によらず一人で不満感の原因について繰り返し考えることが増えた。このため、一度生まれた劣位感、疎外感などは、肥大化、固定化しがちとなる。これが現代社会における人間関係を難しくする一因となっていると考えられる。

　知的満足感にはさらに次のような法則・傾向を指摘できる。

- 一度得られた経験や満足感などの記憶は、繰り返されない限り時間と共に薄れてゆく。

- 財産を保有するなどの物理的な達成はつづいたとしても、達成感による満足感は必ずしも長続きしない。
  このことから、完成というものがない困難な仕事に取り組んでいる人は、継続的に達成感を得ることができる幸せ者ともいえる。このような「やりがいのある仕事」は「人生の目標」ともなり得るだろう。
- 経験的な話・事実ばかりでは意外性・刺激感がなく飽きやすい。
  夢物語や異界の物語などの創作物・ファンタジーは実現しなくても、想像力を刺激して知的満足感が得られる。芸術を鑑賞すると、感覚的、感情的な領域にまで満足感が得られる。文芸作品や芸術はそのような人々の知的満足感を満たしつづけている。
  しかしそれが「宗教」や「政治的スローガン」ということになると、紛争の原因となりやすい。
- 道化師が自分の失敗で人を笑わせるように、知的な笑いはしばしば優越感をくすぐられて生じる。他人を道化役に仕立てれば笑いを誘う。しかし、これが当人に知れると不興を買う。

　優れた知性を得た人間は動物ではあまり確認できないこのような知的性質をもっている。

　人の感じ方考え方はその人の住む社会規範により異なり、これに加えて個人差があるが、以上に説明した人の感じ方考え方は、世界の人々が共有している基本的な法則であり、人の心を理解する上での一つの指針となり得ると考えられる。

ロボットは人間になれない

　今日では教えられたことを人より正確に速くこなす人工知能・ＡＩが登場して、「ＡＩは人を超えられるか」との話題が取りざたされている。

　ただし、ＡＩやこれを備えたロボットといっても、従来のコンピューターと同じく内部で取り扱える情報は数値の形に限られる。したがってＡＩの仕事は数値化できるものを数値で判断することに限られる。

　しかし、得られた結果にもとづいてプログラムを修正するプログラムは制作可能である。目標を数値化できる分野に限れば、「ディープラーニング」や「自己学習」といわれるこのようなプログラムを組み込むことで、ＡＩは人間よりはるかに優れた能力を発揮できることが明らかになった。

会話や翻訳のために、言葉をＡＩで扱うときは、言葉を数値化してＡＩに与える。数値は主に統計的に処理されて、最適解として得られた数値は再び言葉へと戻される。この処理の結果に「意味」や「価値」を見出すのは私たち人間である。人間にはＡＩによる処理結果に満足できるようにＡＩのプログラムを工夫する仕事も残されている。

　ＡＩはロボットに組み込むことができる。しかしロボットと人間の間には越えることのできない壁がある。

　それは、

- ロボットは、感覚および思考に伴う満足感をもてない。したがって、ここから生じる自発的な反応・感情・思考経験をもてない。
- 「自分自身の経験・感覚を伴う言葉の意味」が理解できず、言葉は数値で処理される。もちろん自我意識も生じない。

という壁である。

　この壁を乗り越える科学理論、科学技術を確立しようとすれば、感覚や生体の仕組みを物理的に理論づける必要があるが、今日の科学・物理学の範疇内ではそのどちらも夢物語といえる。感覚や生体の仕組みが物理学で解明できないため、ロボットを生み出した物理学の技術で生体と変わらないロボットを作ることができないのである。

　ロボットはこのため、独自の判断基準をもてない優柔不断型ゾンビにとどまり、その使い手・プログラムにより善人にも悪人にもなり得る。

　このようなロボットは悪用されると恐ろしいが、マイロボット、介護ロボットなどで今後の人間社会に役立つ可能性は大きいと考えられる。

言葉から理論と科学を考える

言葉、言語の成り立ちと共有性

　最近では多くの動物たちが仲間どうしで合図を交わしていることが観察されている。原始人たちも、掛け声・呼び名などのシンプルな言葉でコミュニケーションを始めたのだろう。これが、観察・思考・感覚などの多様な経験を仲間に伝える複雑な言葉に発達していったと考えられる。

　世界には多種類の言語が現存する。これは世界各地で発生した多種類の言葉が、徐々に周囲の社会へ広がったり、地域ごとに統合されたりしなが

ら変遷してきて、今日の多種類の言語に分類できる結果に至ったのだろう。

その中で、私たちは日本に生まれて、日本語の発音、意味、用い方（文法）、表記法を学んだのである。

異なる言語の間であっても、たとえば、歩く―walk、走る―run、美しい―beautiful、しかし―but、のように観察・思考したものを表す言葉には、ほぼ一対一に対応するものが多い。これは言葉の名・ラベル（発音、表記法）は言語によって違っても、名で区別された経験的な物事や観察の単位が、言語によってもあまり変わらないことを示している。この人のもつ物事の認識単位の共通性により、ある言語による叙述は他の言語による叙述にほぼ逐一的に翻訳・通訳することができる。

言葉の成因から見た言葉の種類とその意味の共有性

言葉の由来・成因にもとづいて言葉の意味とその共有性を考えてみよう。言葉の成因は次のように大別できる。

  A 物事を識別・分類して成り立ったもの
  B 物事に共通的に観察できる形式面を表したもの
  C AとBの成因が複合したもの
  D それ以外の成因をもつもの

A項の物の種類を表す言葉については、その物自体が共有されていることで、その言葉の共有性も保たれていると考えられる。

ただし、自然に存在する物を言い表すためには分類が必要で、このため言葉の共有の前提として、共有できる分類基準が必要である。国際分類や学名は世界に共通する分類である。一方、人工物は人が作って命名したものだから、あまり分類が必要ではない。

人の感覚・感情・思考・価値観などを表す言葉も、大綱的に経験的に得られた共通した分類にもとづいている。

B項は数、大きさ、位置関係、形状などの物事に共通する形式的・論理的・数学的な性質を表した言葉であって、1、2、3、……、大きい―large、上―up、などである。これらは個々の物事の分類よりもシンプルで一律的であるため、物の種類を表した言葉よりも共通性は得られやすいだろう。

B項の言葉は共有された数学とも整合的であるため、これらの言葉の高い共有性の背後には数学の裏づけがあるとも考えられる。

数学・幾何学・論理を表す用語、主な科学用語には世界共通の学術用語

が存在する。

　C項は型式を表すが物の種類によって使い分けられている言葉である。例として「動く」は広く物事の変化を表す言葉だが、「歩く、走る」は人・動物の地上での移動に限られる。「泳ぐ」は水中での動きを表し、「飛ぶ」は空中での動きを表す。

　D項は経験から派生したさまざまな言葉である。

　言葉の意味には幅があって、残念な気持ちを「痛い、苦い」などと身体感覚で表すこともある。これは「比喩」といわれる用法に近い。

　文になると「落胆」「骨を折る」など「熟語・成句・慣用句」や、「棚からぼたもち」のような「ことわざ」があるが、その言語圏での故事に由来する意味については世界で共有されてはいない。

　経験を表す言葉の意味は、言語が異なってもほぼ共有されている。このような言葉では、たとえば「歩く」と「走る」の区別を「どちらかの足が常に接地している動作が『歩く』であり、両足が同時に浮き上がる瞬間がある動作が『走る』である」などと定義すると、その意味は概念的なものから厳密に共有され得るものとなることが期待できる。

　しかし、共有できる観察・共有できる理論づけができない次のような言葉は、概念のままにとどまると考えられる。

　「正義」や「神」については、個々の事例が正義か否か、神の御心か否かについては、世界にはさまざまな意見があって一致点が見いだせないため、その意味は概念のままである。

　「存在」との言葉については、「経験・観察できる事柄」との経験を表す意味が先にあったのだろう。この意味にもとづくと「人も自然も存在する」との叙述は、共有できる経験を表しており、科学的に正しい「真理」ともいえる。

　しかし、「神は存在する」といっても、神は共通的に体験・観察できないため、その意味は共有し難い。このことから、存在の意味は、後に哲学的・宗教的に拡張されたと推測される。

　「見えない物は存在するか」との疑問は典型的な哲学上の疑問である。科学的な回答を得ようとすれば、見えない原因を調査してその結果を答えればよい。原因が不明ならば「不明」との回答となる。

個人・状況・文脈で変わる言葉・文章の意味

　私たちの心にはさまざまな経験や言葉が分け隔てなく記憶されている。このため、ある言葉を聞くと、その言葉に関連した記憶がとりとめもなく思い起こされる。そこには個人的な感情・感覚・思考経験によって組み立てられた物語も含まれている。このため、言葉の意味の核心には共有できる経験がありながらも、個人ごとに言葉の意味は異なってくる。

　同じ言葉・文章であっても、それを取り巻く環境・文脈でその意味が変化することも多い。その文脈を考慮して意味を解き明かす力は、その言葉・文章に接した人の経験・人間性・リテラシーである。

- 「それをとって」という言葉だけでは意味不明である。食卓の塩を指さしている人を見てその意味がわかる。
- 「おまえはバカだ」といきなりいわれても、肯定も否定もできない。この言葉が発せられた前後の状況を考えたり、その理由の説明を聞いて初めて、回答を考えることができる。
- ヤクザが「あいつを殺せ」といえば大問題である。しかし、それが小説の中のセリフであれば、小説への興味が増す。
- 「ＵＦＯが目撃された」とのニュースに接したとき、その人の科学性により「すごい」と思うか、「目撃は共有できるか？」との疑問をもつかが分かれる。
- ある宗教の信者はその宗教の布教者による説教を正しいものとして聞く。しかし、それ以外の人は、この説教に必ずしも同意できない。

　このようなことから、文章の意味は個人ごとの経験・観察・感覚などによる思索で形成されているとの考え方が成り立つ。

　ここまでの検討を踏まえて、「ゾウが飛ぶ」という文章を考えてみると、それは疑問の余地のない典型的な「虚構・ファンタジー」である。しかしながら、人の心はファンタジーを空想することで安らぐこともある。この点で価値のある文章でもある。

　要は不要な争いを避けるためにも、文章の置かれた状況を自分の経験を生かして分別する必要がある、ということである。

科学とは世界的に共有された経験を表す法則である

　原始人は自然に木がこすれて火が生じることを観察して、火を着ける方法を習得したという説がある。この観察を「木がこすれた。発火した」とと

らえると、経験した事実の単なる叙述である。ところが「木がこすれると発火する」と解釈すると、経験した事実を法則・理論として表したことになる。これが事実と科学法則・理論の違いと考えられる。この科学法則は実験により真偽を確認することもできる。

　科学の重要な条件とは、一連の経験・観察、これにもとづく法則の成立理由が「学」として世界で共有される（され得る）ことと考えてよい。これは、今日の世界的に共有されている科学理論の実態をみると明らかな科学の成立条件である。人の感じ方考え方には個人差がある。社会の影響もある。世界で共有されるとの条件により、このような影響を除くことができる。

　この条件を達成しようとすれば理論を記述して公開すればよい。これにより世界の誰もが自らの経験や観察によりその理論の妥当性を検証できる。その結果、妥当ではない、価値がないとされた理論は批判されて消え去ってゆく。結果的に、科学はその理論を世界の人々が了解して共有することができた「生き残った理論群」である。この理論の公共性・共有性は科学の大きな特徴である。

　科学法則の記述ももちろん共有される必要があるため、記述の道具として先の経験的なA、B、Cの成因をもつ言葉、数学、論理、図形、数学的時空間が使用される。

　既存の言葉では表せない新しい見方・発見があれば、それは経験的な事柄を表す他の言葉で適切に説明すれば、その説明にも共有の可能性が生まれる。これは先に述べた科学的思考と同じ成り立ちであり、私たちが日常的に用いる方法でもある。

　どのような分野・対象であっても、このような方法によると共有の可能性のある理論の表現・叙述が可能と考えられる。

　ここまでの説明は次のようにまとめられる。

〔叙述の事実的側面からの区別〕
　　・観察・経験した物事の叙述＝事実・ファクト
　　・それ以外の叙述＝創作・虚構・小説・思想・社会規範など
〔叙述の法則的側面からの区別〕
　　・個別的な事実の叙述
　　・一般的または繰り返し可能と考えて解釈した物事の叙述＝法則・理論

〔理論・法則の科学的側面からの区別〕
　　　・世界的に共有できるもの＝共通する経験を表す言葉・科学・数学
　　　・それ以外の理論・法則＝非科学的理論・創作・社会規範
　社会規範にはその社会の価値観が含まれているが、価値観は科学的に一律に決定し難いために無条件に科学的とはいえない。

科学理論の成立要件、有効範囲・理論域
　科学はすべての理論の中から「誰もが共有できる」との条件によって選ばれた理論群である。条件からはずれた理論は、科学的に誤っているか、科学的に正誤の判断がつかない未知の理論である。
　そしてどのような科学理論も実質的に次のステップで成立している（成立する）。
　　　ⅰ　法則化・理論化を目指す物事を共有できる方法で観察・測定する。
　　　ⅱ　その結果を共有できる方法で法則・体系として叙述して公開する。
　　　ⅲ　これらの理論の成立過程と理論が世界に知られ、それが世界的に共有される（共有され得る）。
　ⅰ項の理論・法則の対象は共通的に観察できるものならば、力、人の性格など目に見えないものでもよい。ⅱ項の共有できる説明の叙述には、経験を表す言葉・数学（数式・図形・論理）、他の科学理論が使用できる。
　したがって、観察できないことを勝手に想像して理論化したり、観察できることを理論化してもそれが共有できる科学理論と広く認められない限り、それは科学ではなく、科学上は未知となる。これが科学理論に有効範囲・理論域のある根本的理由となる。
　数学には「純粋な数についての理論」との理論域があるが、これについては後述する。また、数学には、「数の概念を習得すると次々と自足的に理論が得られる」との性質があるが、この性質を学問として共有しようとすれば、いくつかの原理的な概念・要素的な理論を具体的に説明して、それらにもとづくと、現在得られているすべての数学理論が得られることを説明する必要がある。これについても後述しよう。

数学・科学の理論域を補う科学的思考
　数学・個々の科学理論には理論の有効範囲・理論域があり、同系列の理論群が「専門」といわれている学問の領域を形成している。しかしながら、

数学・科学理論は専門を越えて世界で共有できるものでなければならないため、お互いに矛盾する科学理論は成立し難い。個々の科学理論は、たとえ狭い理論域しかカバーしていなくても、多くの共有可能な経験・科学理論の整合的なネットワークが協調して理論域を広げているといえよう。

個々の科学理論を参考にしながら、専門的な科学だけではなかなか理論化できない理論を補完的に考えるこの方法は「科学的思考」といえよう。科学的思考において大切なことは、科学や経験でわからない部分はあくまでもわからない・未知として、どうしても結論が欲しい場合は確率・公算などで考えることといえる。

思い出して見ると、私たちも外出時に雨傘を携帯するか否かの判断を、天気予報の他に空模様からも下している。これは専門的な天気予報だけには頼らない、典型的な科学的思考といえるだろう。

科学の価値・道徳性

科学は私たちの生活に利便性をもたらしているが、負の側面を併せもっている。

近代科学技術の発達で大規模な産業が生まれ、公害も生み出された。核爆弾のように人類にとてつもない害悪をもたらす応用の道も開かれた。

科学技術により人々は経済面で豊かになったが、経済規模に合わせて大きくなった社会に住む私たちは、個人的に触れ合う機会が減ったとの問題を抱えている。人々はこのような社会に閉塞感、疎外感を感じながら、TV鑑賞、ゲームなどに夢中になる。それでも満足できない人たちは社会に反抗的になりやすい。

ある科学上の発見・科学理論が私たちの生活に利益をもたらすか危害をもたらすかについては、多くの場合、発見・理論化の時点では予測がつかず、そのほとんどは応用を考える人々に委ねられてきた。

たとえ負の側面をもつ科学であっても、一度共有された発見・理論・技術は取り消すことはできない。このような科学の負の側面の抑制には、国際協調が必要だろう。ところが、今日の差し迫った問題となっている核兵器の削減や環境問題についても、国際協調は不十分である。包括的な科学の利用の国際協調については、今のところは夢物語といわざるを得ない。これも残念ながら、世界全体よりも身近な社会を重視する人間の性が影響しているといわざるを得ない。

数学から理論と科学を考える

経験的に習得できる共有された数学

　私たちの祖先は物の種類を超えたところに物の量的な性質を見出して、数の概念を考え出し、それを代々継承しながら数学として育ててきたと考えられる。

　私たちは子供の頃、ミカンや石ころなどの数えられる物を前にして、「1、2、3、……」と繰り返し数えることを大人たちから教えられて、数の概念と性質を習得した。私の体験談をすれば、ミカンや石ころの違いを無視して共通的に数を数えることには当初頭が混乱したものだが、繰り返されるうちに、「数とはそのようなものだ、物の種類とは関係ないのだ」との了解に達した。

数学は自立した理論であり、形式的・論理的な言葉の母体ともなっている

　数学は1、2、3、……という数の概念と数の性質さえ習得できれば、1＋1＝2を始めとした四則演算により、新たな整数や分数が次々と自足的に得られる。分数を小数に書き直すこともできる。初歩的な数学の定理やその証明も理解できるようになる。

　数学は経験的に得られる点では科学理論に似ている。しかし、数に関する理論は四則演算や数学の定理群などが、数の性質を考えるだけで次々と自足的に得られるという点でふつうの科学理論とは異なる。

　どのような理論にもいわゆる「論理規則・推論規則」が必要とされているが、数学を考えるためにこれを学ぶ必要はない。これは論理規則・推論規則は数の性質、数どうしの関係に一致しているため、ただ数の性質を考えれば論理規則に従うことになるからだと考えられる。私たちがそれとなく論理的な思考法を身につけたのも、それが数の性質そのものだからと考え得る。

　つまり数学は自立した理論と考えることができて、論理規則の母体・由来元ともみなせる点から、すべての理論の原理と考えることもできる。

　数学は形式的・論理的な言葉の母体にもなっている。

　大きい・長い・四角い・動く・速い、などの物の形状・動き・位置関係などを表す言葉は物の種類を越えて物に共通する性質を表すが、このよう

な言葉の共有性も後述する幾何学・数学的時空間が支えていると考えることができる。

　このような共有された数学の原理についてだが、数や数学理論は互いに整合的につながった大きなネットワークとなるため、原理を特定し難い。しかし、今日共有されたどのような数学理論も得られるための基本的な理論・概念を列挙することで、数学の原理と考えることができるだろう。この具体例については第5話で説明する。

無限に関する難問の解決、無矛盾の数学

　数学の理論では循環小数や無理数が生じて理論が完結しない。この無限に関係した問題と数を実体のように考えることが重なって、西洋では古くから数学は不完全で矛盾があると考えられてきたようである。これが集合論の生まれた一つの理由だろう。

　しかし、数の概念は物から得られるにしても、数や数の理論は物のような実体とは異なると考えることで、中世において異端審問にかかった負の値も、今日では違和感なく使用されている。無限についても、数学を純粋に数に関する理論と考えると次のようにスマートに解決できる。

> 数学は純粋に数に関する理論で、自立可能な理論であるため演算や論理を進めるために時間も空間も必要としない。すると、$\frac{1}{3} = 0.3333\cdots\cdots$などの無限数列は、無限の演算が完遂して無限の長さに到達すると考えることができる。この演算回数・数列長さを「無限回・無限値」と定義して∞と表す。

この考え方によると、

- 無限数列$0.3333\cdots\cdots$の長さは∞であり、その値は正確に$\frac{1}{3}$である。
- 俊足のアキレスは逃げる人に追いつくことができる。
- 無限回の演算で求められる微分値・積分値は正確である。
- $\frac{1}{0}$は計算不能ではなく、その値は∞である。

などの理論が得られる。この結果は無限の演算・論理の部分でほころびが生じていた従来の数学理論を、経験・観察に一致させる形で完全なものにしたといえる。

幾何学と数学の同一性

　私たちは幾何学の授業で、空間や物には高さ、幅、奥行というものがあって、これを3次元空間の座標軸といい、座標軸の原点からの距離・長さで空間や物の大きさや位置が測れることを学んだ。これを「座標幾何学」といい、17世紀にルネ‐デカルト（1596-1650）により包括的に理論づけられた。

　ユークリッド幾何学以来の伝統もあり、幾何学の原理は数学とは別であるとの考え方が今日でもあるが、ユークリッド幾何学は座標幾何学と内容的に同等であり、ユークリッド幾何学の「公理」といわれている原理類も座標幾何学から導ける。

　そうはいっても、シンプルな図形を原理として様々な図形の理論を考える幾何学は実用的であり思考訓練にもなるため、今日でもユークリッド幾何学が教育などに活用されていることはうなずける。

　なお、座標幾何学は集合論の影響で今日では「解析幾何学」といわれている。

共有可能な数学理論の限界・理論域

　世界で共有可能な数学理論は、数の概念・四則演算・数式などの数どうしの関係・幾何学的な図形、さらにこれらを言葉で説明した実数・偶数・関数・三角形などの定義・定理類に限られる。

　「7は幸運の数である」との理論は、数学だけで定まる理論ではなく異なる考え方が可能だから、世界で共有されることは期待できない。これは数学とは切り離された「数学を利用した理論」と考えると数学の共有性が保たれる。

　数学理論を純粋な数の理論に限った数学の理論域は、数学を共有できる理論に保持するための理論の節度であり、大変重要な概念と考えられる。

数学的時空間の成り立ち

　私たちの意識の中で時間概念が生まれることについては、次々と古くなってゆく経験の記憶の連なりに関連づけて考えることができる。

　体感できる時間の進み方は等速とは思えない。しかし、1日周期で繰り返えされる人々の生活、毎日が等間隔で並んだカレンダー、これらに接していることで、他の人と共有できる物理的に等速的な時間概念が習得される。そして体感時間は個人的なものだと納得してあまり気にしなくなる。

物理的に等速的な時間概念には等間隔に時間が目盛られた数直線を当てはめることができる。するとこの時間直線は、物の長さと同様に連続量として数学的に扱うことができる。
　この時間軸と先述の３次元空間を合わせて「数学的時空間」ということにする。数学的時空間の数学的構造は19世紀にウィリアム・ハミルトン（1805-1865）が発見した四元数によって解明された。
　宇宙を数学的時空間と考えることで、近代科学の始まりとなる理論が生まれた。ただし、宇宙に座標軸が実在するわけではない。座標軸は理論を考える人々の頭の中に存在する。

近代科学の成り立ちとその理論域
　物の動きについては、ガリレイらにより、アリストテレス哲学に始まった「静止した物・動く物」との区別から「速度」という連続的・定量的な概念で表されるものになった。
　ニュートンが発見したニュートン力学は、
　　・地上、宇宙を問わず物体の動きを統一的な法則として表した。
　　・物体の速度などを含む法則は、数式・図形・形式的で論理的な言葉で表された。
　　・その結果として、それまでにない高い理論の汎用性と共有性が確保された。
との特長をもつ画期的な科学理論となった。
　ニュートン力学を受け継いで発展した近代物理学、そして同じく数式・図形類で表された原子モデルから成る近代化学にはさまざまな利用・応用の道が開けて、近代科学技術の華が開いた。
　理論が観察対象とした物事を的確に表しているか否かは重要な問題だが、理論が応用可能であることは、その理論が的確であることの証と考えてよいだろう。
　このような実績により、その後の物理学・化学の理論も数式・図形類で表した近代科学理論を原理として継承しており、そのため理論の中の、時間、物体、質量、距離、速度、引力、原子、分子、気体、などの科学用語の定義にも、数式・図形・形式的で論理的な言葉が使用されることになった。
　たとえば「速度」という用語は $\frac{移動距離}{移動時間}$ と定義されている。「水」という用語は「水の分子・H_2O」と定義されている。水素原子Ｈと酸素原子Ｏ

についても、原子核と電子から成る数式・図形を用いた近代原子論・原子モデルにより明確に定義されている。

　実態として科学理論の限界は、観察可能な限界とその説明に用いられている言葉と数学の制約によって定まっている。これに加えて、理論を数式・図式で表した近代科学の画期的な成功により、実態として今日の物理学・化学の理論域は数式・図形類で表せるものにほぼ限られている。このことによりそれぞれの科学の理論域が自ずから定まっている。

　具体例でいえば、心の動きは目視観察できないため、力学法則のように位置や速度で表すことは出来ない。また、化学反応と生命の誕生との一般的な関係は観察できない。このため、化学によっても生命の誕生を法則として説明できない。

確率論と科学

　サイコロの目はランダムに出て決定できないが、「どの目も$\frac{1}{6}$の確率で出る」との仮説は共有された科学的な見方といえる。この仮説にもとづくと「5回サイコロを振った場合に3の目が2回出る確率」などが計算できる。これが「確率論」といわれている因果関係についての数学モデルである。

　共有できて正しいと思われる理論・主張とは当たる確率の高い主張である。確率的思考のできる人は、まだ実現していない未来に対する説明についてはもちろんのこと、過去・現在の出来事であってもその説明がどの程度の正しさ、確率にもとづいているかに常に注意しているだろう。

　20世紀の初めに、電子、光子、素粒子などのミクロな粒子の挙動に関しては確定的な測定ができず、確率的にしか測定値が得られないことが発見された。これに関する理論は「量子論・量子力学」といわれている。さらに、不確定な挙動はたとえミクロであっても、それが積もり積もれば大きな領域全体を不確定にすることが、数学モデルや実験により確かめられた。これはふとした決断が私たちの将来をまったく異なったものにすることに似ている。

　相対性理論を発見したアルベルト–アインシュタイン（1879-1955）は、「神はサイコロを振らない」といってこれに抵抗したそうだが、今日では「できないことはできない」ということになって、量子力学を疑う物理学者はほとんどいない。

科学の理論域を越えてしまった世界観・宇宙論

　近代科学は、地上での物の動きと宇宙での天体の動きを、数学的時空間の枠組みを用いて統一的に表したニュートン力学で始まったが、その後にニュートン力学の理論域を越えてしまった理論が次々と生まれて、これが科学に対する誤解を生みだしたようである。

　ニュートン力学の汎用性を過信したのだろう。その理論域を「世界はすべて物だけで成り立つ」と勝手に拡大解釈して「唯物論」が生まれた。

　宇宙誕生のビッグバン理論についても、科学的根拠のあいまいな宇宙の外縁・大きさを想定した理論となっている。

　物事を純科学的・純経験的に推理することで初めて、その推理は哲学の域から脱して、世界的に共有できる科学的理論となる可能性が生じるのである。

　20世紀初頭、光速が物体に対して不変であることを原理として「相対性理論」が生まれた。相対性理論によると時空間は歪んでいる。しかしこの見方は次の理由で本末転倒である。

　私たちは数学的時空間を経験的に習得した。数学的時空間は数学と共に私たちの頭の中にあり、理論の基準となっている。ニュートン力学はそれを原理として用いた理論である。相対性理論も理論を組み立てる手段として数学的時空間を用いている。そして「数学的時空間に比べると、光が仲介する物理時計と物理的距離の関係は歪んでいる」と主張している。つまり相対性理論が解明した時空間とは、数学的時空間とは全く別の物理的時空間なのである。

　不変の物理量は光速の他にも将来なにか発見されるかもしれない。するとそれを原理とした新たな物理的時空間が発見されるかもしれない。これに対して数学的時空間は数学が存在する限り絶対的な時空間でありつづけるであろう。

まとめ——著者の願い

　世界の多様な文化は、私たちのもつ知的な夢・希望・満足感を実現しようとするもので、人間の心を豊かにしてきた。しかし科学技術が発達して情報が共有化されるにつれて、社会・文化の違い、感じ方考え方の違い、経

済格差などが先鋭化して、私たちの身の周りや世界で紛争が絶えなくなった。

　世界の人間の数だけ異なった感じ方考え方をもった人生がある。このような中で対立を和らげる思考とは、世界で共有できる理路や経験を重んじた科学的思考である。

　夢は大いに楽しみたい。でもそれが、世界の誰もが受容可能な夢ではないときには配慮が必要となる。宗教間の対立であっても、それぞれの宗教がそれぞれの信者の心を豊かにしているとの事実を互いに認め合えば対立は和らぐだろう。

　著者の考え方にはまだまだ未熟な点やさまざまな問題点があるかも知れないが、一つの問題提起として読んでいただければ幸いである。そして本書が人々の平和と生きがい探索のヒントになるならばなおさらである。

第1話
私たちはいかにして感じ方考え方を習得したか

　第1話では感じ方考え方について様々にいわれてきた従来の見方はいったん捨てて、感じ方考え方を科学するための最初のステップとして、経験・観察・見聞にもとづいて、私たちが日頃用いている感じ方考え方を、私や私たちがどのように習得してきたかを明らかにしてゆきたい。
　私たちは幼い頃の記憶をもつ。たとえ自分の幼少時の記憶があいまいであっても幼児を育てた経験をもつ人は、自分は幼児をどのように育てようとして、幼児たちはそれにどのように応えて成長してきたかを思い出すことはできる。この両面からの記憶を合わせ考えると、相当に信頼できる私たちの誕生から始まる感じ方考え方の習得過程が描けるだろう。
　もちろん著者の経験、知識は限られていて、無数にある人の感じ方考え方のすべてを網羅できるものではない。しかしながら、初心に立ち戻って個人差のある私たちの感じ方考え方も、経験的な習得過程で形成されると考えて見ると、私たちの感じ方考え方の背後にある比較的シンプルないくつかの原理的な法則が浮かび上がってくる。

私たちの感じ方考え方の習得経験を書き出してみる

幼児の感情と思考
　誕生して間もない赤子を見ると、ほとんど考えることもなく感覚から生じたさまざまな感情が直接的に表情、泣き声、動作などによって表わされていることがわかる。大小便の不快感や空腹感を覚えるとただ泣き叫ぶ。オシメが取り替えられたり乳を飲んで満腹になると快い気分が表情に出て安らかに眠る。
　そのような中で、幼児は食べ方や身のこなし方などについて、家族に助

けられ、叱られ、ほめられながら少しずつ習得してゆく。

　ここからは私の幼少時代の体験も語ってゆく。言葉を知らない時代の体験談とは、もちろん言葉を知ってから自分の記憶していた体験をその言葉で説明したものである。また記憶も鮮明に残っているわけではない。したがって、体験談の部分は話半分に聞いていただければ幸いである。

誕生の記憶？

　私はいつの間にか始まった、ゴトゴトと揺れ動く暗く暖かいセピア色の世界にいた。その振動は周期的に感じることができた。その安穏の世界はある日いきなりすべての感覚を激しく刺激する新たな世界へ放り出されて中断した。私は不安感に駆られてただ大きく泣き叫んだ。泣き叫ぶことが自分にできるすべてだったからである。

　これが自分の誕生時の記憶として温存してきたものだが、もちろん確信があるわけではない。記憶には後になって想像したことが、あたかもその時に経験したかのように定着したものもあるそうだから、この記憶はそのたぐいかもしれない。いや、きっとそうだろう。でも最初に哺乳瓶を当てがわれた時のことは鮮明に覚えている。

好き嫌い

　私は誕生以来しばらくの間、母の乳首をあてがわれて、その感触、母乳の味、匂いなどに慣れ親しんでいたようだ。ところがある時突然、乳首を口からはずされて変な物を当てがわれた。後にそれは哺乳瓶と知ることになるのだが、その感触は不快で出てくる液体の味も不満で、私はそれを拒絶した。しかし、それ以来あまり母の乳首はあてがわれなくなり、哺乳瓶からの液体で空腹を満たすしか選択の余地はなかった。これが私の記憶に残る最初の不快な出来事である。

　思い出してみると、幼い私は母をはじめとした身の回りの環境に安心感を覚え、他の人たちや新たな環境に接すると、常に不安感が沸き起こっていた。そして元の環境に戻ると安心していた。

　食べ物の好き嫌いで思い出すのだが、私の幼い頃は敗戦後の食糧難の時代で、満州から引き揚げてきた我が家はそれに輪をかけて食糧難だった。そのせいか、離乳後の食べ物については、食糧難の時代の代表食とされる、すいとんやジャガイモ程度しか覚えていない。今考えてみると、好き嫌い

は差し置いてただ食べられるものを食べていた。母親にはいつも「好き嫌いせずに何でも食べなさいよ」と教え諭されていた。

　そのような家庭環境もあり、少年時代の私は食べ物に対する好き嫌いはあったにしても、心理的に封印されていたと思う。私が「美味しい、まずい」を意識的に区別し始めたのは、親元を離れて経済的に独立し、時を同じくして経済の高度成長期を迎えて、昔ならぜいたく品といわれた嗜好品をよしとする世の中の風潮に影響されはじめてからである。

　幼時の満足感、不満感の対象は食べ物以外にも向けられた。慣れ親んだ玩具とはいつも一緒にいた。玩具は安心して抱いたり触ったりして一緒に遊べる。しかし一つの玩具ではやがて飽きが来て、次々と新たな玩具を欲しがった。

　大人の論理で考えると物は誰かの所有物だから、これは物欲・所有欲に見えるだろう。しかし当時の私はそのような社会の仕組みを知らない。ただ気に入ったものに愛着が湧いた。そしてやがて飽きたりしていた。つまり、幼い頃の私にとって心地よく慣れ親しんでいるものと興味を引く新鮮なものが満足できる好きなものであり、興味を失ったものは不要なもので、心地悪く親しめないものが嫌いなものだった。

二足歩行習慣の習得

　幼児は体がある程度育つと四つん這いで移動し始める。さらに体が育つと物につかまって立ち上がれるようになり、やがて一人立ちできるようになる。すると親たちは幼児の手をとって歩かせようとする。幼児が少しでも歩けると大喜びして幼児をほめる。幼児は親たちの笑顔に励まされてさらに歩こうとする。私もそのような過程を経て二足歩行法を習得した。

　サルも二足歩行ができるが、常態的には行っていない。サルとは違い、人は二足歩行ができるようになると四つん這いには戻らない。この大きな理由として、二足歩行を常態的に用いるようになった人間社会の仕組みがあるように思われる。

　親たちは二足歩行できるようになった幼児が四つん這いしていると、手を取って立たせようとする。幼児もそれに従って一生懸命二足歩行に徹しようとする。そして二足歩行が常態化してゆく。このことから、もし人間社会の外で育てられたとすれば、その子は常態的に二足歩行をするだろうかという疑問が生じる。

原始人たちは二足歩行を習得し、それが徐々に常態化されてゆくことによって、動物をこん棒や弓矢で狩ることができたり作物を育てることができるようになって、他の動物よりも生存能力が格段に高くなったと推測できる。

　原始人たちは確たる目的意識をもたずに二足歩行を始めたのかもしれないが、常態的な二足歩行は結果的に、今日の人類の繁栄の大きな要因になったと推理できる。

泣くことを我慢する

　私は泣き虫で手のかかる子供だったと今にして思う。

　小さい頃、私は母親が見えなくなるといつも不安に駆られて泣き叫んでいた記憶がある。しかし、泣き続けると不安感よりも泣き疲れ感が勝ってくる。泣くことで気分もスッキリとしてくる。そして母親が発見できなくてもやがて泣きやんでいたように思う。

　そんなある時、転んで膝を擦りむいてその痛さで泣きたくなったが、母が見つからないので泣きを躊躇したしたことがある。でも母親が見つかると同時にこらえきれずに「ウヮーッ！」と泣き出した。

　後に考えたことだが、このことから、泣きの原因には自分の不安、苦痛、悲しみの他にそれを他の人に知らせたい、そして同情への願望、甘えがあると想像できる。大人になると少々の痛さでは泣かなくなる。これは人前で泣くことを恥じる気持ちとともに、一人で痛みを耐えることへの心構えができるからだろう。

　泣くか泣かないかの違いにすら、他の人との関係を考える知的要因が影響しているのである。

相手の気持ちを考える

　友達どうしで遊び始めると、喧嘩しては泣いたり泣かされたりしていた。そのたびに親から「自分がいやがることは相手もいやでしょ！　だからやってはいけません！」と何度も叱られた。

　最初のうちはなかなか相手の気持ちを想像することができなかったが、何度も叱られているうちに、相手に殴りかかる前に親に叱られたことを思い出して、手を出さなくなった。

　私は自我の強い、ものわかりの悪い子供だったようだが、それでも七、八歳ごろになると、手を出す前に自分の気持ちだけではなく、ある程度相

手の気持ちも考えられるようになったように思う。

　これは幼少期の感情と直結したシンプルな言動に加えて、より理性的で理路に沿ったバランス思考が習得できて、それで感情をコントロールできたということだろう。

　大人になって考えたことだが、相手の気持ちを考えることの前提には「相手も自分と同じ喜怒哀楽を感じる人間である」ということがある。この重要な事実を明確に理論づけてわかっているのは、動物ではどうやら人間だけのようである。

　他の人も自分と同じ人間であるとの見方は人間の感じ方考え方の基礎となっており、親切さを育ててくれるが、その反対に、心理的な競争心を作り出して喧嘩やいじめに発展する原因にもなっているように思われる。

転ぶのは自分が悪い──因果関係について

　子供の頃にはよく転んでひざをすりむき痛さで泣いた。つまずいた石を憎らしく思うことはあったが、石に向かって怒りをぶつけても仕方がないことは明らかだ。子供の時からたとえ怒りであっても単なる感情ではなく、怒る前に怒りをぶつけられる対象であるかどうかの理性的判断が働いていたことになる。

　さらに、後に自分で考えられるようになって、自分が転んだ原因として、つまずいた石の他に、自分が走ったこと、自分の不注意、地球の引力などいくらでも考えられることを発見した。

　またつまずいたその石がなかったとしても、自分の不注意から他の石につまずいて転ぶ可能性があることにも気づき、自分の不注意こそが最も根本的な原因だと考えるようになった。

　それでも、自分が転んだ原因がどこまでもたどれる不可解さは、疑問として残った。

できない理由とできること

　学業、スポーツ、仕事などである目標が達成できないとき、できない理由を自分以外のせいにすることはよくあることだ。第一のできない理由が消えたとしても、第二、第三とできない理由は次々と思い浮かぶ。自分が転んだ理由と同様に自分ができない理由はどこまでもつづくのである。

　物理的、絶対的にできないことは最初から目標にはしていないし、目標

到達の難しさもある程度自分で予測できるとすれば、できない最大の理由とは結局、自分にその目標に向かって努力しようとする気持ちが不足していることだろうと考えるようになった。

　もちろん、自分のできることについてできない理由を考え出す必要はない。
　誰もが経験していることと思うが、私は自分の興味のもてることには時間を忘れて没頭できて、その間の努力も楽しいと感じた。だから、もし何らかのきっかけで自分の興味のもてる分野を見いだせると、"できない理由"と決別して、その道を突き進むことができるはずだ。
　誰にでも、様々な仕事や遊びの中に自分が興味をもち心を集中できる分野があるはずだ。しかし、人のもつ関心・興味の対象は個人差が大きいため、これを他の人から教わることには限界がある。だから試行錯誤を繰り返しながら自分で見出す必要がある。
　誰もがはつらつとした社会を目指そうとするならば、誰もが自分の関心分野を見出して、それを生かせる社会の環境づくりが大切だろう。しかし社会的に成功した人とは異なり、失敗で自信を失った心理的な弱者にとって、今日の確立した社会の仕組みの中で自分の居場所を確保することは容易ではないだろうと思われる。

自発的な思考の始まり

　誰もが自覚していると思うが、他の人から教わったことなどはただ丸暗記するのではなく、多かれ少なかれ自分なりに理論としての正しさや好き嫌いを感じながら心の中で吟味している。この吟味を成り立たせている思考は、かなり幼い頃から始まっているのかもしれない。
　それはともかくとして、少年期から青年期になると、私たちは他の人たちからいわれなくても、自覚的・自発的にそれとなく様々なことに疑問を持ちはじめ、それを解決しようと思考するようになるだろう。
　思考の結果から生まれた満足感・不満感などの感情から次の思索が始まるとの思考と感情の連鎖がつづくこともある。
　これにより強い決定感が得られると、それは自分の理論や信念となったり実現への願望となる。これが学んだことを復習する効果と考えられる。一方、いつまでも決定感が得られない重要な疑問は心配事として心の中に残る。
　自分が興味をもつ事柄については、疑問が残っていても興味をもって楽しく復習や思索をつづけられる。楽しいことは過去の経験であっても思い出

すとまた相当に楽しさを味わえる。実現できるかどうかわからない望み・夢であっても、それが実現するかも知れないと考えたり、実現した状態を空想して、そこから生まれそうな物語を具体的に空想するとまた楽しさを味わえる。

これとは反対に、努力してもわからなかったり嫌いな事柄については、ついには考えたくもなくなる。これらについて思い悩むと増々嫌悪感、不安感が募る。気持ちがネガティブになるにつれて劣位感、コンプレックス、劣等感をもつこともあるだろう。

恋愛には相手を夢見る楽しさがあるが、それと同時に相手に嫌われるかも知れない、好かれつづけるためにはどうしたらよいか、相手を他の人に奪われるかもしれない、などの不安感も混じり合った、ある種の心の緊張状態を味わう面もあるだろう。

自省して見ると、このような個人的思考経験が結果的に自分の感じ方考え方の相当部分を形成してきたことに気づくだろう。

反抗期・反抗心
　人には幼年期と少年期の二つの反抗期があるといわれている。
　私自身には反抗期という自覚はなかったが、今思い返してみると、私の幼年期の反抗とは、他の人への迷惑に思いが至らないままに、習得できた言葉で自分の好みを思う存分押し通そうとする試みだったように思われる。
　これとは異なり、少年期の反抗心は次のように形成されていったと考えられる。
　少年期の頃には、ある程度の経験を積んで自分流の感じ考える方法が習得できている。これが自我意識の核心を形成する。
　すると問題が生じる。子供の頃は親の正しさを100％信じていたが、これが自分の習得した正しさや好みとは多くの面で異なることに気づいて愕然とする。さらに周りの人や、世の中の物事についても自分の習得した正しさや好みとは異なることに気づく。
　このような中で、私の場合は自我意識はどんどん肥大化して、他の人が何といおうと自分が正しい、さらには逆に、正しさなんて相対的だ、自分の好みで判断すればよいと考え始めて、誰に対しても不信感を抱いていった。このような不信感は隠そうとしても態度に表れるものである。
　つまり、私の少年期の反抗期とは、不十分な経験にもとづき形成された

未熟な自分流による判断が、他の人や社会全体に受け入れられないことに対する反発が原因していたと思われる。完全に正しい一つの感じ方考え方というものはなく、個人差は当然あるものと気づくためには、私の場合相当の経験の積み重ねが必要だった。

　ちなみに人の感じ方考え方の根底には、社会的な規範類があるが、それがまた社会によって想像もできないくらい異なっていることに気づいたのは、学校での授業ではなく国際問題がよく報道されるようになった最近になってからのことである。

　私たちは子供に対して社会人として必要な教育を行っているが、その教育はどちらかというと、その社会の規範類を教えることに重点が置かれており、感じ方考え方の個人差、社会による規範類の違い、それに起因するトラブルの教育が不十分ではないだろうか。

　人が反抗する理由は他にもさまざまに考え得るが、人の感じ方考え方の成長過程における、未熟でバランスを欠いた感じ方考え方へのケアの不足も無視できない原因だと思われる。

神様・良心・道徳

　子供に対して、広く社会的に「悪いとされることはやってはいけない」ということを教え守らせるのは容易ではない。私の祖母は「神様はどこでもいつでもあなたを見ているから、悪いことをするとバチがあたるよ」と私に教え諭した。母は神様をお天道様といって同じことを教え諭した。疑いを持ちながらも子供心に「神様・お天道様」は恐ろしく権威のある存在に思えたので、あまり悪いことはしなくなった。ちょっとした悪いことは神様に小声で「ごめん」と謝りながらやった。

　この神様は具体的に私に何かを教えたわけではない。私は何をやるにつけても「このようなことをすると神様にどう思われるか」と考えながら、自分で判断せざるを得なかった。今考えてみるとこの神様は私の良心といえるものだった。

　良心とは個人的な道徳意識だから、個人の成長につれて変わってゆく。社会的な関心をもつにつれて、社会の出来事、社会的な善悪、友人や社会における自分の評判などの善悪が気になってくる。親や学校の先生たちも子供たちに社会性を教える。私の場合もこのような流れに沿って、社会的に悪いとされることは社会の秩序を乱すためにやってはいけないということ

が少しずつわかっていった。それとともに「神様・お天道様」は忘れていった。

何が善か——私の正義感

　母親からは、人殺し、盗み、嘘つきなど、人に迷惑がかかることをやってはならないとよくいわれた。これが善悪、正義、道徳の基本だろう。それができれば次に、人に喜ばれることをしなさいと教えられた。

　しかし、このシンプルな教えの中にすら複雑な問題が潜んでいる。たとえば人気の料理屋の前に店に入りきれない人々が行列を作り、私がその列の前の方に並んでいたとする。そこへ知人がやってきて私の隣に並ぼうとすれば、私は友達関係を重視して黙認すべきだろうか、それとも行列の秩序を重視して断るべきだろうか。

　これは身近な人間関係を優先するか、公共の秩序を優先するかとの悩ましい問題である。時と場合によるが、私ならばまず断る方向で考えると思う。というのは、私にとって個人どうしの関係は、より大きい社会の一部にすぎないため、その「より大きい社会」との関係を優先しなければ、全体として問題が生じるだろうと考えていたからである。個人的な人間関係が苦手で、そのためそれを軽視しがちな私の自己流の「正義感」「公平感」かも知れない。

　このようなわけで、私は社会人となった後も個人どうしのコネで会社内や社会において有利な立場に立つことは避けようとした。今にして思うと、周囲の人からは変わった人間と見られていたと思う。

　母親はよく「裏表のない人間になりなさい」ともいっていた。これは正直者になりなさいということだったのだろう。しかし、少し拡大解釈をすると「誰とも同じ態度で接しなさい」ともとれる。でも、個人差のある感じ方考え方をもつ人間一人一人に対して、同じ態度で接することがトラブルの元となることも年とともにわかっていった。

価値観

　ある年齢に達すると、親にお金をもらってお菓子を買うことを覚えた。そしてお金さえあれば自分の欲しいものが買えることがわかり、玩具店でほしい玩具の値段を調べて、親にお金をねだったものである。

　以下は大人になって考えたことで、経済学のイロハである。

　昔は通貨には金貨や銀貨がつかわれて、それ自体に価値があるものと考

えられていた。しかし現在では、世界中の通貨は紙幣が主流となった。その理由は、一つの社会の中で通貨の製造を統制して、その社会において提供できる商品やサービスにその通貨にもとづいた値段をつけて売買することを認め合えば、その社会で通貨は価値のあるものとして機能するからである。

　最近では通貨のこの考え方が徹底してきて、電子マネー・仮想通貨などが登場して、通貨の役割を紙や金属などの物が担うとは限らなくなってきた。銀行や証券会社との取引も電子化されて、安くてスピーディーなサービスを受けられる。

　でも、取引が電子化されて手元に通帳や証券がなくなり、不安を感じるのは私だけではないだろう。紙に書かれていてもいなくても、その価値は銀行や証券会社の信用が担保となっていることに変わりないのだが、人間は確実に見えて保存のきく物に価値を認めることでより安心するのである。

　それはともかくとして、金・銀といえどもそれ自体に絶対的な価値があるのではなく、その価値は人々が価値を認めることで生まれる。金・銀の取引相場の変動はそれを物語る。

　さらに、一般的に考えると満足感が得られるならばどのような物やサービスにでも人は価値を認めることができる。抽象的な善と悪の概念であっても、人に満足感と不満感をもたらすならば、それらの価値に正と負があると考えるのは当然だろう。

　では、自然の善悪、価値はどのように考えればよいのだろうか。

　人は、一般論として人の存続、繁栄に資するものを善で価値があると考えているから、自然は人に生活の場、生きる糧を提供しているとの側面から価値があるといえる。しかしそれと同時に、自然災害で毎年多くの人々の命が失われているし、公害として嫌われている亜硫酸ガスも、火山の噴火などにより盛大に排出されているから、自然にも悪の側面がある。つまり、一概に自然の善悪は論じられないということになる。

　元をただせば、人は自然の中から生まれてきて自然の中で生活しているのだから、人がその自然に対して人の考え出した善悪、価値観を当てはめても意味がない、自然は価値を内包しないと考えた方が考え方が整理できる。

　自然の営みとは異なり、価値観は人が生きてゆくための重要な要素、目的だ。しかし個人的な価値観は個人的な満足感にもとづいており、社会的な価値観は、社会的な価値観・善悪観にもとづいているため、価値観には

個人差や社会による違いがあるのは当然だろう。

　理論好きな私は10代の半ばの頃、この世には普遍的な真実、価値、善のようなものが存在するはずだと考えていた。それを求めて読んだゲーテの戯曲『ファウスト』によると、真実を求めて世界を放浪したファウストが最後に見出した価値は慈善事業だった。また、西田幾多郎『善の研究』によると、善とはどうやら私たちが共有できる価値らしいと気づいた。

　今振り返ってみると、それは神や絶対的な善を除外して残る価値観の妥当な着地点と思われる。しかしながら、当時の私は「真理を探究する」という、古くからの西洋思想の影響を相当に受けていたようで、その結末には肩透かしを食らった気がしたものである。

達観、達人

　人は誰もが不満感を解消し、満足感を得る努力を重ねているように思われる。

　人間や社会に関する不満は自分一人で考えても解決し難く、考えれば考えるほど増大してゆく不満が多い。逆に満足感には上限がないし、得られた満足感も時と共に減衰しやすいため、満足感を求め始めるときりがない。

　ところが人の気持ちを左右するこのような満足感も不満感も、相対的に定まってゆく面が大きい。このことを知ると、常に満足感を求めたり不満感を解消しようとすることは割の合わない仕事、煩悩だとの考え方もでてくるだろう。

　ある程度年功を積んだ人の中には、このように達観した人たちがいるように見受けられる。達観した人たちももちろん自分の満足感を求めて言動してることには変わりがないが、その満足感、不満感は穏やかになってあまり表情には出ない。なるべく相手の立場で考えようとして、求められれば親切に援助の手を差しのべる。

　達観は悪くいえば諦観、諦めともいえて、負け犬のようだがそういうわけではない。自分のもつ不満感を不合理なものと考えて気にしないことは、人生をあきらめることではない。ただ毎日を穏やかに生きれば満足だろう。また、達人といわれる一つの分野を極めた人は、その達成感により、他の分野で劣っても不満をあまり感じないだろう。

　私は宗教をほとんど知らないが、仏教でいう「煩悩を解脱して得られる悟り」は達観に近いのかも知れない。社会との関わりの中で達観すると「博

愛」に近づけるかも知れない。

　「人は社会や人生に何を求めるかでなく、社会や人生に何ができるかを考えなさい」との知られた至言がある。人はそれぞれに不満をもっているが、不満にこだわると自分が不幸に思えてくるし、他の人との争い事も増えるだろう。この至言は自分の不満にこだわることなく積極的に行動することを促している。

人の世の難しさ

私の対人観
　互いに気にいって親しくなった友達と一緒にいると楽しい。相手の気持ちもよく伝わってくる。でも人の性格はさまざまで、善人や悪人では割り切れない多面性をもっている。人の気持ちは移ろいやすく予測がつきにくく複雑である。特に初対面の人には何を話してよいものかと悩んで緊張する。そしてうまく話せない。このような理由で私は初対面の人に会うことには憶病だった。そして友達も多くはなかった。

　同級生に人気者がいた。その人と話をすると言葉巧みに相手に合わせてくれるので、自分の主張がなんとなく通ったように思える。次々と出てくるダジャレとともに、この話術が周囲に安心感を振りまき人気を支えていたのだろう。

　しかし、その人の話が相手に合わせてコロコロ変わることを知って疑問が生じた。ついにはその人のいうことのほとんどは嘘ではないかとの疑いを持つようになり、その人を避けるようになった。

　後に、学者、芸術家としての優れた仕事で歴史に名を残した人々の中に、対人関係にトラブルを抱えていた人が多かったことを知った。そして、人間一人の関心の総量は限られている。優れた仕事ができる人はその方面への関心、配慮が特別に大きいため、相対的に対人関係への配慮が足らなくなるのだろうと考えた。

私と自然との関係のシンプルさ
　私は絵を描いたり草花を育てることが好きだった。また美しい旋律をもつ音楽が大好きだった。自分の好きなことについては、本などからそれに

ついての知識を得ることでますます好きになることができた。

　学校の教科では、年表の丸暗記を必要とした歴史は苦手で、原理がシンプルであってもそこから次々と新たな定理を証明することのできる初歩の数学や、ものの観察にもとづいてその仕組みを考える理科が好きだった。

　美しく咲く花の仕組みを知ろうとして、花をむしって分解した。未熟な種などが発見できて面白かったが、なぜそれが種へと成長するのかはよくわからなかった。

　時計の動く仕組みを知ろうとして、時計を分解した。機械式時計を動かす力はゼンマイであることがわかった。でもその後出始めた電気時計を動かすモーターの仕組みはそれより理解困難だったし、モーターを動かす電気を生み出す電池の仕組みにいたっては、当時は何もわからなかった。でも、人の作った物の仕組みは、次々とわかるようになっていった。

　このようなことで、自然やものの仕組みについての知識はどんどん増えてゆき、この分野では友人には負けないとの満足感が得られた。そして負けず嫌いになって、ますます自分なりの研究に励んだ。これが心の支えになっていたのだろう。他の分野で友達に負けてガッカリしても劣等感をもつことはなかった。

　多くの人の心をつかみ、意のままに人を動かす術を会得した人は、人間社会で成功する。自然を究明してもそのような成功はない。しかし、そこには人間も従わざるを得ない自然の秘密を知るという、密かであっても大きい満足感を感じることができた。

疎んじられる理路、もてはやされる情緒・高揚感

　物事を知るにつれて、私は「なぜ」との質問を連発して大人を困らせたようだ。得られた知識を披露すると、いやな顔をされたり、時には「へ理屈をいうな」と叱られたりもした。

　よく他の人たちを観察してみると、科学的で常識的な主張よりも、情緒的な主張、理不尽でも極端で面白い主張、虚構、極端な場合は暴力にもつながりかねない主張に賛同する人が少なくない。

　私はこのような見るべき理路のほとんど見いだせない主張を人々はよく理解できるものだと感心していたのだが、大人になってようやく、彼らは主張そのものよりも、むしろ主張で盛り上がる雰囲気や高揚感に賛同しているのだと気づいた。

これには他に次のような理由がありそうだ。
- ・理路を最後まで考えるのは面倒で、理路に拘束されて不自由で、しかも相手に嫌われる。
- ・理路に沿うと相手に気に入らないことを話すことになり、相手の気分を損ねる。これが自分にとって不利な結果を招くことも起こり得る。
- ・それよりも相手に合わせると、盛り上がって、いっときは相手と楽しく過ごせる。

結局、物事の筋道を通そうとする人は世間ではあまり歓迎されない。

私たちはそのことを知っている。特に政治家はそのことをよく知っているようで、支持者のもつ理路を敬遠する態度に迎合して支持をとりつけるためと、多勢に従いわが身の安全・安心を確保しようとの意識により、支持者にとって白黒がはっきりしていて、受けのいい話をする人が多い。

私の場合、このような社会よりも自然や動物の方が心を許せる存在だった。自然や動物は人とは異なり気まぐれに喜びもしないし、嘘をついたりしない。もし自然や動物にだまされたと思ったならば、それは自分の自然や動物に対する無知のせいで、自分に原因があると解釈できる。

これは最近になって感じていることだが、今日の世の中の傾向をみてみると、個性の尊重はいいのだが、偏狭な個人的好みともいえる共有しかねる考え方が大手を振っているように思われる。

この偏狭な考えの一つとして、科学は便利さを生む個々の技術面ばかりがもてはやされて、せっかくの科学理論の公共的な活用が軽視されているように思われる。

旧約聖書には、神がバベルの塔の建設を怒って、それまで一つであった言語を、多くの言語にバラバラにしたために世界が混乱したことが書かれている。これを非科学的だと笑うことはできるが、現代社会には共有しがたい理論をあたかも原理のように主張する人たちがいて、結果的に世界はこれに似た状況に陥っているように思われる。

孤独感に弱い人間

幼い頃、暗い部屋に一人で寝るのは怖かった。そのようなときには母親が付き添ってくれて、童話を話してくれているうちに安らかに就寝できた。ところが夜中に目が覚めて真っ暗闇に自分一人が取り残されていることを

知ると、恐ろしさで泣きながら母親を探したものである。

　人は一人きりでは心細い。真っ暗な夜道を一人で歩くと暗闇から何かが襲ってきそうで心細いが、行きずりの人でも一緒に歩く人がいれば、なんとなく心強い。この心細さと安心感は、祖先の人々を集団生活へと導いてきた外敵に対する警戒心であって、人のもつ生存本能ともいえるだろう。

　今日の私たちの日常生活の中でも人と人との関係は大きな役割を果たしている。

　私たちは幼馴染や同郷の友達や、自分とあまり違わない感じ方考え方をもつ人に特に親しみを感じる。おたがいに共有できる何かを感じるからだろう。この結果、子供たちの間には仲良しグループができあがる。大人の社会・集団においてもグループや派閥ができてゆく。

集団の力と善悪

　仲間意識は安心感を生むだけではなく異なる個人や集団への力を生み出す。

　自分の考えは、仲間が同意してくれると正しいと確信できて、行動への勇気が湧いてくる。

　嫌われ者に対して、一人で立ち向かおうとすると心細くてやりきれない。しかし、その人が多くの人に嫌われていることがわかって、同じ思いの人たちを誘い団結することができれば、勇気百倍で立ち向かえる。

　この勇気は連帯感や共有感ともいわれている。連帯感は仲良しグループ、ファンクラブ、会社、国家など、規模に関係なくグループに属する人々に生れる。連帯感はメンバーに結束感による自信を与えて、外部に働きかける大きな力ともなる。

　ただし、連帯して立ち向かう相手が悪者ならば、これは賞賛できる行動であるが、相手が弱者であるとすれば、弱いものいじめになる。

　善悪は絶対的ではないため、善悪を考える場合にはこのような数の論理、力のバランスが影響してくる。通常、少数者は弱い立場なのだから、多数者が少数者に対して対等に立ち向かうと、数の論理の乱用になりかねない。これは民主主義の原理とされる多数決のもつ問題点でもあろう。

国家と戦争

　個人と国家、国家どうしの関係も力のバランスが関係している。

それぞれの国は建国の大義を背負っている。しかし建国の大義は他国のものと相いれないこともあり、摩擦が発生する。そのようなとき、それぞれの国のリーダーたちは、往々にして他国の大義よりも自国の大義の正しさを、国民に迎合的な言葉で、「自分たちの正しさには疑問の余地がない」と主張する。すると国民の多勢はその主張に共鳴し、相手国の主張を理不尽と思い始め、ついには怒りを爆発させる。こうして戦争が勃発する。
　自国存続の大義を通すために始めた戦争であるゆえに、ある程度の決着がつくまで戦争は終わらない。
　人々が安全安心に生活するためには、ある程度の規模の安定した互助的な社会が必要である。しかし世界的に見ると、国家という枠組みは、これとはあまり関係なく、西洋中心に様々な歴史的かつ地政学的な経緯をたどって成立してきた。そのため各国民は、建国の大義と生活のための社会との間に多かれ少なかれギャップを感じているだろう。そのギャップが大きければ大きいほど、国民は国を存続させる努力や戦争に国民が命を捧げる行為を矛盾と思うだろう。

失敗を人に知られる恐れ
　物事が自分の思い通りに進むと満足感が味わえる。しかし、失敗体験の方が、強く私の記憶に残っている。
　どのような失敗であっても、理科の実験や工作のように、自分一人で対応できる失敗は気楽だった。自分が納得できるまで何回でもやり直せばいい。好奇心の助けもあって、この点では私は忍耐強かったと思う。
　ところが、対人関係の失敗だったり、人に見られたり説明をする必要のある失敗をしでかすと、申し訳ない、叱られる、恥ずかしい、笑われる、バカにされる、どう謝れば相手は納得して許してくれるだろうか、などさまざまな心配ごとがつぎつぎと思い浮かび、気持ちが落ち込んだ。
　だれもが失敗しているはずだ。失敗を恐れて人づきあいを疎遠にすることの方が問題が大きいと悟って、開き直って謝れるようになってきたのは、かなりの年齢になってからである。

謝まること、自分を正すことの難しさ
　誰でも、他の人に迷惑をかけたり過ちを犯したら謝るように教わったし、そうすべきと考えている。でもこれには心理的な抵抗感がある。

私の場合をいうと、通りすがりの人にぶつかってにらみつけられたなどの、単純な過ちは素直に謝ることができた。謝ると逆にいいがかりをつけられることもあったが、このときも自分は大した罪を犯していないのだから、ただじっと我慢して聞くしかないと割り切ることができた。
　しかし、ある程度の自信をもって主張したことが誤っていたことに気づいたとき、それを訂正して謝ることには勇気が必要で、必ずしもできたわけではない。その理由はさまざまに考えられる。

・誤りに気づいても、自分が誤ったことを認めたくないとの自負心。
・特に対抗心をもつ相手には、誤りを認めれば相手の方が自分より優位になるとの残念さ。
・謝ると相手は怒るかもしれない。このような寝た子を起こすリスクを冒したくない。
・親しい相手にはわざわざ謝る必要はないとの甘えた考え。
・逆に、相手に取り返しのつかない大きな被害を与えたと思って逃げ出したい気持ち。

　自信には正負の二面性がある。程度の差はあっても、自分の感じ方考え方は正しいとの自信があるから人は生きて行けるのだと思う。しかし、自信や誇りが強すぎると、わからないことを質問するのに抵抗感をもったり、他の人の考え方を拒絶したりして独断的になる可能性があるだろう。
　結局、良好な人間関係を作るには、正しいと思うことを維持するための必要最小限の自己主張をしながらも、それにはこだわらず、常に他の人の意見にも耳を傾ける、とのバランス感覚が求められそうである。
　世の中すべての人が、率直に自らの過ちを正し、他の人の過ちを笑顔で許せる社会となればトラブルのない愉快な人間社会が実現するだろう。しかしながら、これは以上の心理的な障壁により「いうは易し、行うは難し」である。

思考と感情
　思考・思索すると感情も入ってくる。
　自発的に自然の成り立ちを思索したり、ゲームや幾何学などの問題を推理し始めると、その問題を解決するために解く必要のある新たな問題がわかったりして、これらの問題を解くことに夢中になることがある。そして問題が複雑なほどそれを解決したときの喜び・達成感は大きい。

場合によっては報酬があったり、社会に誇り得る発見かもしれないとの期待があったりするが、報酬を抜きにしても、未知の問題を知りたい・解決したい、困難に挑戦したい、そして満足感・達成感を得たいとの願望・知的興味が推進力となって思考は進むだろう。
　この思考の推進力は、未知のものに対する関心と、理路を推し進めること自体の魅力にもとづくといえる。

　対人関係について考え始めると思考の様相は一変して、思考には種々雑多な感情が入り込み、思考に対する感情の影響力が大きくなる。
　過去に知り合った人たちには、誰一人として同じ感じ方考え方の人はいなかった。特に親しく付き合った人のことを考えると、よく知れば知るほど好き嫌いの感情が入ってくる。
　会話を交わしてみて、自分と意見が一致する人には親しみを覚える。自分と意見が一致しなくても、自分にとって新たな意見をもつ人には興味を抱く。その意見が素晴らしければその人に敬意を抱く。
　意見が一致しなくても、不一致の原因についてフランクに話し合える人には、知的共有感を感じて親しみがもてる。しかし、そのような会話が成り立たない人については、「なぜ本心を隠すのか」との疑問が生じて、それが知的不満感・不信感となることがある。

　広く人の世について考え始めてもさまざまな感情がつきまとい、感情が思考を支配しがちになる。世の中には、人の幸せにつながる嬉しい出来事もあるが、報道される大きなニュースのほとんどは不安をあおる事件や事故である。
　私たちは習慣・規範・法律などを考慮して行動しているが、これらは先人たちが考え出し、社会ごとに時と共に変遷しながら引き継がれてきたものが多い。そのため、政治の仕組み、道徳的な規範などには、シンプルな道理だけでは理解できない過去の影響が色濃く残っている。
　善悪は一律に決められるものでもないため、これはやむを得ない。法律や社会習慣になじめない人は多くいるはずだが、勝手に法律や習慣を変えることはできないため、不承不承あきらめざるを得ない。
　そして、人の世のほとんどすべての出来事は自分の思い通りにはならないのだが、世の中は自分の感じ方考え方と異なる他の人々で成り立ってい

るのだから、これもやむを得ないと納得せざるを得ない。

薄らぐ記憶、変貌する感じ方考え方

　子供の頃、大人はすごいなぁと感じていたが、大人の盛りもとっくに過ぎた今、子供の頃を思い出してみても自分の感じ方考え方は基本的に変わっていないなと思う。

　でも、昔の自分の言動を振り返って見ると、あのときはああすれば良かったこうすればよかったなどと気がつく。私たちはさまざまな経験を積んでも、そのほとんどの記憶は薄れてゆくのだが、経験から学んだことは少しずつでも蓄積されて、少しずつでも成熟した感じ方考え方へ変容しつづけているのだろう。

　人の気持ちも環境の変化に影響されながら少しずつ変わってゆく。

　たとえば引っ越しをして近所の風景や住人たちが変わると、最初は気持ちが落ち着かないが、時間とともにそれらに慣れてきてやがて気持ちも落ち着いてくる。一日三食の習慣もそれをつづけることで身体がそれに慣らされてゆき、一日三食は快適であるとの自分の決定感、好みを生み出したのだろう。これらのことから、人は一定の経験や思考を繰り返すとだんだんそれに慣れてゆくことがわかる。

　でも不思議なもので、慣れた生活がつづきすぎると、それがたとえ快適であってもだんだんと退屈な時間と感じるようになることもある。慣れるということは満足ではあっても知的な刺激感が減るということだろう。人間は常に適度な知的刺激感を求めている贅沢な生き物のようである。

人は希望と絶望・過去と未来の間を生きている

余暇と退屈——時間の価値観

　赤子には時間の余裕がたっぷりとあるが、特に退屈そうには見えない。

　私についていうと、だんだんと遊び心が出てきて遊びを覚えると、なにもやることのない時間にじっとしていることが耐えがたく暇で退屈と感じるようになり、遊びなしでは過ごせなくなっていったように記憶している。

　無為な時間をムダと考えはじめると、無為で暇な時間を過ごすことが苦痛になってくる。

　本を読み音楽を聴く習慣がついてからは、それらのない無為な時間は耐

えがたく感じるようになり、本を読み終えると次の本が読みたくなり、音楽を聴くと次の音楽が聴きたくなった。

　大人になると仕事で忙しくなるが、忙しい仕事の合間の暇な時間は何もしなくても退屈ではなく、心と体を休める余暇の時間と感じる。このことから、暇な時間、無為な時間に対する価値観そのものが相対的で、自分の経験や意識によって生じるものであることを悟ったものである。

　洞窟に残された原始時代の壁画や土器の破片を見ると、当時の人々も時間に余裕が生じると、絵を描いたり生活の道具に模様を描いたりして、退屈な時間を楽しい時間に変容させていたことがうかがい知れる。

　子供の頃、動物園で窮屈なオリに入れられて、毎日なにもせず餌を与えられて飼われている動物たちを見て、不愉快で退屈だろうなと同情したものだが、よく考えて見ると、オリの中の生活を退屈とか安心とか判断するためには、比較の材料として野性の生活の自由さ、危険性、餌を探す苦労などの経験が必要で、そのような経験をもたない動物たちがオリのなかの生活に満足しているかいないかの判断はできないということになるだろう。

私の夢の変遷

　母親が読み聞かせてくれた童話の影響もあるだろう、私は子供の頃、自由な時間を一人で本を読んだり、本に頼らずに物語を空想したり、それを下手な絵に描いたりして過ごしていた。子供は子供なりに大人が取り仕切っている日常の生活に不自由さを感じるものだが、子供どうしで遊んだり、自分の夢想、空想に浸っている間は、自分の楽しい時間を過ごせたものである。

　私の描く夢は、夢といっても実現の可能性のある夢が主だった。実現の可能性のない夢はつまらなく思えた。その点で私は子供の頃から現実的だったのかも知れない。

　そして大学を卒業した私は、当時の高度成長期の始まりの雰囲気や家庭の事情、とりあえずは経済的に自立したいとの思いなどにより、物づくりの会社に就職した。それとともに、私の夢は会社生活に合わせて、自分の生活が経済的に安定することや、物づくりの技術の開発にシフトしていった。

童話、小説、芸術の世界

　芸術、小説など虚構の世界もそれぞれに楽しい。

私は終戦の年の1945年生まれなので、子供の頃の風景でまず目に浮かぶものといえば、周囲に広がったがれきの散乱した焼け野原である。今あるようなテレビやゲーム機などの娯楽の道具はなかった。それに代わって紙芝居や童話に親しんだ。そして時々は親に連れられて子供向きの映画も見ることができた。
　童話やアニメは虚構の世界ではあるが、私はその世界に入り込んで現実では体験できない夢物語を楽しむことができた。さらに童話やアニメには正義の味方や「弱きを助け強きをくじく」という考え方が含まれているものもあり、知らず知らずのうちに、善悪についても考えさせられた。
　中学生になると芸術方面に興味が湧きだして、小説の世界にもはまり込んでいった。
　私の場合、外国の小説を読んで雄大なスケールの西洋世界へはまり込み、まだ見ぬ西洋への憧れが生まれた。日本の小説、随筆、短歌などから、繊細な人の心の機微や華やかな言葉の魔力に触れることができた。
　探偵小説は、スリリングな世界と、謎を仕掛けた作者との知恵比べの二つの側面を同時に楽しむことができた。
　これらの作品には魅力がある。しかしその魅力は巧みな言葉づかいや舞台設定によって仕組まれた、作者の虚構の世界にはまり込むことで生まれるものであって、現実世界を正確に描写しているわけではない。もちろん作品に込めた作者の思いは伝わってくるのだが、作品を読み終えると、楽しいフィクションだったとの一抹の虚しさを伴って、現実世界に引き戻されることも多々あった。
　音楽にも興味が湧いた。なかでも西洋のクラシック音楽に異次元の美しさを感じた。
　西洋には宗教音楽という大きなジャンルがある。信者たちは宗教儀式として演奏されたその美しい音楽を聞いて、さらに信仰心を高めてきたのだろう。
　西洋の宗教音楽は、聖書の一節を題材にしているということだが、聖書をなにも知らなくてもバッハ、モーツァルトらの美しい宗教音楽を聴くと、清められたような荘厳な気持ちに浸ることができる。彼らの音楽そのものが聴覚と心理に作用するのだろう。このためだろう、ロマン派の音楽を聴くと夢見るようなロマンを感じることができる。

芸術家の感性と表現力はすばらしい。しかし、芸術家の話をインタビューなどで聞くと、彼の芸術性ほどは魅力がなく、意外に思うこともある。しかしこれは、人は万能ではないのだから当然の帰結だろう。芸術家は自分のもつ最もすぐれたものを作品に表現しているのだ。私たちは作品を通して作者の優れた感性を疑似体験できればよいのだ。

　人との付き合いが不得手な人も、作品は人間ではないから誰を気にすることもなく自分の満足できる作品だけを選んで存分に対面して鑑賞することができる。さらに、友人とその作品について話し合うことができれば、日常会話だけでは見えにくいお互いの感性を比較しあえて新たな発見もあったりする。

　芸術の始まりを考えてみると、おそらくそれはある程度生活が安定して時間に余裕ができた祖先の人たちが、経験的、日常的なものを超えた満足感を得ようとしたのだろう。

　日常生活だけでは飽きがくる私たちは、非日常性への夢を潜在的にもっている。芸術作品はそのような私たちに快い非日常性を示すことで、私たちの夢をかなえて、心に安らぎをもたらしているのだろう。

　経験的、日常的な出来事を越えようとする点で、宗教、哲学も芸術と同類だろう。ただし芸術は専ら感性に直接働きかける役割を果たしている。

死者はどこへ行くのか

　私が小学生のとき、同じクラスの友達が事故で亡くなった。先日まで一緒に遊んだり話をしていた友達が突然この世から消え失せる。それは予期できなかった出来事である。この突然の出来事により私の心の中にぽっかり穴が空いたような喪失感を味わった。

　それと同時に、そのような死とは何か、友人がどこに行ったのかとの疑問が生じた。大人に聞くと「天国だ」という人がいたが、「天国とはどのような国か。天国の住民はどんどん増えていくが、楽な暮らしはつづけられるのだろうか」と聞くと納得のいく説明が得られないため、結局自分なりに「死後の世界は誰もわかってはいない」と思うようになった。

　人々は死者をお墓に安置して弔う。人々は機会あるごとに先祖のお墓に詣でてお祈りをする。私たちが今日在るのは先祖のおかげだから、それはよくわかる。でも先祖が天国に住んでいることに疑問を持っていたので、先祖が遠くから私たちを見守って下さっているとか、お盆には先祖の霊が戻

ってくるとのいい伝えには疑問をもつようになった。

しかしその一方で、毎年くりかえされるお彼岸やお盆の行事などを通じて、信仰、習慣が人間社会を成り立たせている重要な仕組みの一つであることにも気づいていった。

私と宗教

あるとき、友人から宗教への勧誘を受けたことがある。友人は宗教のもたらすこの世でのご利益や極楽浄土を熱心に説明してくれた。

しかし私は、その宗教の現世観と来世観、つまり教義に疑問を感じた。さまざまに自由な現世観と来世観が考えられる中で、彼のいう教義だけが正しいとは限らない。一つの教義を信じるということは、それと異なる他の教義やさまざまに現世と来世を考える自由・楽しみを捨てるということにもなる。

結局、私は未だに特定の宗教を信じてはいない。自分が経験的に学んだ方法にもとづいて広大な未知の領域を思索することは、容易いことではないがとても興味深いことと感じているからである。

このような自分の性格ゆえに、聖書の天地創造の物語などには強い違和感を覚えた。それよりも、仏典の一つ『般若心経』の「色即是空、空即是色」（この世はむなしい、むなしさがこの世そのものである）との叙述の方にはるかに親しみを覚える。人間の考えた理論の方法によって、人間による観察・経験を超えた物事を想像して、宗教や宗教以上の驚異的な理論を創造することはできるが、そのような理論は誰もが納得できるわけではないと思えるからだ。

人は物事を理論的に考える知性を獲得したが、その代償として「自分も例外なく死ぬ」との避けがたくてつもなく重大な法則に気づいた。その希望的解決策として、人の観察・体験を超えた神や天国の話を考え出した。これが宗教が生まれた大きな理由ではなかろうか。

科学の習得とその性質

私は子供の頃から、身近な自然を観察したり簡単な機械をいじることが好きだった。小学校低学年の頃は玩具類の付録がついた雑誌を読んでいたが、高学年になると『子供の科学』などの雑誌を読むようになり、実験や模型製作の記事を楽しんだ。

中学生ごろになると『ガモフ全集』などの科学本に親しんだ。著者のジョージ・ガモフ（1904-1968）は物理学者として著名でありながら、当時の先端物理学を一般向け物語風にやさしく解説した本も多数著している。そこには『子供の科学』の実験や模型製作の記事では到達できない非日常的な夢のような科学の世界が描かれており、それに夢中になったのである。これにより私の西洋指向も始まったと思う。
　我に返り「科学の第一条件は世界で共有できる理論である」と気づいた最近になってやっとわかったのだが、ガモフたち西洋の科学者の考え方は、ともすると科学の成り立ちや科学理論の有効範囲の概念が不明瞭になりがちである。これが科学に対する誤解を生んだり科学の立場を弱くしているのではないかと気になり始めた。

「我思う故に我あり」

　未熟ではあっても自分なりの考え方を習得して、さまざまなことに興味や疑いをもち始めていた高校生の頃、授業で哲学を学んだ。
　古代ギリシャでは、権力者や民衆がそのときの都合や世間の動向で社会的規範・道徳を論じることが多く、これに疑いを持ったソクラテスやプラトンが理性的にこれらを思考する方法として始めたという。
　時代は下ってもこの問題は解決されずに、同じような疑問をもつ人は多かったようだ。
　17世紀のフランスの哲学者デカルトは、既存の思考の基盤のすべてを疑ったとしても「考える自分」を疑うと元も子もなくなると考えて、「我思う、ゆえに我あり（我思考する、ゆえに我存在する）」との有名な言葉を残したと教わった。
　最初はなんとなく高邁な理論だと感心したものだが、よくよく考えて見ると、ものごとは有るがままに有るはずだ。それに疑いをもち、それに代わる「存在」という概念・言葉を持ち出して疑うことのできないものを証明しようとした思考方法に疑問を抱くようになった。
　「思考」を『広辞苑』で確認すると「思いめぐらすこと。考え」とある。これでは思考と存在の関係はわからない。そこで「存在」を『広辞苑』で確認すると「有ること、有るもの、いること、である。哲学的には実体と属性に分かれる」とある。「実体」「属性」もよくわからないのでさらに辞書を引いてゆくと、いくつかの言葉を経て最初の「存在」に戻ったりする。

ここからは後に知ったことである。辞書で生じた出来事は「同語反復・tautology」といわれており、ある言葉を他の言葉で定義しようとするとよく生じる形である。
　言葉Aを辞書で調べて説明の中の言葉Bが納得できなければ言葉Bをさらに辞書で調べる。どのように大きい辞書も言葉の数には限りがあるため、この連鎖は納得できる言葉Xに出会うか、納得できないままあきらめるか、元の言葉Aに戻るかのいずれかになる。そして熟慮の末に、誰もが共通的に完全に納得できる言葉Xとは、過去に学習した自分が納得できる経験を表す言葉でしかありえない、ということを悟った。
　後にこの文章が出てくるデカルトの『方法序説』を読んで次のことがわかった。
　デカルトは当時のスコラ哲学（神学ともいう）の基盤を疑い、①疑う余地のない存在とは、このことを疑い考える自分であることに気づいて、これにもとづき、②神の存在を論理的に証明しようとしたのである。だがこの証明論理にはあいまいさがあったことを後にデカルト自身が認めている。
　哲学書を読むと、少しは真理に近づけるだろうとの思いもあって、何冊かの哲学書に挑戦した。しかし経験的な裏づけの乏しいその難しさにギブアップしたり、原理的な考え方に拒否反応を起こす結果に終わることが多々あった。このことから、哲学も結局は仮定を原理として成り立っているのではないかとの疑念も生じて、これを払拭できなかった。
　私は科学、文学、美術、音楽、数学を通して西洋好きになったのだが、哲学、集合論は入り口の段階で疑問が生じてほとんど先へは進めなかった。宗教色の強い文学や哲学にも親しめなかった。宗教色があっても美術、音楽の場合はそれに関係なく美しさを感じることができた。
　科学や数学はきっと真実・真理を表しているのだろう、美しいものから得られる高揚感はきっと世界で共有できるのだろうとの思いは強まっていった。

時間概念の習得
　私たちは知らず知らずのうちに時間概念を習得したはずだ。今経験している物事は次々と記憶・記録された過去の物事となっていく。私たちの意識の中で時間概念が生まれることについては、誰もがそうであるように、次々と古くなってゆく経験の記憶の連鎖にもとづいていると推理できる。

体感できる時間の進み方は一定とは思えない。私の記憶によると、子供の頃の1日は現在の1日よりもずいぶん長く感じたものである。今も何かに夢中になると、時間は瞬く間に過ぎてゆく。熟睡した後でも体感的睡眠時間が短く感じられる。

　でも私たちは共通的にめぐる一日24時間、一年約365日の周期に合わせて生活を送っている。歴史年表を見ると、等速的に進む年代にもとづいて過去の出来事が記録されている。「時間・年は個人的な体感時間とは異なり等速的に進む」と解釈することで、物理事象や世の中の様々な出来事を共通的に秩序づけて解釈することができる。この実績・認識により人々の間で「時間は等速的に進む」との常識が生まれたと考えてよいだろう。

時間軸上の過去・現在・未来
　等速的な時間概念には、等間隔の時間が目盛られた数直線を当てはめることができる。すると、年代順に記録された歴史、人々の記憶の連鎖は数学的な一本の直線上に配置されて、数学的な「時間軸」の概念が生みだされる。

　そして、過去のある出来事を起点とすると、現在という時間は刻々と増加しながらその時間軸上を移動しているとみなせる。この直線の現在より先は未来の時間ということになる。

　また、現在という時間を時間軸の原点とみなすと、現在の出来事は未来からやってきてどんどん過去へ遠ざかっていくとも解釈できる。これは時間の原点を、過去のある出来事におくか、今と考えるかの違いであり、数学的にどちらが正しいともいえない。

　私たちは未来に向けて自らの意志・行動を決定する場合、いくつかの可能性、選択肢の中から自由に自発的に自分が最も満足するはずと考える一つを選び出す。ところが過去を振り返ると、すべての選択とその結果は、選択に至る困難さには関係なく自分の記憶の中で1本の時間軸に並べられた出来事として納まる。このため、私たちはさらにこの直線を未来に延長して未来の出来事もこの数直線上に確定して位置づけられてゆくと予測しがちである。

　未来が現在となり過去となったときこの予測は実現するのだが、これが「結局人の運命は（1本の時間軸として）決定されている」との大きな誤解

を生んでいるように思われる。

　過去の出来事は1本の時間軸に確定的に並べることはできても、未来の出来事を確定したものとして一本の時間軸上に並べることには限界がある。外れることの多い天気予報がその最たる例だろう。明日、明後日の出来事はある程度予測して時間軸に並べられたとしても、それは過去の出来事のように確定したものではない。

　未来にも有効と考えられる科学的な法則は、力学法則、原子論などの物理の基本的な法則や「生き物には寿命がある」などの常識的で大枠的な法則であり、日常的に観察される自然現象の移り変わりや人の言動の予測については、まだまだ科学法則では決定できない。

　実は力学法則にも限界がある。宇宙には天体が数知れずあるため、人類が力学法則で予測できる天体の動きは天体のすべてに対するものではない。太陽と地球の運動が作り出す周期的な年月日の移り変わりをとっても、周囲の天体などの影響で何十億年も先までは予測不可能とされている。

科学にまつわる二つのエピソード

経験で育つ人間性とオオカミ少女の話

　自分の誕生以来の経験を振り返ってみると、自分の考え方感じ方の一部となっている生活習慣、常態的な二足歩行などのほとんどすべてを、周囲の人々をはじめとした環境から教わったと考えられる。人間性・humanityとはこれらを包括したものだろう。書物や学校の授業から得る知識・knowledgeはその一部にすぎない。

　人の経験や経験の一部である教育は、人が人間性を獲得するために非常に大切である。仮に、全く人に接することなく育った人がいるとすると、その人には人間性といわれるものが備わっていない可能性がある。人のいない環境で人が育つとは考え難いが、これに関した驚くべき話がある。

　　インドに、オオカミに育てられた2人の少女がいた。名前をアマラとカマラという。発見された時にはオオカミのようで、人間らしいところは微塵もなかった。アマラは発見後1年して亡くなり、カマラは9年を生きる。カマラについては、養育者であったシング牧師夫妻が献身的な努力をした結果、夫婦との間に多少の愛着関係を築くこと

ができた。しかし、知的な能力はほとんど発揮することがなかった。この話はヒトがヒトに育てられないとどうなるかを示す例としてよく知られている。

これは鈴木光太郎『オオカミ少女はいなかった』の書き出し部である。鈴木はこれにつづけて、おおよそ次のように説明している。

オオカミは人を育てることはできないし、唯一の証拠とされる写真などにも疑問が残るため、この話はシング牧師による作り話と結論される。しかし、人がほとんど面倒を見ずに野性的に育った子供にこのような傾向が見られるということは、他の事例により確かめられている。この一面の真実性と、オオカミに育てられたというセンセーショナル性をもつゆえに、この話は過去に何度も打ち消されたがそのたびに復活してきた。

このエピソードは、異常でセンセーショナルであっても一見科学的な話は、人々に信用されやすく人々の興味を強く引くために、人々の記憶にも残りやすいということを表している。よく話題となるＵＦＯや心霊現象についての話にも同様の構造が見て取れる。この構造をもつ小説は空想科学小説、ＳＦといわれ、私もたくさん読んだものである。

小説とわかっていればその虚構性を楽しめる。しかしこのエピソードは少女たちを養育したとされるシング牧師自らが、真実と偽って発表したため、人々をだますことになった。

発見はそれ自体で発見者の知的満足感を満たすものだが、彼は発見の喜びを探求しなかった。彼は大きな発見に伴う社会的名声の方に目がくらみ、一見科学的に見える話を創造して真実と偽って発表したということになる。

奇想天外な動物たち

科学は常識的・日常的とは限らない。証拠がなければとても事実として信じられないような、私たちの空想力をはるかに超えた奇想天外な動物たちが発見されることもある。

20世紀の初めごろ、カナダのロッキー山脈の5億年前のカンブリア紀の地層から、バージェス動物群、またはカンブリア紀の動物群と呼ばれている常識外れで奇想天外な形態をした、海にすむ動物群の化石が発見された。中国でも同様の動物群の化石が発見されている。

アノマロカリスという動物は前頭部に二本の牙のような腕？をもち、オパ

ビニアという動物は、五つ目の前頭部からハサミを有するヘビのような腕をもつ（口絵参照）。共に捕食のための器官と推定されている。

最近の例では、深海探査技術の発達により、真っ暗な深海の海底火山の熱水の噴出口のそばで生息する奇想天外な形態をした動物群が発見されている。この動物群は高温の熱水に耐え、既知の動物では毒となる噴出水に含まれるイオウ化合物を食しているという点でも常識外れである。

もしこのような動物をただ想像して、文章で説明したり絵に描いたとしても、誰もこのような動物の存在を信じることはないだろう。

科学は常識的ではあるが、それ以上に経験や観察を大切にするため、このような発見があればそれを除外することなく、科学者たちは多くの証拠写真、生態の考察などにより、科学としての理論づけを試みる。そして、誰もが直接体験できなくても、自分が仮にその発見現場に行くことができれば体験できるとの確信をもてれば、科学的事実と認定されたことになる。

バージェス動物群からは別の教訓を読み取ることもできる。すなわち、生物の突然変異はある目的をもって発生するというよりも、誤解を招きやすい言葉だが奇形を生み出す。その中で、生存により適した個体が生存して子孫を残してゆくと考えることができる。

発見の名誉に目がくらんで、古代人の石器や頭骨をねつ造した事件も知られているが、これらも念入りな科学的考証により真偽が明らかにされてきた。犯罪の捜査も科学捜査によって信頼性が格段に高くなった。正しい科学的実証は誰もが納得せざるを得ないのである。

これをもって第1話とする。第2話では以上の実例にもとづいて人の感じ方考え方の法則を組み立ててみることにする。

第2話
感じ方考え方を理論づける

人は不満を解消して満足感を求めようと心を動かす

　私たちは日々の生活の中で、特に意識しなくても経験による学習を続けている。このようにして得られた多様な個人の感じ方考え方は、経験の集大成ともいえる。そしてその活力の源泉は、私たちが常にもつ不満感を減らそう、より大きい満足感を得ようとする気持ちであると考えられる。

　私たちは人に問われた案件や自分が気になる案件を思考する。そして、目的を叶える結果が見つかればそれに満足する。その結果を語ったり行動に移すのも、沈黙するよりもその方が満足できると考えるからである。それで満足できればその件はハーピーエンドとなる。満足できなければさらに模索がつづく。それでもだめならば気になっても諦めざるを得ない。

　他の人や社会に認められることも自分の満足感となる。これは他から認められ、少なくとも仲間外れにされないことが、人が社会の一員として快適に生活していくための要件であるためだろう。

　感覚から生じる満足感もあるが、各自の思考から生じる満足感、不満感は複雑で個人差も大きい。

　他の人の立場を重んずる判断も、「他の人を重んじた方が私には満足できる」との考え方によっていると考えられる。

　法律、規則、慣習、他の人の命令、義務感、自分の良心などに従う場合でも、それがたとえ不承不承であっても、「それに背くと自分に不利益な結果を招いたり、不満が生じるだろう。だからここはそれに従おう」という自分の満足感の実現、または不満感の発生を予防しようとする判断があると考えられる。

　社会や他の人に貢献できる人とは、社会が良くなり他の人が満足するこ

とに大きい満足感を感じることのできる人だろう。

　禁欲的な生活をつづけることができる人とは、何らかの経験や思考の結果であったとしても禁欲的な生活に満足感を見出すことのできる人だろう。

　失敗をきっかけとして自信を失い、すべてのことに受け身になる人がいるが、これもその人にとっては、新たな不満感の原因となる失敗の発生を回避する、予防的思考と考えられる。

　人は常に理路にもとづいて考えているわけではない。思考には感情が伴うため、強い感情の高まりに我が身を任せて、冷静な理路に沿った思考から外れてゆく人もいるだろう。あるいは「思考できない、思考するのが面倒だ。あの人のいうことに従おう」との場当たり的な好みで判断をする人もいる。たとえ後に後悔する羽目になったとしても、これも真剣に考えたり「わからない」というよりも、その人にとってその判断がそのときのその人の気持ちに即した一番不満の少ない選択だったのである。

　以上のように解釈できるため、「人は常に自分の満足感の実現、不満感の解消を求めて、考え行動している」との法則は、実態を表していると考えられる。

　満足感・不満感の複雑さについては後ほどさらに説明することとして、その前に満足感は、自由に無制限に追求できるものではないことを説明しよう。

感じ方考え方を制限する要素

実現の可能性による選択の自由度の制限

　思考は、理路や好みに従って進められるが、個人の空想の域を出ない思考では、どのような理路や好みを選ぶかは個人の自由である。

　しかし、実行・実現することを前提とした、物事に対する私たちの思考・判断にはそこまでの自由はない。それは物理法則、社会規範、他の人の考え・命令、などの制限を受けることになる。

　身近な例として、知人から明日の夕食に誘われたとしよう。

　誘いに応じるか断るかは自分の好み、つまり自分にとってどちらの満足度が大きいかを予測し比較して決めることができる。しかし、承諾するためには、重なっている約束がないことや食事に必要な資金その他の障害がないことを確認する必要もある。これらの確認ができて初めて承諾の可能性が

出る。

　このように、日常的に生じる実行・実現を伴う判断の多くは、好み・満足感での判断より先に、実行・実現の可能性により選択肢が制限される。

実行・実現の可能性を制限する要因
　実行・実現の可能性の面から選択肢を狭めている制約要因は無数にある。一例として制約要因を次のように大枠的に分類して説明しよう。
A　物理的な制約
　「一つの体で二つの約束は同時にこなせない」との制約の根拠は、人によって常識的、経験的、自然的、物理的、論理的などとさまざまにいわれるが、いずれにせよ一人一人が経験的に習得して、背くことのできない制約として頭の中にはいっている。仮にこれを無視して同時に二つの約束をしても、実行の段階で実現不可能であることを思い知らされる。

　このような制約を物理的な制約ということにする。物理的に実現不可能なことには他に、時間を戻す、未来を確定する、自分が他者に置き換わる、時速100kmを自力で走る、など多数考えられる。

　実行・実現の対象には必ず物理的な制約が伴う。テレビのチャンネルの選択は自由にできるが、今視聴可能なチャンネルは、やはり物理的な制約で限られている。

　物理的な制約にはこのほかに、
- 手持ちの現金で買い物しようとすれば、手持ちの現金以上の買い物はできない。
- 旅行に公共交通機関を利用しようとすれば、旅行計画はその時刻表に制約される。

などがある。
B　A項以外の一般的な理論の制約
　A項以外の一般的、常識的に知られた数学、論理、科学、言葉の意味については、個人的に考える限りでは必ずしも制約条件ではない。しかし、これらの制約を無視すると、思考中や実行時に矛盾が生じたり、他の人々との共通性が失われるため、この制約は社会常識として変更できないだろう。

　たとえば、100円の品物を3つ買って、100円×3＝200円と勝手

に計算して、200円しか払わなければ店員さんとの間でトラブルが生じる。

このような制約を理論的制約ということにする。

C　社会的規範の制約

「他の人の持ち物を盗まない」などの社会として守るべきことは法律で規定されているが、元をたどれば、それぞれの社会ごとに継承され育てられてきたものだろう。社会によっては宗教による規制もある。

これらの規範は、破ることはできても、破ると他の人に迷惑がかかったり社会的な制裁を受けるとの思いが規範を守る力となっており、大多数の人はこれに従っている。

D　その他の制約

1　実現が困難、実現の可能性が低いもの。それには、自分が宝くじで10億円を当てる、自分が総理大臣になる、自分の環境を全く変えるなどがある。

これを選ぶか否かの判断には個人差がある。人によっては努力目標にしたり、夢を買うと考えて宝くじを買う人もいる。「実現時の満足感×実現の確率」との値で選択の可否を考える人も多いだろう。

2　選択すると（道徳面以外にも）不満な問題が起こると予測できるもの。自分の立場を失う、人間関係を損なう、予算を超えてお金を使う、危険で不安全な行動をとるなど。

これを避ける判断は、個人的な好みや考え方の影響が大きく、個人差が大きい。

3　その他の制約。

特殊な環境、病人、受刑者など、特殊な条件下では特殊な制約が生じ得る。

このように考えると、全く自由な思考とは暇つぶしの空想などに限られる。

誰もがこのような制約の枠組みを漏れなく知った上で思考しているわけではない。しかし、誰の思考であっても人の思考はこのような制約の枠組みで説明できるだろう。

個人的決断の共通性、個人差、社会による違い

実現の可能性の面から選択肢を狭めている要因には個人差が考えられる。世界的に考えると、社会のおきて、宗教の教義なども、絶対的な制約なの

で違反することはできないと考えている人も多いだろう。

　それでも、私たちの経験、私たちの科学的な知識には、世界的に共通する部分が多くある。私たちは先述したようなさまざまな選択肢の性質を、過去の経験により習得した。過去の経験は必ずしも理論の形とはなっていないが、少なくとも判断時には各自の経験は判断基準として生きているはずである。

　また、大部分の人々はさまざまな社会に属していて、その中でのスムーズな関係を目指しているから、そこでの個人の判断も社会で共有可能な判断が主体となるだろう。

　さて、残された選択肢が複数個あれば、私たちはその中から一つを選び出す最終決断をする。ときには迷いながらするこの決断は、100％個人的な満足感、好みにもとづくのだから、個人差が出て当然といえる。

選択肢に残された実現の可能性

　私たちは残された実現の可能性のある選択肢を、自由に自分の好みや満足感で選ぶことになる。しかし残された選択肢であっても、将来に関する問題などで未知の要素が含まれており、実現するか否かが確率的と考えられたり、未知の要素についての情報をもたない場合は判断に悩むことになる。

　確率的な考え方ができる人は「実現時の満足感×実現の確率」との値で選択肢どうしを比較するだろう。また、実現に自分の努力を必要とする場合、努力できると考えるか否かも大きい判断材料となる。

　いうまでもなく、現実は小説ではない。ＳＦ小説ならば物理的な制約を超えることもストーリーとしてあり得る。そして創造された作品の中に、人は現実にとらわれない満足感を見出す。しかし日常的な出来事に対する判断の場合は、可能性の高さを重視しなければ失敗のリスクが高くなる。

　では次に多様な満足感について考えてみよう。

感覚の生む満足感から知的満足感へ

感覚の生む満足感とその性質

　私たちは視覚、聴覚、味覚、嗅覚、触覚、平衡感覚などと称されるさまざまな感覚を感じ取っている。さらにそれらの感覚から、満足感・快感、

不満感・不快感・不安感などという気持ちが生じることも経験している。この成り立ち、性質を考えてみよう。

　私の記憶に鮮明に残る最初の感覚といえば、第1話で話した人工哺乳への不快感だった。しかしこれも、最初に母の胸に抱かれて美味しい母乳を飲んだ体験がなければ生じなかっただろうと考えると、人の満足感・不満感は、さまざまな経験にもとづいて相対的・知的に定まってゆく側面がある、さらに感覚すらも経験が影響していると推理できる。

　うまさ、まずさの感覚には、食べ物の味と食感を作り出すさまざまな食材・調理法が大きな役割を果たしている。味覚の理論化は難しいが、料理の達人はうまい料理を経験的に探求した人だろう。美味の感覚はそれによって食が進む。逆に身体に害のあるものにはまずいものが多い。このため、味覚も身体の健全性の確保・維持という役割を果たしていると推理できる。

　次に、痛覚について考えよう。

　身体の損傷は動物にとって致命傷になることがある。仮に痛さを感じない動物が誕生したとすると、その動物はある行動で身体を損傷しても、平気でまたその行動を繰り返して死に至る可能性が高いと考えられる。だが、ある程度の学習能力をもつ動物は、痛さという警告により、身体を損傷した行動を慎むようになってゆくだろう。このように考えると、怪我をすると誰もが痛さを感じて、その痛さは傷がある程度治るまでつづくことの理由が納得できる。痛覚は身体の危機を知らせる役割を果たしていると推理できる。

　自然自体は人が考えるような目的をもってはいないだろう。そうすると、人のもつ感覚の始まりについては、動物が発生して変異してゆく多様なバリエーションの中の一つとして、たまたま味覚や痛覚をもつ動物が発生したところ、そのような動物の生存能力が高かったために生き残り繁栄したと考えた方が自然だろう。

　音楽、絵画、風景、詩句などの鑑賞によっても、「美しい」との満足感が得られる。その成り立ちは経験的・心理的に探求できるだろう。しかし、この探求はシンプルではない。部分的にはさまざまな美の法則が知られているが、美しさや美味しさそのものの由来は、科学的にはほとんど解明できていない領域といわざるをえない。これは他の感覚についてもほぼいえることである。

　では次に、私たちのもつ知的満足感・不満感（快感・不快感）について

考えよう。

感覚の生む満足感から知的満足感へ

　食べ物などに対する自発的欲求は動物たちが生きてゆくために必要で、これは動物のもつ生存本能といえる。誕生直後の赤子が泣いて母乳を欲しがることについては、生存本能により、空腹が引き起こす不快感が母乳を飲む行動に結びつけると推定できる。

　しかしまもなく、美味しい母乳の味が記憶され、泣くと母乳がもらえて空腹が解消できるとの知的学習も進むだろう。すると不快感による泣きは美味しい母乳を味わう満足感を求める泣きに置き換わってゆくと推定することができる。その証拠として、人間の赤子は何らかの不満があると泣きだす。泣けば親たちから何らかの満足感が得られることを学んだからだろう。私も泣くことが恥ずかしくなる年になるまで、その手法を度々使って親を困らせたことを覚えている。

　自省するとわかることだが、感覚は主に外部からの刺激により生じている。外部感覚そのものは刺激がなくなるとほぼ消え去る。ところが感覚とそれに伴う満足感・不満感（快感・不快感）はほぼ記憶されて残る。そして感覚の記憶は満足感、不満感を伴って思い出すことができる。

　これも自省するとわかることだが、思考の過程・結果に関係して満足感・不満感が発生する。そして思考が繰り返される度にその思考に関係した感覚・満足感・不満感などが思い起こされる。人は一つの心の中でそれらすべてを感じ考えているのだから、考えてみればこれは当然である。

　そこで思考から生じる満足感・不満感を、「知的満足感・不満感」ということにしよう。その中には思い出された感覚から生じる満足感・不満感も含まれる。

理性的人間と感情的人間

　思考から生じる知的満足感・不満感が大きいとき、思考中の思考を中断してそちらに気持ちを委ねたくなることがある。あまりにも知的満足感・不満感が大きいとその気持ちに勝てずに思考は中断されるか、より大きい満足感を目指す思考に切り替わるだろう。

　このことから、理性的な人とは思考により生ずる満足感・不満感にあまり影響されずに理論的思考をつづけられる人であり、感情的な人とは思考

より生ずる満足感・不満感に影響されやすく、ときには感情により思考が中断する人と推理できる。

さらに理性的な人においては、理路に導かれる思考がつづくため、ますます理論が深まると推理できる。

日常的な思考・行動の仕組み

私たちの思考と行動は、感覚の生む満足感および知的満足感への欲求が混じり合って進んでゆく。

たとえば、レストランで美味しい物を食べれば、美味しさという感覚から生まれる満足感が得られるとともに、後にこの美味しさを思い出して知的満足感に浸ることもできる。

その経験にもとづいて、友を誘ってもう一度そのレストランへ行こうと計画したとする。すると、計画が出来上がった段階で「友と美味しい物が食べられる」との期待による知的満足感が味わえる。さらに計画が実現した段階で、美味しさという感覚の生む満足感が得られるとともに、「友も自分も美味しい物を食べて楽しんだ」という経験による知的満足感も味わえるということになる。

私たちは感覚の生む満足感にとどまらず、知的満足感を目指しているのである。

個人的な思考経験が生み出す個人的感じ方考え方

知的満足感を満たそう、不満感を解消しようとする気持ちが働いて、自発的に思考が始まることがある。その結果に納得し満足することもあれば、逆に疑問感・不信感を増大させることもある。思考の結果から生まれた感情から次の思考が始まるとの思考と感情の連鎖がつづくこともある。この連鎖からたとえ確たる決定感が得られなくても、記憶されて自らの思考経験となる。

これは、感情と思考は人の心の中では互いに影響し合っており、外的な経験と思考の経験は、人の心の中ではとくに区別されずに記憶されているからであろう。

思考経験に着目すると、次のような考え方が可能となる。
・自分の感じ方考え方は他の人に教えられたものもあるが、自分の感じ方考え方をよく自省してみると、その少なからざる部分、とくに

「好み」といわれている部分がこのような個人的な思考経験の中で吟味されて形成されたものであることがわかる。

- 共有できない個人的な好みを中心とした思考経験を重ねると、その人の考え方は偏ったものになる恐れがある。
- 豊富な外的経験と、豊富で理論的な思考経験をもてば、その人はいわゆる思慮深い人となる可能性がある。他の人から不意に回答を求められた場合でも、思考経験を積んだ人は、自分なりの回答の用意ができている可能性が高い。
- 逆に、たとえ豊富な外的経験を積んでいても、あまり思考経験を積んでいない人が用意できる回答とは、他の人からの受け売りの回答である可能性が高い。またそのような回答には回答者の信念が伴いにくいため、回答者は心理的な抵抗感なく回答をその場に合わせたものにするかもしれない。これによりその人はその場をしのぐことはできても、その回答が他の人の期待に応えるものとは限らない。

　繰り返される個人的な思考経験は、人の感じ方考え方を深く複雑に形成してゆく。

　たとえば、それまで信頼してきた人であっても、疑わしいことが一つ見つかると、その人に対する信頼感がぐらつき、その人のすべての過去の言動に疑いの目を向ける。その結果、その人の疑わしいことが次々と見つかって、その人に対する信頼感をすべて失うことだってあるだろう。

　失敗で自信を失った人が、その失敗にこだわった個人的・内的思考経験を重ねてゆくと、自信がもてない自分の感じ方考え方を追認する結果になり、さらに自信がもてなくなってゆくこともあるだろう。

　このような自信の喪失は大きな悩みとなり、このようなときには、一つの失敗が次の失敗を呼ぶわけではないことを自覚せねばならない。しかしこのことは、ネガティブになった当人の気持ちからは発想しにくいため、この状態から脱出するためには内的思考に頼らずに、他の人のアドバイスを受ける必要もあるだろう。ところが、現代の大型化した社会の中では、心の中を打ち明けて相談できる友人は得難くなったとの問題がある。

　ちなみに、学校などで行う練習問題は、内容は限られているものの、思考経験の強化には役立っているだろう。

　また、思考経験は練習による運動技術の習得法にもよく似ている。私た

ちは実技と反省を繰り返した運動経験を積み重ねてゆくことで、さまざまな運動法・運動能力を習得するからである。

では次に、知的満足感の核心にある知的欲求と達成感を考えてみよう。

達成感──知ること、達成することで得られる知的満足感

知らないことが見つかれば、知りたいとの気持ちが生ずる。できないことがあれば、やり遂げたいとの気持ちが生じる。そして知ったり達成すると、不安感に代わって達成感という満足感が得られる。このような不満感、焦燥感、安心感、満足感などと表せる感情は、思考過程の節目節目に発生していることが自覚できる。

多くの人はパズルなどに夢中になる。このことから、人は思考過程そのものを楽しむことができるとも考えられるが、思考の楽しみには、たとえ難問であっても、解答に到達できるかもしれないとの達成への期待感もあるだろう。

自発的な達成感の追及は思考にとどまらず、行動につながることもある。「なぜ山に登るのか」との問いに「そこに山があるからだ」と答えた英国の登山家ジョージ - マロリーの名言は、このような純粋な達成感を表したものだろう。

スポーツ、身体の鍛錬に関しても漫然と行うのではなく、目標を立ててそれを達成すれば達成感が明確に得られるのでやりがいが出てくる。

大きな発見や成果には社会的名声がついてくるが、多くの学者が大きな発見の瞬間に味わった純粋な達成感を追懐している。

また、たとえ小さな「理論」であっても、自ら理論を「発見」すると知的達成感が得られる。それを仲間と共有できれば満足感はさらに大きくなる。

たとえば、「うちの課長は何も決断しない無能な課長だ」と人を分類・類推して、「このような課長に任せていると、うちの会社はダメになるだろう」と憤りながら結果を推理する。あるいは、「あの子はよく勉強ができる優秀な子だ」と子供を分類して、「だからきっと難関校に合格するだろう」と結果を推理する。私たちはこのような噂話・世間話をすることで、理論を考え出してさらにそれを仲間と共有するという知的な満足感を得ている。

他に代えがたい達成感、生きがい

現状に不満を抱いている人は多い。そうであっても、今後楽しいことが

起こり得るとの希望をもてると生きる力が湧いてくる。
　でも甘く見ては失敗する。宝くじや馬券を買えばそのような夢が買えるのだが、賞金への還元額は売上高の一部であるため、平均的に見ると損をする。そして結果を知って大部分の人の夢は消え去る。
　自然、さまざまな創造作品、人情などを味わい楽しむのもいい。とくにそれが自分の関心のもつ分野であってある程度の努力を要するものであれば、感覚の満足そして達成感という多くの満足感が味わえる。
　誰だって一つのことに興味をもち、それをさらに知るためにいろいろと調べたり考えたりしたことがあるだろう。そのときの努力は苦痛とは感じず、むしろその努力がつづいている間に充実感を味わっただろう。
　私は飽きっぽい性格だが、子供の頃から自然の観察に興味をもち始め、自然がどのように成り立っているのかということに興味が広がり、それが今もつづいている。
　この努力と充実感を継続させるコツは、自分の興味のある分野をみつけて、その中に自分の努力で達成可能な目標を設定すること、そして目標を達成できたらあるいは達成できないとわかったら、次の達成できそうな目標を設定して再びそれに立ち向かうことだろうと考えている。
　一つきりの達成感は時と共に色あせてゆくが、奥の深い長続きする目標が設定できる分野が見つかってその道にまい進できれば、人はそれを生きがいと感じることができるだろう。優れた職人、芸人、芸術家、スポーツマン、専門家たちの苦労は想像を超えているにしても、一連の達成感や未達感の中に充実感を味わうことで、苦労を苦労と感じない日々を送っているのだろう。
　今日では、多くの人々は生きるすべとしての仕事を会社などの組織のメンバーとして行っているため、組織が目標を達成したとしても、個人的な達成感はそれほど大きくないとの問題を抱えている。民間企業も社会貢献はしているのだが、主たる目標は利益とされているため、仕事に生きがいを感じにくい人も多いだろう。ではそのような人は何で達成感を味わえばいいのだろうか。
　日本では江戸時代に、それまでの戦乱の世から平和の世へと変わり、経済もそこそこに発達して、武士も庶民たちも平和が生み出した余暇を楽しむ工夫をした結果、江戸文化の華が開いた。お祭り、花見、観劇、お伊勢参り、洒落た服装、工芸品、浮世絵等々である。

今でも日本人には、花鳥風月を眺めて季節をよんだ俳句や和歌を思い浮かべる人がいる。満月の夜に「竹取物語」を思い出し、天の川を仰いで織姫の話を思い浮かべながら感傷にふける人もいるだろう。かつては貴族階級の特権であったであろうこのような日本文化は、生活に余裕のできた今日ではほぼ誰もが経験できるものになった。

　最近では、ゲームやスポーツでも達成感を味わえるようになった。スポーツも観戦に限るとその楽しみは仮想現実のゲームの楽しみと似たようなものだろう。しかし、ひいきのチームや選手を定めて応援すると、勝てば大きい達成感を味わえるし、負けたときの悔しさは、次に勝つ喜びを大きくするだろう。

　日常の日々においては、人々の夢は実現し難く感情を露わに出すこともできない。ゲームであればそのような人々に対して、非日常的な虚構の世界を提供できる。そして人々はゲームの中で夢や感情を自由に高めることで満足感を得ているのだろう。

自信という満足感

　内容はさまざまに違っていても、一個人の思考は一つの心の中ですべてが複合的に進むため、気持ちのポジティブさネガティブさはすべての内容に反映してくる。

　人はある分野で成功すれば、その分野で自信を持つことができる。その結果として、他の分野で劣っていてもあまり苦にはならず、自信が湧いてくるだろう。気持ちの消極的な人は一つの成功体験で自信がついて、積極的に物事に取り組みやすくなる。

　自分と考え方が違う人を敵とみなして攻撃する人がいる。しかし、強い信仰心や豊富な経験の中から得た強い考え方をもつ人は、自分の立場に自信があるため、むやみに他の人を敵とみなしたり攻撃したりはしないだろう。相手を信頼する余裕も生まれる。逆に自信のない人は、他の人が自分より優れているかもしれない、相手は自分の弱みをついてくるかもしれないとの不安感によって、他の人を敵とみなしたり攻撃したりすることがあるかもしれない。

　自信をもつのは個人とはかぎらない。思想・宗教・国家などによる強い存在基盤をもつ社会は、自らの強い存在に満足できる。敵から攻撃されたり、さらなる勢力拡張欲がないかぎり、他を敵とみなしたり攻撃したりはしない。

全盛期のローマ帝国などはこの例ではないだろうか。

物と自然に対する解釈と感情

　物は衣食住の材料である。良い材料は快適な衣食住を実現する。移り気な人の感情や限りある人の一生に比べると、物は永続的に存在する。このような物に愛着を感じるのは当然だろう。

　人々が思い出を写真として残すのは、ともすれば忘れがちとなる過去の記憶を永続的に残したいからだろう。

　芸術作品も金銭で価値判断される時代になったが、そのこととは別に、人が気に入った芸術作品や骨董品を鑑賞したり手元に置きたいと願うのは、作品自体の芸術的な魅力とともに、その作品から作者の生きざまや作品の作られた時代背景に思いを馳せることができるからだろう。

　かくして、人は自然にあるがままのものに手を加えて、人の一生よりはるかに長く存続できる芸術作品や構築物を創作し、それら創作物に独自の価値を見出すようになった。しかし人工の創作物は何千年先には朽ちて自然に還る運命にある。

　自然はいつも新鮮で変化に富み謎に満ちていると感じられる。太古の時代から、人々は自分たちを取り巻き、自分たちを支配している自然を観察しながら、その成り立ちについてのさまざまに思いを巡らしてきたことだろう。

　今日の都会の生活では、大自然に接する機会は減ったが、それでも街路樹を見て四季の変化を感じたり、空を見上げて明日の天気を心配したりする。

　人は何らかの関心により、疑問を抱いて物事を観察して、あり得べき理論・解釈を思索している。関心の対象が天気のような自然の場合、自然を観察して天気予報が当たらないということはあっても、それは気象庁や予報官の観測力と推理力の限界のせいだと納得せざるをえない。なぜならば、私たちは自然は人をだますことはないと確信しているからである。

　でもこのように困難な自然の理論化・解釈に成功すれば、達成感といわれる満足感が得られる。この満足感は成功に対する世間の評価とは直接関係せず、自分が目指した仕事が苦労の末に達成されたとの、自分の努力の結果に対する満足感・達成感である。

　ちなみにこのような満足感・達成感は、芸術家が良い作品を創造したり職人がよい製品を制作したときにも得られるものであり、これが人を困難な創造的な仕事に立ち向かわせる大きな力となっているのだろう。

人や社会との関係から生まれる満足感、不満感

自我意識の誕生

　自分と他の人や社会との関係の成り立ちには、「自分」という自我意識が重要な役割を占めている。

　自分と他の人たちの関係は周囲の人からも教わる。

　私たちは物心がついて友達と遊ぶようになると、友達と喧嘩をすることがあるが、それを見た親たちから、友達は自分と同じように感じ考える人間であること、自分が親切にしてほしければ友達に親切にしなければならないことを教え諭される。このことも叱られるたびにだんだんわかってくる。

　「いじめられたらいじめ返せ」という親もいるが、これも自分と他の人の対等な関係の表現であることには変わりがない。

　ある程度の自分と仲間との関係がわかってくると、自分が生活してゆく上で影響の大きい自分の周囲の人々が、自分をどのように感じ考えているか、自分は人々に好かれて受け入れられているか否かを意識するようになる。さらに成長して社会人になると、社会に対しても同様の意識をもつようになるだろう。

　つまり、自意識・自我意識のベースには、自分を成り立たせている自らの身体感覚と過去のすべての経験の記憶があり、これに、自分と他の人は区別できても同じような身体・感覚・感情をもち、同じように思考できる人間であるとの認識が加わる。

　これによって、人間としての自我意識が出来上がる。人間社会に反発すれば「自分は人間社会の一員とは異なる」との自我意識も生じかねないが、これも自我意識を裏から見たものだろう。

　このように考えると、自我意識は仲間意識と切っても切れない関係にあり、他の人たちや社会に対する各自の考え方感じ方の重要な要素となっていることがわかる。

　動物の中でも特に群れで生活する動物たちには、臭覚・視覚などの感覚全体にもとづいた仲間意識・親近感・個体と全体の関係が成立して、それにより動物たちが群れを作り生存に役立っていると考えられる。

　ちなみに、私は子供の頃人見知りが激しかったのだが、私の人見知りは知的に生じたというよりも慣れない人に対する感覚的不安感から生じたように思われる。

人に対する感情

　人に対する接し方は、自然や物に対するものとは相当に異なる。少なくとも身近にいる人は共に近くで生きているのだから、できれば仲間として親しくしたい。そう考えて人を知ろうとすれば、その人の生い立ちや感じ方考え方を知る必要がある。

　人の話を聞いたりその人と会話することで、その人の感じ方考え方がだんだんわかってくる。その人の感じ方考え方が自分にとって問題がなければ、その人と親しくできる。その人の感じ方考え方が大いに魅力的ならば、自分から積極的に親しくなろうとするだろう。

　人に対する好みは感覚的だという人はいるが、このような過程で定まってゆく人の好みには、大いに科学的な観察と思考方法が関与しているといえる。ただ、結論が好き嫌いとなるから、あまり科学的には見えないのだろう。

　人のうわさ話もよく耳にするが、これも人の好き嫌い、評価につながる。このような評価は、自分が他の人に並びたい、他の人より上回りたい、他の人を自分に合わせたい、などの人の持つ一般的な感情と関係があるのかも知れない。

　このような評価は「理想とする自分」と、「現実の自分」との間においても可能であり、これは自分に対する満足感や不満感につながるだろう。

　また、他の人がすでに知っている事柄を自分が知らないことを知った場合、劣位感が生じて、これを解消するためにそれを知ろうとする欲が生ずることも経験したことがあるだろう。これも人のもつ競争心が関係するのだろう。

　他の人との比較や競争心は、人が生きるために必要なものといえるが、これが強すぎると争いや心理的葛藤などの弊害が生じ得る。

　しかし、仲間と別れる弊害も大きい。そこで私たちは「他の人とうまくやっていこう」、「理想と現実は異なる」などの経験的に得られた知恵で仲たがいを回避しようとする。

　対人関係は、これらの感じ方考え方のバランスの上で成り立っているのだろう。

　互いに気に入った仲間との間の直接的なコミュニケーションが互いの親密感をつくり、親密感がつづくと信頼感につながりやすい。

　親密感から生まれた信頼感であってもお互いのコミュニケーションが途絶えると、疎遠感、いわれのない不安感を抱くようになり、ついには「自分

には会いたくないのだ」との不信感につながることすらあるだろう。これは人間の生存本能ともいわれている仲間意識と警戒心に由来しているのかも知れない。

　信頼感も単なる親密感ではなく、人間性や価値観を共有した半ば知的な信頼感であれば、それは知的に記憶されて長続きする可能性があるだろう。

　次に社会生活している人間がもつ社会的な満足感について考えてみる。

社会的な満足感と優位感、劣位感

　太古の人類の居住跡などの調査によると、太古の人々は血縁や集落単位の社会を作り暮らしていたと考えられている。社会を作り何事もお互いに助け合うことで効率的に仕事ができ、比較的安全で快適な生活ができたのだろう。

　生活に欠かせない社会のメンバーから脱落することは、だれもが避けたいことだろう。それゆえに、社会のメンバーとして認められることが、自分の生存のために必要であり、認められることで大きな安心感、満足感が得られただろう。

　今日では小さな共同体社会はほとんどなくなったが、私たちの生活が互助的な社会の一員として成り立っていることには変わりがない。

　古くからつづいてきたこの生活環境が影響しているのだろう、私たちの満足感、不満感には、メンバーどうしの比較により得られる優位感、劣位感にもとづくものが大きなウエイトを占めているように見える。たとえば、他の人が自分の達成できていないある目標を達成したことを知ると、自分がその点でその人に及ばないことが新たな不満感、不安感を生み、できれば自分も達成したいと望み始める。

　このような望みは他の社会との関係にも及んで、自分の属する社会が何らかの点で他の社会よりも劣っていると感じるとこれが不満感となり、自分の社会はこの点でも他の社会に追いつき追い越すべきだと考え始める。

　このような個人的、社会的優位感を目指す人々の集団において、全体的不満感が最小となる状態とは何かを考えて見ると、個人的、社会的に誰もが公平感をもてる状態ということになる。しかしながら、さまざまな感じ方考え方をもつ人々からなる集団において、すべての人々の気持ちが公平感で保てる状態はまず実現不可能だろう。これが人間関係、人間社会の関係を難しくしている。しかしこれが逆に、人間関係、人間社会を豊かにして

いるとの側面もある。

共感——満足感、不満感の増幅

多くの人は、ふだん考えていても一人では言い出しにくいことを抱えている。このような人に誰かがよく似た気持ちを口に出すと、その人が自分の味方のように思えて自分の考えが口に出しやすくなることがある。そして自分の思いを語り他の人と共有することで、物言えなかった不満は相当に解消される。

このような関係が社会に広がることもある。どのような主張や感情であっても、社会で広く共有できれば心強い。ときには勢いづいて不満の原因そのものを団結した力で解消しようとするだろう。団結力の源泉は、組織を結成することで数の力が増すとの理路とともに、立場を共有できたことに対する各メンバーの自信の高まり、高揚感だろう。

共感をうまく用いて大きな満足感を得ることもできる。スポーツ競技は自分でやるのも面白いし観戦するのも面白いが、ひいきのチームや選手を選んでその応援団の中で応援するのはもっと面白い。これは面白さが集団の中で共感し合って増幅することによるのだろう。

共感も、社会に頼ろうとする人間の資質に関係しているのではなかろうか。

扇動されやすい人間

人には自分たちの優位感を鼓舞する言動には、確たる根拠がなくても煽動されやすいとの性向がある。さらに大勢としての方向が定まると、個人的に異をとなえにくいとの性向もある。強いリーダーシップは往々にしてこの人間の性向を利用して発揮される。

このような扇動に乗らないためには、社会の一人一人が言葉の意味、目的をその置かれた環境で深く考えるとの、広い意味での「リテラシー」をそなえる必要がある。

これは難しいことだが、簡単な扇動回避の方法がある。

私たちは子供の頃、友達をいじめると親から「相手の気持ちも考えなさい」と教え諭されただろう。これをそのまま自分たちと他の人々の関係に引き直せばよい。他の人々が聞いて不快に思うような演説や政策には、裏がないか慎重に吟味すべきである。そうすれば微妙な民族間の対立なども安定化してくるだろう。

これによく似た気持ちの問題としていじめがある。知的に作られた知的競争社会で優位感に満たされない人が、グループの中で他の人たちよりも知的、感覚的優位感に浸ろうとすることから、いじめは生ずるのだろう。
　動物も仲間どうしでの争いがあるがそれはいじめではなく、食物やメスを奪い合う争い、子供を一人立ちさせるしつけ、自分たちが生存しつづけるために、足手まといになる弱った仲間を捨てること、など生存に関するものだろう。サルにもいじめが観察されるというが、人のいじめほど大がかりで知的に手の込んだものではない。
　政治的素養のある国民ですら、為政者による扇動にかかりやすい。これを「ポピュリズム」という。社会に影響力のある知識人や言論人の最も重要な政治的役割は、為政者がこのような手法で国民を扇動していないかを常にチェックして、疑わしければ警告を発することだろう。
　古代ギリシャの民主制度には、「好ましからざる人物」への投票制度があって、その数が一定数に到達した人物は10年間の国外追放となったという。これは単なる犯罪者ではなく、民衆の誘導術に長けて民主主義の本質を破壊する人間を対象としたものと考えられるが、この制度も悪用される可能性がある。そのせいか、今日このような制度をとる国は聞かない。

本音とタテマエ
　自分やグループで考えた「本音」の結論であっても、自分に都合の良い、または社会や相手に受け入れやすいタテマエだけの無難な発言になることもよくある。こうすると、社会や相手に受け入れられた、自分やグループが社会や相手に効力を及ぼし承認されたと感じられて、さらに居場所が確保できたと感じられるからだろう。
　個人が社会の一員としてつつがなく暮らしてゆくための社会的配慮は必要だが、それが過度になると、自らの決定権を放棄して、他の人に追従することになるだろう。
　本音を通す人は、自らの道を突き進むことができる。ただしこのような人は、これにより対人関係が悪化するリスクを背負うことになる。
　苦労を避けたがる人は、ある問題の解決策を見出してもそれが苦労を伴うものならば、他の人にはその解決策を伝えないかも知れない。これも本音とタテマエだろう。
　たとえタテマエであっても、その発言には発言者の信用がかかっている。

このような状況では、たとえタテマエにより対立が生じてもタテマエの引っ込みがつかなくなって、これが自分の以後の思考と言動をしばり、本音で対立を解消できないとのジレンマを抱えることもあるだろう。
　国是・国策などはそれがタテマエであっても、公共的であるため改めにくく、二国間でタテマエの対立が起きると、それがタテマエであるゆえにかえって本音での話し合いを難しくして、対立は解決し難くなってゆく。
　公の交渉の場で交渉が行き詰まったりトラブルが生じると、話し合いを個人的な非公式な場に移したり、飲食を共にして親密感を取り戻そうとする。これはお互いのタテマエをいったん離れてお互いに本音を出し合い、お互いの信頼感の回復を目指したものだろう。
　心理学には「個人はおかれた立場に応じて仮面をかぶり与えられた役割を演じている、それが人格である」との「役割行動説」がある。しかしながらそれは、人格の一側面にすぎないだろう。思想統制された社会の住民ならば自己防衛のために社会的役割を演じつづけなければならないが、自由のある社会では人々は社会的な役割はこなしながらも、そこから解放された自分の時間も楽しめる。

他の人への配慮

　本音を直接いわない点ではタテマエに似ているが、相手に配慮した発言は相手をいたわる気持ちから生まれる。
　相手が子供であれば子供にもわかる表現が必要である。気難しい人に対しては、その人の機嫌を損なわないように表現に気をつけねばならない。
　会話のテクニックになるが、たとえば会話において「あなたの考えは間違っている」といきなりいうよりも、「あなたの考えはよくわかる。でもほかの考え方もあるでしょう」といった方がはるかにスムーズに話は進む。これはこの表現により自分が相手を理解して共通の立場に立っていることを示せるからだろう。人は潜在的であってもいつも自分が肯定されること、他の人と共感して共存できることを求めているのだろう。
　このように発言時の配慮が相手の立場を尊重する気持ちから生じると、相手にわかりやすく相手を傷つけずに励ます表現となる。大人は自分の気持ちを表現する前に、このように相手やその場に与える効果を考えるだろう。場合によっては、発言を控えたり発言内容や表現方法を見直したりすることも必要だろう。

しかし、過度の配慮は良くない。個人や社会を変革しようとすると摩擦が発生する可能性があるため、他の人の気持ちに過度に配慮すれば個人や社会の変革が難しくなり、個人や社会が沈滞化する恐れがあるからである。

知的に作られる争いの要因──優位感・誇りの相対性

　特定の人や民族の優秀さを説明しようとすれば、他の人々や民族との比較が必要だから、優秀さや、これにもとづいた誇りは相対的である。

　仮にある民族が被差別的な扱いにより落ち込んでおり、それを回復したいと願うならば、その政治的なスローガンは「他の民族との対等な関係を目指そう」であって欲しい。間違っても「我が民族は他の民族より優秀である」とのスローガンは掲げるべきではない。それは逆に他の民族の対抗心を煽るからである。

　先に説明した社会的な満足感、扇動されやすい人間の項と関連するが、他との比較により知的に醸成される優位感・誇りの相対性が人間同士の争いの原因になっていることが多い。

　過去の歴史を紐解くと、為政者は社会を安定させる方法として、意図的に賤民のような階級をつくって、一般市民に社会的な優位感をもたせたことがわかる。

　また、先にポピュリズムとして説明したが、為政者が国民の求心力を高めて国を安定させるために、「我が国民は他の国民より優秀であり、我が国は誇るべき歴史を有する」と喧伝することもよくあった。そしてこれが他の国の同様な主張と衝突して戦争の一つの原因となってきた。

　異なる国どうしの関係は複雑であるため、歴史的な出来事も多面的な解釈があり得てなかなか共通的な理解に到達できないこともある。しかし共通的な理解を得る努力を放棄して、一方的に優位性・正しさを主張すると戦争に結びつくことは忘れてはならない大きな歴史の教訓だろう。

　特定の民族などを忌み嫌ってそれを宣伝することは「ヘイトスピーチ」といわれている。ヘイトスピーチが絶えない心理的な理由は、他を貶めることで逆に自分たちが優越感に浸ることができるからだろう。

　ある商品の売り上げを増やすために、競合する商品よりも優れているとのキャッチコピーを流すことはよくあることだが、人と商品は全く異なるものであることをよく認識してほしいものである。

　日本人の誇りと恥、西洋での名誉と不名誉は、人や社会の秩序維持に有

効に働いてきたと考えられる。しかしこれらの意識はかなり相対的な面が強いため、強すぎる誇りや名誉の意識はその相手方をけなそうとする排他的な思想、言動につながるだろう。個人における強すぎる恥、不名誉の意識は劣等感となって個人を異常な方向へ導きかねないだろう。

　優位性・優位感は謙虚に自分の誇りとして心の中に閉じ込めている間はよいが、「自分の誇り」と明言してしまうとマイナスのイメージのある優越感につながる危険性を感じるのは私だけだろうか。誇り・名誉とは他の人から与えられるもので、自己申告するとおかしくなりがちである。

　メンツをつぶされたり、名誉毀損で生じる争いの多さがそれを物語っている。

競争の功罪

　自ら課した目標を達成できると満足できてうれしい。その目標が社会で共有できるものであったならば、それを達成した喜びを社会で共有できて、その満足感も大きいだろう。ところが個人的な成果を誇らしげに他の人に説明しても、他の人からは押しつけがましく思われかねない。

　スポーツ、体育は体を鍛える効果があり、体を動かすことだけでもある程度の満足感、爽快感が得られるが、到達目標を定めたり、勝ち負けの生ずる競技の形をとるとより楽しめる。激しい競争は対抗意識を盛り上げて勝った喜びはひときわ大きいが、負けた悔しさも大きいだろう。

　オリンピックはいまや国別対抗のメダル獲得競争の様相を呈している。メダルの数は国の誇りとなるにしても、それが行き過ぎるとナショナリズムが強くなる恐れがあるだろう。

　パラリンピックの場合は参加者が障害者に限定されて、障害の程度もさまざまであるため、競争意識はあまり先鋭化せずに、社会が弱者に目を向ける役割を果たしているように思われる。

　人間は動物から引き継いだ闘争本能をもつという説がある。異なる国や社会の間での競争や一つの国や社会内部での競争は、競争により闘争本能が満たされて気持ちが落ち着くとの良い側面はあるだろう。しかし、競争から不和が生ずる可能性があることもよく考慮しておく必要がある。

　動物の世界には生存競争があるとされているが、サルの群れのボスの争奪戦などを除くと、動物は弱肉強食の無法世界を生き抜くためにただ争っているのであり、それを競争というのは人間社会になぞらえた見立てだろ

う。そして人間だけが知的に設定された国や社会という枠組みの中で競争を楽しんだり、競争に苦しめられているような気がする。

笑い
　人の気持ちの緊張はいつまでもつづかない。いつも弛緩のときを望んでいる。
　私たちは感じ方考え方の違いでよく対立することがある。相手が失言したりすると、優越感を感じたりして「それ見たことか」と思わずほくそ笑むが、通常は相手の立場を考えてじっと我慢している。
　ところが相手が進んで失敗話を始めると、気持ちがほぐれて笑い出す。むしろ笑うべきタイミングで笑わなれれば失礼に当たると思ったりもする。
　笑いにつながるユーモア、諧謔、皮肉などはこれに近い構造があるだろう。
　ただし、「人を笑いものにする」という表現があるように、笑いの対象人物が実在する場合、笑いはその人を侮辱することにもなりかねない。直接的に批判しにくい相手を、ひねりを利かせて笑いのタネにすることが高度に知的な遊びと考えられたりしているが、ただ間接的になったにすぎない。他の人を本人の承諾なく道化役にして当人に知れれば恨まれかねない。
　お笑い芸人や喜劇役者らは、自虐的なせりふをはいたり相方をバカにするため、聴衆は誰にも遠慮せず心おきなく笑える。道化師のバカげた仮装や動作にも堂々と笑える。そして他の人に気をつかう日常の気持ちから解放されてスッキリする。
　サルが人まねをして失敗したり、ネコが頭から袋に入って抜け出せなくなると、私たちは心おきなく笑うことができる。架空の世界を描いた漫画も無条件に笑える。笑っても迷惑が掛かる人がいないからである。

余暇の発生とその過ごし方
　今日の経済が発達した国々では、人々が余暇を楽しむことは普通となり、外食、旅行、演劇・スポーツ観戦、音楽鑑賞、読書、おしゃべり、ゲームなどで、より多くの満足感を味わえるようになった。
　スポーツをやると体を動かす爽快感がある。スポーツ競技になると、競争心、スリル感、向上心、共有感、などさまざまな種類の知的満足感を味わうことができる。
　碁、将棋、テレビゲームなどでは、考えることや知的に勝つことに喜び

を感じることができる。このような遊びに伴う楽しさは、達成感、好奇心、などといわれる知的感情である。

　個人差がかなりありそうだが、忙しく日々の糧となる仕事をこなしている人や、余暇の楽しい過ごし方を知った人の多くは、自分の時間には価値があると考えているだろう。するとそのような人は、無為で暇な時間を過ごすことを無意味で退屈と感じるようになるだろう。するとこの不満感を解消しようとして娯楽などを求めることになる。

　時間に余裕ができればボランティア活動に参加できる。このような社会に貢献する活動は大歓迎だが、逆に時間の余裕と社会への不満が相乗効果を生み出して反社会的な活動が始まるとすれば、それは大きな問題である。これは今日の社会の直面する問題だろう。

社会の大型化、安定化で生じた心理上の問題

大きな社会で生まれやすい不信感、孤独感

　自給自足の時代とは異なり、今日では経済の大規模化により、私たちは比較的安定した経済生活を享受できるようになった。しかし、経済に合わせて社会が大きく複雑になったことで、個人的な人間関係は相対的に減ってしまった。大きな社会に暮らす私たちは、ただ受け身でいると孤独感という不満感をもちやすいだろう。

　わずらわしい世間の付き合いを離れて、自ら趣味に没頭したり旅行に出かけて味わう孤独感とは異なり、この孤独感は日常的に「誰も相手にしてくれる人はいない」と感じて、周囲の人々との間に壁を感じる孤独感である。

　もちろん、自分から他の人に働きかけて何かをともにやれば、孤独感は克服できる。しかし、元々他の人とのコミュニケーションが不得手であったり、何らかの理由で劣位感をもった人にとって、相対的に優位に映る他の人への働きかけにはますます大きな勇気が必要となった。

　このような環境によって、今日の社会問題となっている孤独で頑固な性格や引きこもりがちの人、抑えられた感情・思いを吐き出すためにふとしたことで激高したり、何にでもクレームをつける人が増えているのではないだろうか。

優位感、劣位感の固定化

　昔から衣食住などの生活条件に対する不満感はあっただろう。今日では衣食住がほぼ足りて生活条件に対する不満は減ったはずだが、それに代わって自らの属する学校、社会などのメンバーとの比較にもとづいた劣位感が、不満感の大きな原因となっていると思われる。

　たとえそれが錯覚であっても、多くの人々は社会を競争の場とみなしてその枠組みの中で優位に立とうとする。社会が大きくなれば、人の感じる社会的優位性と劣位性の格差は大きくなる。下剋上の世の中ならいざしらず、今日の日本くらいに社会が安定化すれば、いったん劣位感をもった人は、そこから抜け出すことに絶望的になりやすいだろう。

　これが今日の社会の抱える大きな問題を作り出している。

　慢性的な劣位性は劣等感となるだろう。そのような人にとって何とか自らの存在を主張しようとすれば、残された手段は意地悪、非合法な言動となるかも知れない。

　他の人や社会に認めてほしいとの欲求は「承認欲求」といわれており、人のもつ重要な欲求の一つである。

心のバランスの問題

　気持ちがポジティブで高ぶる状態は「躁状態」といわれ、気持ちがネガティブで落ち込んだ状態は「鬱状態」といわれている。一人の心の中では気持ちは連鎖して拡がるだろう。ネガティブ思考はネガティブ思考を呼び、ポジティブ思考はポジティブ思考を呼ぶ。このような状態は特に個人的・内的な思考経験のみを積み重ねると優位感や劣位感を繰り返し感じることで増幅されてゆくだろう。

　けれども、ある程度自信があったり興味を寄せる分野をもっている人は、鬱状態となってもそちらへ気持ちを切り替えれば気持ちは和らぐだろう。また、躁状態になっても、自分の状態を他の人々と比較できる人は、過度の躁状態に異常を感じて、それを抑制しようとするだろう。

　円滑に社会生活を送る上においてにおいて、コミュニケーションは重要である。けれども、コミュニケーションが不得手な人、またはあまり関心がない人は世の中に無数にいる。A氏が、B氏からの音信がないことでB氏に不信感をもったとしても、B氏がA氏に不実を働いたわけではない。つ

まり、コミュニケーション能力に欠ける人がとくに悪いわけでもない。

　自分の経験やそれにもとづく自らの思考によって得られた自分の感じ方考え方と、社会で通用する感じ方考え方に食い違いが生じてしまい、社会でのトラブルを恐れてコミュニケーションを避けている人も多くいるだろう。これが最近の社会から引きこもる人が増えている一つの原因かもしれない。

　独創的で有益な仕事を残し、天才と讃えられている人の中には、奔放な生活、社会を捨てた生活を送った人も多い。「天は二物を与えず」とはよくいったもので、人間関係により気を遣う人において、集中的な自発的・内的思考、個人的努力によって得られる独創的な仕事が減るのはやむを得ないだろう。私たちの社会や思想が停滞しないためには、独創性に優れた声なき人々の活躍の場も確保する必要があるだろう。

博愛、公の立場の難しさ

　社会が大きくなって、世界全体との関係が深まって、私たちは身近な人々に対するような配慮を、大きな社会、世界全体にまで配る必要性に迫られてきた。

　人類愛は公益に適っている。しかし、ほとんどの人は個人的恋愛、友情の方を優先する。これは人類愛にもとづいて慈善事業を行おうとすると、それなりの時間やお金を要することが多いし、その成果がすぐに見えてこないことが大きな理由だろう。

　愛情、友情はいくらでも注げるというが、愛情、友情の表現には寄付、親切など金銭、時間が必要なこともある。愛情、友情を注ぐ範囲を広げようとすると、この配分バランスに悩むことになる。

　これに比べると個人的な愛や友情を表す行為は身近に集中的に実行できて、その結果もすぐにわかるため、大きな満足感が得られる。

　しかし、身近な満足感、特に個人的な満足感の金銭面での追及が過ぎると、公金の流用、賄賂の授受などの公益に反する問題につながりやすい。

　社会全体の公共性を維持しようとすれば、社会全体の教育水準を高めて自らこのバランスを考えられる人を育てることが重要だろう。

満足感と生きがい

　感覚の生む満足感と同様に、思考により得られた知的満足感も時間とともに忘れてゆくようである。

私は子供の頃玩具を買ってもらえると大変うれしかったが、やがてその玩具に飽きて次の玩具をねだった。また、本を読むことも好きだったが、読後の満足感はすぐに薄れて次の本を読みたくなった。
　今日では経済が発達して、経済的に豊かな人も珍しくなくなった。
　次のような話も経済的に成功した人からよく聞く。
　　　私は子供の頃貧乏のせいで苦労した。そこで百万長者になることを目標にして、何年もの血のにじむような努力の末に、ついに百万長者になった。ところが、それで豊かで何の不足もない、満足な生活が得られたと思いきや、すぐに人の満足感、生きがいがお金だけでは得られないことに気づき、別の生き方を模索することになった。
　このような経験のできる人は少数だが、人間の心理の一面を表しているだろう。これらのことを一般化すると、
　　　人は満足感を求めてなんらかの目標を立て、それを達成して満足感を得る。ところがその満足感にはすぐに慣れて衰退してゆく。そこで新たな別種の満足感を求めて努力し始める。
といえそうである。
　このことから一つの幸せの可能性が見えてくる。奥がどこまでも深い仕事や趣味を見出した人は、その道が平坦ではなかったとしても、たとえ人から達人といわれなくても、それを生きがいと感じてそれに打ち込むことができる幸せ者である。
　思い出して見ると、私たちは決して容易ではない育児や子供の教育を行っているが、これも愛情だけではなく使命感、達成感に支えられてできることだろう。
　では人の知識欲、達成欲は何に由来しているのだろうか。
　動物は生存本能で獲物を捕獲しているといわれているが、獲物を捕獲するときにもさまざまな知恵を働かしていることが知られるようになった。動物はすでに本能的にそれらを学習する能力をもっているのだから、人の持つ知的探求心はおそらくそれが高度に発達したものだろうと推定できる。

特殊な社会の影響

　生活する社会が異なると、人の感じ方考え方の社会規範、価値観の部分が異なってくる。
　たとえば、未開地では共有された社会規範はあまりなく、外敵からの防

御が重要な仕事となる。また、軍隊では上官の命令が絶対である。しかしその命令が敵兵士の殺傷や自分の命に係わることになると、人の心には命令に服従するかしないか大きな葛藤が生じるだろう。

　宗教や思想にもとづいて一般社会から隔離された社会でも、人々は独自の規範、価値観にもとづいた生活をしている。

　しかし社会は変わっても、不満感を減らし満足感を求めつづける人の心、感情と思考が交互に作用しながら進む人の思考方法などの法則は変わらないと考えられる。

幸福とは

　アマゾンの原住民イゾラドを紹介するテレビ番組を見た。

　かつてアマゾン川流域に住んでいた多数の原住民は、文明人の持ち込んだ病原菌などにより、今や数百人しか生存していないという。彼らは今も文明人を恐れて、ペルーのアマゾン川源流域の密林の奥で暮らしている。番組では明かされていないが、恐らく文明人による迫害もあったのだろう。

　番組のスタッフはペルー政府の調査隊に同行して彼らに接触し、彼らとのコミュニケーションに成功する。「調査隊をどう思うか」との質問には「怖い」との答えが返ってくる。「自分たちは幸せと思うか」との質問には「わからない」と、意外な答えが返ってくる。

　思い出してみると、私は子供の頃、母から「世の中には苦労している人が大勢いる。あなたは苦労もなく生活していける。だから幸せなのだよ」と教え諭された。そして、「たいして苦労しなくても生きてゆける状態を幸せというのだ」となんとなく納得したものである。

　文明人には、イゾラドたちは耐えがたい辛苦の生活を送っているように見える。ところが、イゾラドたちは文明社会との接触がほとんどない。このため、自分たちの生活が全体として幸福なのか不幸なのかについて、文明社会と比較できないし、文明社会を知らなければ比較する興味も起こらない。それが彼らの文化なのだろう。

　そう考えると、イゾラドの文化、感じ方考え方において「自分たちの幸せ」という意味、概念が理解できないのは当然ということになる。

　幸福感はさまざまな要因で成り立っているが、結局は自分の気持ちの置きどころ・主観であるとの相対面が大きい。自分は他の人々に比べて特に不足はなく恵まれている、あるいは、今の自分は過去の自分に比べて一歩

前進したと考えることができれば、その人は幸福の条件を満たしているといえるだろう。

　ある国民の幸福感は、その国の政治・経済・社会制度などが作り出すが、幸福感の相対性から考えると、自国のそれらの制度が他の国よりも優位と感じて得られる面が大きいだろう。

既存の心理学の理論との比較

哲学から始まった心理学
　「心理学」も古代ギリシャでアリストテレス哲学の一環として始まったとされている。
　19世紀後半、ヴィルヘルム‐ヴントは実験や観察にもとづいた科学的な心理学を創始したが、意識や物事の概念・意味は、知覚などさまざまな心理的要素から構成されているとのヴントの学説は、後に行動主義心理学、新行動主義心理学、全体性を重視したゲシュタルト心理学、無意識を重視した精神分析学、現象を重視した現象学心理学などの学説・主義群を生み出して、逆にヴントの説は構造主義と批判的に分類された。
　20世紀初頭、ジグムント‐フロイト（1856-1939）は、自らの経験と臨床にもとづいて「精神分析」といわれている分野を創始した。精神分析はそれまで軽視されていた「無意識の世界」や「感情に支配された世界」を明らかにしたという点で画期的と評価されているが、そればかりを重視すると、現実の世界を生きている私たちに対しては偏った見方ともなるだろう。また、異常な心理を論じようとするならば、その前に基準となる正常な心理をまず知る必要があるのは理の当然である。
　実験・観察にもとづいた心理学の理論も増えているが、その多くは知覚の成り立ちを個別的に説明する理論である。そこには本当に知りたいこと、つまり私たちの感じ方考え方において重要な役割を果たしているはずの、さまざまな理論的思考と、それに伴って生起するさまざまな感情の関係があまり説明されていない。
　複雑多岐な要素が関係しあって、複雑多岐に動く人の心は多面的に説明可能で、共有できて基準とみなせる理論がない限り、どのような考え方・主張もそれに反発すると真逆の主張もできるだろう。これでは心理学はま

とまらない。

心理学での学説の乱立は、
- 人の思考は感情を伴いながら進む。外的な経験と思考の経験は人の心の中ではとくに区別されずに記憶されている。それに逆らうかのように、精神を多数の要因に分けて、それら要因の重要度を比較しようとする理論の分析的な方法。
- 理論の正しさは相対的だとして、結果的に理論の正しさ・共有性を軽視した西洋哲学の立場。
- 理論や人格のアイデンティティーを尊重する西洋の価値観。

などがあいまって生じたものだろう。

生得的と経験的との区別の問題

「人間の思考、行動の動機は欲求である」との欲求説は心理学では古くから提唱されている。そこでは通常、空腹感などの「生得的な一次的欲求」と、「経験的に得られる二次的欲求」に分けられている。

これは本書で説明した「感覚の生む満足感」と「知的満足感」への欲求にほぼ対応する。しかし、本書ではそれが生得的か経験的かにこだわらずに説明した。この理由を説明しよう。

私たちの視覚、聴覚、味覚などの多岐にわたる知覚能力は経験、訓練により発達して、年を取ると衰えてゆくことが知られている。私は酒を飲み始めてから酒の味の違いが少しずつわかるようになった。さらには、経験的な学習により「昼休みの合図を聞くと腹がすく」などの「条件反射」といわれる反応が生じることも知られている。これらの現象は、意識するしないにかかわらず、感覚を用いた経験を積んで知覚・識別能力が習得されることの証だろう。

赤子の経験学習は少なくとも誕生と共に始まっている。誕生直後の赤子の感覚を他の人が観察して知ることはほぼ不可能だし、知ろうとして実験すれば赤子はその実験から何かを学び取るかも知れない。それゆえに、赤子の生得的な能力・資質を正確に知ることはできない。また赤子の身体も成長や遺伝子の変異などで、少しずつ変化してゆくだろう。こう考えると、人の能力の生得的な範囲はあいまいで確定できない。

生得的との問題に関連して、心理学では「人の性格は経験によって形成されるパーソナリティーである」との主張と、「人の性格は生得的な資質で

決まるキャラクターである」との主張が対立している。

　サルの赤子は人間が育てても人間性は獲得できないのだから、人間の赤子は間違いなくサルとは異なる人間としての生得的能力をもっている。

　しかし人の性格全体を、生得的と経験的とに分けようとすると、人のもつ性格の一つ一つを観察にもとづいて、生得的か経験的かを区別する必要がある。ところが先に説明した理由によりこれは不可能である。

　結局、人の性格、能力は、経験的に得られるか、生得的なものか、との二者択一的な問題提起は興味を集めても、科学では完全には解明できない問題なのである。

宗教社会の影響

　西洋では古くから、ユダヤ教、キリスト教、イスラム教が普及してきた。これらの宗教が普及した理由、そして結果的に科学が疎んじられた理由については、最初の問題提起の中で説明したのでここでは繰り返さない。

　西洋社会では、これら三つの宗教がさらに多くの宗派に分かれており、それぞれの宗派によって社会が構成されていることも珍しくない。したがって、ここまで説明してきた「社会により異なる人々の価値観や守るべき規範類」は、西洋社会においては、「宗教・宗派により異なる人々の価値観や守るべき規範類」とも考える必要があるだろう。

　既存の心理学にも、そのような西洋社会の価値観が影響した理論がある。次のマズローの欲求段階説はその代表例と考えられる。

マズローの欲求段階説と価値観について

　人の欲求に関する代表的な説として、アブラハム - マズロー（1908-1970）が1954年に発表した「欲求段階説（自己実現説）」がある。マズローは人間の欲求を5段階に分けて、人間の精神はこの段階に沿って発達してゆくと主張した（後に6段階目が追加された）。

　　1　生理的欲求
　　2　安全への欲求
　　3　社会欲求と愛の欲求
　　4　承認されることへの欲求
　　5　自己実現への欲求
　　6　自己超越への欲求

マズローは各欲求段階を具体的に説明しており、たとえば第5段階の自己実現者については、
 ⅰ 現実をより有効に知覚し、より快適な関係を保つ
 ⅱ 自己、他者、自然に対する受容
 ⅲ 自発性、素朴さ、自然さ
 ⅳ 課題中心的
 ⅴ プライバシーの欲求からの超越
  ……
など15項目の条件をあげている。

マズローはこの理論の裏付けとなった調査結果も示しているため、この説は科学的な方法にもとづいているとされている。しかしながら、マズローの説に異議を唱える心理学者は少なくない。その原因は次のように考えられる。

ここまで本書で説明してきたように、満足感への欲求や人間性の価値観には個人差や社会の違いによる差異が無視できない。彼の調査も世界的に行われたわけではない。したがって、調査そのものに世界的な共通性がない。これに加えてマズローは個人的・西洋的な価値観でそれを6段階にランク分けすることで、科学として必要な世界的な理論の共有性がさらに失われたと考えられる。

価値は本来的に個人の価値観にもとづいており、個人差や社会による違いがある。このような価値でもって人を一律に理論づけることは科学的ではない。

事例別の心理学の限界

さまざまな状況で現れる心理問題を、事例別に説明する心理学の本も多くある。こちらの方が観察に対応しているという点でより科学的で実戦的だろう。

一例として齊藤勇編『欲求心理学トピックス100』を見てみると、7名の著者により、安全の欲求、所属の欲求、自己実現欲求、自己防衛欲求など、100種類の欲求または欲求が関係する場面の心理が解説されている。読者は個々のタイトルの中から自分の求めに近いものを探して知ることができるため便利である。

しかし、人の感じ方考え方には個人差や社会の違いによる差があり、と

きには気まぐれさも加わって心理的トラブルが現れるのだから、読者の抱えた問題が100種類の欲求または場面に該当しないことも起こるだろう。

この本の著者が日本人だから当然かもしれないが、国により異なる宗教、社会慣習などの影響がほとんど考慮されていない。また年をとると、気持ちが懐古的になったり、死の影がさまざまな欲求に影響してくるはずである。このような状況もあまり考慮されていない。

経験を積んだカウンセラーが、個々の相談に応じて問題の根本から丁寧に説明すれば、相談者がある程度納得できる可能性はある。しかしこれは職人技であり、学問として共有できる範囲を越えるだろう。そしてこのような個別的な事例の積み重ねのままでは、統一された一個人の人間性ともいえる、人の感じ方考え方の核心にせまることができず、結局カウンセラーも相談者も問題の原因を心底から了解できず、根本的な対策が立てられないおそれがある。

本書の感じ方考え方は科学的か

人々の感じ方考え方には個人差が大きいためそのすべてを説明し尽くすことはできない。

このような中で本書では著者の経験にもとづいて人々の感じ方考え方を包括的に考察して次のような法則を得た。

- 人の資質はとくに知的な面が他の動物よりも顕著である。人々の感じ方考え方はその資質の上に経験が積み重なり形成された。
- 人の感じ方考え方は個人ごとに異なる環境の影響を強く受けて形成されるゆえに、人々の感じ方考え方の個人差は増大し、属する社会によっても異なってくる。
- 感情・好みと理路に沿った思考は人の心の中では相互に作用している。
- 外的な経験と思考の経験は人の心の中ではとくに区別されずに記憶されている。
- そのような中で繰り返される個人の思考経験が個人の考え方感じ方の形成に大きく寄与している。
- 社会での存在感、達成感などは、大きな知的満足感となっている。

ただし、これらの法則は著者の限られた経験にもとづく考察の結果である。これを科学と位置づけるためには、読者諸氏に共感していただき読者諸氏を中心として共感・共有の輪が広がってゆく必要がある。そこで補足説明する。
　この理論は「個人的な思考は大切であるにしても、悩み事は個人的に悩むのではなく広く経験をもつ人々に相談すべきである」との、すでに知られている賢明な助言の根拠を、個人的な思考の性質に関係づけて明らかにしたと考えられる。
　さらに、科学であれば効果も期待できるだろう。そこでこの理論の効果を、人生の目標に思い悩む一個人の悩みを解決することを想定して考えて見よう。
　この人に対して、たとえば「マズローの提唱する自己実現を目指しなさい」と提言したとしても、生まれ育ちも異なるこの人に、マズローの提唱する自己実現の価値観が共有されるとは限らない。たとえ理論は共有できても、その条件が厳しいため、それに向かって努力できる人は限られるだろう。
　それよりも、本書のように一人一人がそれぞれの人生を有意義に生きるとはどういうことかを、上記の経験的な法則にもとづいて考えた方が、はるかに経験的に共有できると考えられる。
　ちなみに自己実現の意味は『広辞苑』によると、「自分の中にひそむ可能性を自分で見つけ、十分に発揮していくこと」である。この意味によると、たとえば職人が自らの技を極めればこれも自己実現といえる。本書では次々と達成感が得られる目標を見出した人は生きがいを見出した人であると説明したが、これも自己実現者ではないだろうか。
　以上で人の感じ方考え方の包括的な説明を終える。第3話以降では、これとは異なる幾つかの切り口から、さらに人の感じ方考え方を科学してゆこう。多面的に整合的な話が重なり合って包括的な科学理論が形成されるのである。

第3話 ロボットは人間になれない

　ロボットと人間の間には越えることのできない壁がある。
　　・ロボットは人間がもつ感覚も感情ももてない。したがって、自我意識も快感・不快感から生じる自由で自発的な反応・感情・思考経験ももてない。
　　・自分自身の経験・感覚を伴う言葉の意味が理解できない。言葉は数値化されて与えられて数値のまま内部処理される。
　　・このため自我意識が生まれる術もない。
　この壁を乗り越える科学理論、科学技術を確立しようとすれば、感覚や生体の仕組みを物理的に説明する必要があるが、今日の科学の方法ではそのどちらも夢物語といえる。
　第3話ではこのことを順次説明してゆこう。

自分・自我意識とは何か

自分・自我意識の成立条件
　自省してみると、人の精神や意識の成り立ちには「自分」との意識・「自我意識」が中心的な役割を果たしているように思われる。この自我意識の成り立ちについて改めて考えてみよう。
　第2話での自我意識の説明を要約すると、①自分の意識を成り立たせている自らの身体感覚と過去のすべての経験の記憶がベースとなっており、それと、②自分と他の人は区別できても同じような身体・感覚・感情をもち、同じように思考できる人間であるとの認識とがあいまって、③自分は他の人ではないが、他の人と同じ人間社会を構成する一員である、との自覚によって成り立ったもの、ということになる。

自我意識は、人が人間社会で育つから習得できて発達する。なぜならば、自我意識を生み出す推理は、自分と類似した他の人々を観察することでそれとなく学ぶことができて、さらに自我意識は社会の中で自分と仲間の身体・身体感覚・感じ方考え方をたえず比較することで発達すると推理できるからである。

　ロボットの話をするならば、ロボットは身体感覚も自発的な思考力ももたないのだから、自我意識や仲間意識が芽生えることはない。

自分の意志は自由か

　古くから知られている思想として、世界は定まった因果関係で推移しているとの決定論がある。自分の意志の自由さを科学的に説明するために、まずこれに関連した決定論とそのベースにある因果関係（因果律）について考えて見よう。

人の関心事である因果関係

　私たちは、物心がついて以来今日までの、自分が経験してきた過去の出来事を思い出して、今日の自分はこれらの出来事がさまざまに原因して、その結果として自分がある、と考えている。環境が人を育てるのだからこれは当然だろう。また、日本の歴史を学ぶと、日本はさまざまな国内の過去の出来事に海外の出来事も作用しながら、その結果として今日の日本があると理解することができる。

　さらにまた、私たちは日常的に「この物体は何からできているのだろうか」とか「あの事件・事故の原因は何だろうか」とか「あの夫婦はなにが原因で別れたのだろうか」などと物事の由来・原因に興味をもっている。物心がついた子供が、大人に「なぜ？なぜ？」と質問攻めをして、大人を困らせるシーンもよく目にする。私たちの知的関心の大きな原動力の一つはこの原因に対する知的興味であるといえよう。

　一般的に「Aが生じた原因はBである」または「Bによって結果Aが生じた」との理論の形を因果関係・因果の法則・因果律などといっている。因果関係は私たちの心に疑問を生み出すモデル・枠組みともなっている重要な概念であり、人の心に共通的に生まれるという面では科学的である。

ところが因果関係は物事の関係の解釈の一つに過ぎず万能ではない。適切な因果関係による物事の解釈は科学理論となり得るが、さもなければ全く非科学的で共有され難い理論が生まれる。このことを説明しよう。

因果関係では世界全体をカバーできない
　結果は原因の後に生じるものだが、事件・事故の場合は逆に結果が注目されて初めてその原因が詮索されることになる。このような因果関係を「自分が石につまずいて、転んだ」との出来事を例にして考えてみよう。
　自分が転んだ直接的な原因は、自分が石につまずいたことである。次に自分が石につまずいた原因として、自分が走ったこと、足元に不注意だったこと、足元に石があったこと、などが可能性として考えられる。
　さらに、これらの原因を生み出した原因が考えられる。急いでいたこと、気持ちがうわの空であったこと、道路が整備されていなかったこと、などがそれにあたるだろう。これにより因果関係の連鎖が出来上がってゆく。一つの結果の原因が同時に複数個あると考えると連鎖は分岐してゆく。
　その結果として、どこまでも際限なく広がる連鎖が得られるならば、自分が転んだ究極の原因は未知といわざるを得ない。
　この連鎖のもう一つの可能性として、「自分が石につまずいた」との最初の原因や途中の原因に戻り循環する場合が考えられる。するとこの因果の連鎖は完成したことになる。しかしこの完成した連鎖は、それを考えた人の限られた知識の範囲内の物事だけで構成されているのだから、これにより世界全体が決定したわけではない。
　このことから、原因から外れて因果の段階をさかのぼってゆくと、問題の本質からどんどん離れて行くことがわかる。それは不確定な推理を積み上げた結果ともいえる。一つの出来事の原因をさかのぼることには限界がある。風が吹けば桶屋が儲かる」という諺は、原因から結果を追っても同じようにとんでもない結果を招くことを示している。

> 風が吹くと埃が舞い上がる、埃が増えると埃が目に入り盲人が増える、盲人が増えると盲人は三味線を弾くため猫の皮の需要が増える、猫が減ると鼠が増える、鼠が増えると桶をかじる被害が増える。ゆえに桶の修理が増えて桶屋が儲かる。

　これらの因果関係はどれ一つ完全否定できないがその可能性は小さい。そのような小さな可能性を積み上げてゆくととんでもない因果関係が成立

する。
　私たちはそのような因果関係はとんでもないと考えるがゆえに、そこに笑いを見出せる。とんでもない因果関係をふるい落とす最終的な判断基準とは、確率的な思考にもとづいた私たちの常識だろう。

因果関係の蓋然性・確率性
　出来事Ａが生じて引きつづいて出来事Ｂが生じたとしても、これがたまたま起こった可能性もあるため、そのような因果関係を法則として共有しようとすれば、科学的・確率的な検討が必要である。科学的な検討を経ていない因果関係を無条件に未来の出来事に適用することはできない。
　「食物は細菌によって腐る」との物の変化についての因果関係は、科学的で共有できて未来の出来事にも適用できる法則である。
　「Ａ君は優秀だからきっとＢ大学に入学できる」との個人的に予測した因果関係は外れるかも知れない。これを科学的に共有しようとすれば、成績を数値化して確率概念で考えるべきだろう。
　ところで、因果関係は法則だからふつう、繰り返される物事に当てはめられる。繰り返される物事からは「鶏は卵から生まれる。でも卵も鶏から生まれる。では鶏が先か」とのナゾが生まれる。本題とは直接は関係ないのだが、話のついでにこのナゾについて考えてみよう。これは次のように考えればよいだろう。

　　鶏は、鶏ではない先祖から代々にわたり徐々に進化して、今日の卵
　　→鶏→卵→鶏→……の生命サイクルを確立した。この進化の過程に
　　は、卵も鶏も参加しているだろう。このような過程を、卵から始まる
　　とみるか鶏から始まるとみるかは、科学的には決定できない。

　物事には必ずしも始まりや前後を決定できないことがある。決定できないことに決定を迫るところにこの問題設定の誤り・面白さがある。
　準備はこれぐらいにして本題に入ってゆこう。

この世界は決定的か
　世界には古くから「決定論・determinism」といわれている説があった。
　　・私たちの住む世界全体は、例外なくある定まった因果関係で推移
　　　している。
　　・したがって、未来の世界は現在の状態により定まっている。

・私たちの意志もこの世界の一部であるため、例外ではない。

　そのような中で、17世紀にニュートンにより、地上と宇宙における物体の動きを、共通したいくつかの数式で表すニュートン力学が発見された。ニュートン力学の影響を受けた数学者ピエール・ラプラス (1749 - 1827) は、19世紀初めに「自然は定まった原因と結果の関係の連なりである。ゆえに現在の宇宙全体の状態をすべて知った英知があれば、宇宙の未来のすべてを見通せるだろう」と主張した。これは「ラプラスの魔物」といわれている。

　これが正しければ、ニュートン力学によって決定論が科学的に裏付けられたことになる。自分の意志は環境に影響される、とのここまでの検討の結果も決定論を肯定しているようにも見える。そうすると、「私たちの努力や自発的な意志は、自由に見えても結局は私たちには見えないある定まった因果関係をなぞっているにすぎない、私たちはその定まった因果関係を知らないだけだ」と解釈できて、私たちの努力はムダだとの考え方もでてくるだろう。

　しかしそうはならない。

　ニュートン力学は、確かに万有引力で天体の動きをほぼ説明することができた。しかし、ニュートンの発見以降、ニュートン力学だけでは予知できない現象が続々と発見されてきた。

　たとえば、無数の要因で成り立つ気象は「複雑系」ともいわれており、予測は大変難しい。風が木の枝に当たっても、そこには「カオス」といわれる精密には予測できない乱流が発生する。ミクロな粒子は「不確定性原理」といって、その挙動は不確定で確率的にしか表せないことがわかった。

　これらの物理学が科学として共有されるに至った今日では、ラプラスの悪魔はありえないと考えるのが科学の常識となっている。

　科学の法則は観測可能な範囲で発見されて、その理論は適用可能と科学的に想定できる範囲に適用される。ラプラスはこの限界を超えて、ニュートン力学の確定的な法則類のみが宇宙全体を支配すると勝手に考えたためにラプラスの魔物が生れたのである。

　後に誕生した「唯物論」も「物理法則で世界全体が説明できる」とのよく似た思い過ごしから生まれたものだろう。人間をはじめとした生命の営みは物理法則や物理現象として説明しきれない。このことはこの後さらに説明して行こう。

自分を取り巻く環境は自分で変えられる

　自分の意志で変えられない理論や物理法則などはあるが、その制約の範囲内では自分の思考・意志は全く自由であり、自分を取り巻く環境もかなりの範囲で変えることができる。このことを説明しよう。

　第2話では、私たちが判断するに当たり、常識的に実現できないと考えられて、除外される選択肢として「経験的、物理的、理論的に不可能と考えるものであり、時間を戻す、未来を決定する、自分が他の人に置き換わる、などがある。数学、科学、言葉の意味についても、個人の独断で変更したとすると他の人々との共通性が失われるため、やはり変更できないと考えるのが常識だろう」と説明した。

　そしてこれ以外の「できない理由」は個人的な言い訳であることを説明した。つまり、個人の自由が大きく制約された社会は別として、多くの場合「自分の自由を拘束している自分を取り巻く環境」とは、個人的な努力を回避する意識が働いて、自分の状態のほとんどすべてを環境にもとづく結果と考えて、さらに過去の解釈に過ぎない因果関係がそのまま未来へもつづくと考えたものだろう。

　今日在る自分を因果の結果とみなした過去の因果関係は、個人ごとに異なって考え得る。そのような中で多くの人たちと共有できる因果関係とは、蓋然性・確率の高い因果関係だけである。そして今までの環境を未来に向かって高い確率で変え得る選択肢とは、宝くじを当てることではない。それは自らの行為から生まれ得る結果を目標とすることである。

　変革すべきことが大きいほど、それを達成するには多大な努力を必要とする。短期間では達成し難いだろう。けれども、努力を積み重ねてゆけば感じ方考え方も変わってゆく。目標に到達する前であっても、継続的な行為の中に満足感を見出せるかもしれない。達成感とは心理的にそのようなものだからである。

　補足するならば、人の身体には生まれながらに個人差があるように、生まれながらに学習能力にも個人差があるかも知れない。しかし、学習能力そのものは努力によって向上するため、限界はあいまいである。それにもかかわらず、自ら「これが自分の能力の限界」と考えるのは、できないことを自分の能力のせいにする個人的で安易な因果関係の適用ではないだろうか。

　以上によって「この世は強い因果関係で成り立っているため、なかなか自分では環境を変えられない」と思い込んでいる人は思い直していただけ

ただろうか。
　では次に意志の自発性の由来について科学的に考えて見よう。

意志の自発性、自由さと物理学
　私たちの思考が自由に自発的に始まる生体の仕組みには、どこまで科学的に迫れるかを考えて見よう。
　心の働き・神経の作用には「自発的活動・spontaneous activity」という概念があって、この発生機構の研究は細胞・分子・神経信号レベルである程度進んでいる。研究がここまで進んでくると、次には物理学・化学の領域となる分子、原子、電子などについての理論を必要とするだろう。
　一方、20世紀初めには、分子、原子、電子などミクロなものになるほどその動きはランダムで確率分布でしか表せないとの「量子力学」が科学理論として確立した。
　これらの関係を考慮すると、将来生体の自発的活動の由来は分子、原子、電子などの確率的でランダムな挙動で説明できる可能性がある。ランダム性も自発性も不規則であり、物理的・数学的に理論づけられないとの点で共通するからである。
　量子力学を無視して心の働き・神経の自発的活動の原因をさらに追究しようとすれば、原子、電子などのミクロな挙動の決定する法則を追究して究明する必要がある。これは現在の物理学の限界を無視した仮定で科学的ではない。
　つまり、人の心の動きの自由さ、自発性については、たとえ原子、電子などとの関係がわかったとしても、量子力学が認められている限り、原子、電子などのランダムな挙動により本質的に決定論とはならないと考えてよい。
　人の心の動きには言葉や理論の限界はもちろんのこと、自らの限られた予知能力を超えた「自由さ」「自発性」があっても不思議ではないだろう。私たちに降りかかる偶然の出来事と同じく、例えばジャンケンでグーを出すという自発的な決断がその後の人生を左右することだってある。
　決定論は、何事も理論的に決定可能との、理論と現実の混同が生んだ錯誤と思われる。

私はなぜ生まれたのか

　私はなぜ生まれたのだろうか。原因をさかのぼり、両親、叔父・叔母……とたどってゆくと先祖につながる家系図が出来上がる。しかし、家系図は過去の出来事の一つの見方であって、なぜ生まれたかとの疑問に直接的・根本的に答えるものではない。

　兄・姉をもつ人は「私はなぜ兄・姉に生れなかったのだろうか」、弟・妹をもつ人は「私はなぜ弟・妹に生まれたのだろうか」との疑問を考えてみるとよい。自分とその兄弟の違い、生れた条件の違いといえば、ただ誕生の順序だけに思われる。双子の兄弟・姉妹では誕生の順序すらあいまいである。

　誕生の順序で定まる兄弟の違いを説明できる唯一の理(ことわり)は「偶然」だろう。偶然といってもサイコロの目が1から6の値のどれかに定まることとは全くスケールが異なる。私たちは一人の赤子の誕生するすべての契機・可能性を知り尽くすことはできない。その意味で無限といえる可能性の中の一つ一つから私たちは生まれたのである。

　私は再来しないであろう偶然、ゆらぎ、ランダムさといわれている人間の理解を越えた複雑な条件の組み合わせ、つまり混沌として理由づけられない広大な世界の中に、他の奇跡が色あせるほど奇跡的に生を得たのである。そのようにして生まれた私たち一人一人は、唯一無二のそれぞれの人生を生きているのである。

私は生まれ変われるか

　私が子供の頃、人は死んでも魂は不滅で、その魂は新たに誕生する赤ん坊に乗り移るとの話を聞いたことがある。魂が不滅であるとするとこの話は合理的に思えて、私も小さい頃この話を信じていた。けれども肉体のない魂だけの生活は想像できないし、見える魂とされている人魂も結局は目撃できなかったので、やがて人は死ぬとその魂も滅びて生まれ変わることはあり得ないと考えるようになった。

　私の今生きている理由は、無限ともいえる可能性の中の一つが実現したからである。

　私はこの世界に一人しかいない。仮に私と同一の資質をもつ赤子が生れて、細部にいたるまで私と同一の経験を積むことができると、その赤子は私と区別できない人間となる可能性はある。しかしながら、二人の経験は

誕生の時間、場所においてすでに同一ではあり得ないために、二人の経験が完全に一致することはあり得ない。双子の成長でもわかるように、わずかの経験の違いが積み重なって大きな人間性の違いとなってゆく。私と同じ人間の存在はＳＦ物語にすぎないということになる。
　私の子供の頃、お金持ちの家に生まれた友達がいて、私はなぜあの家に生まれなかったのだろうと残念に思ったことがある。私の人生経験の中では、取り返しのつかない失敗をしたと悟って、時間を戻してやり直したいと思ったことも何度かある。
　しかしながら、以上の考察によると私は生まれ変わりはできない。時間を戻し得る科学理論も発見されていない。私に残された時間を如何に生きるかだけが問題である。

自分の死を知る——知的人間の宿命

　自分の記憶の連なりをさかのぼって自分の誕生体験を思い出そうとしても、その記憶は曖昧模糊とした記憶にすぎない。自分に死という終わりがあることも未体験ゆえに明確にはわからない。理論の理解できない動物にとっても自分の生死とはこのようなものだろう。
　人間の場合は、
　　　① 自分は他の人と同類・同等の人間である。
　　　② 他の人は年を取ると必ず死ぬ。
　　　③ したがって、自分も年を取ると必ず死ぬ。
との三段論法で自分が死ぬことがわかる。これは自分と仲間を同一視できて、しかもこの理路に沿った考え方が必要だから、この自覚は人間のみに得られる重大な認識である。
　洋の東西、時代をこえて、この人間の宿命に悩む人は多いだろう。私も例外ではない。
　宗教が支持されてきた大きな理由として、彼岸や天国があるとした宗教的世界観がこの悩みを和らげる役割を果たしてきたからだろう。
　サルほどの知能をもっていると、仲間の死を見て自分の死もあり得ると感じているかもしれない。しかしサルは自分の年齢を数えることができないため、「自分は○○歳までに必ず死ぬ」との宿命的で強迫的なビジョンは得られない。サルにとって、死は事故の一つにすぎないのではないだろうか。
　ちなみに、子ザルが亡くなると親ザルは悲しみを表すというが、これにつ

いては、人間のように「自分の子供が自分に先立って死んだ」との悲劇に襲われて悲しんでいるというよりも、シンプルに身近にいて特に親しんできた子供に対する諦めきれない喪失感が悲しみとして表れるのだろう。

心を形成する神経系の仕組み

記憶のネットワーク

　私たちは「リンゴ」という言葉を思い浮かべると、すぐにリンゴの丸い形や赤い色、甘酸っぱい香りや味が想起される。リンゴを見ても、すぐに「リンゴ」という名を想起して甘酸っぱい香りや味も想起される。

　また私たちは「歩く」という言葉を思い浮かべると、人が歩く姿を思い浮かべるだろう。人によっては今朝の散歩を思い出して、爽快な気分がよみがえるかもしれない。

　このように、ある経験を表す言葉を思い浮かべると、その経験に関連したさまざまなエピソード、視覚的場面、音などの感覚、感情、経験が思い出される。これらの経験からさらに他の経験を思い起こすこともある。

　逆にある経験を思い浮かべても、それを表す言葉やその経験を取り巻くさまざまな経験が次々と想起される。

　私たちは経験した物事を、言葉、理論、場面、感情、感覚、動作などの違いで特に区別するわけでもなく、むしろ経験した物事を、個人的な印象や内容で相互に関連付けながらネットワークの形で記憶する。そのためこのような現象は起こるべくして起こるのだろう。

　記憶された要素はすべて記憶を引き出す索引となり得るが、言葉で考える人間にとって最も重要な索引は言葉だろう。ある言葉と記憶のネットワークでつながった要素がその言葉の意味を生み出している。

　このように考えると、次のような私たちの体験・記憶の性質が合理的に説明できる。

- 写真、音楽、匂いなどによっても忘れかけていた古い記憶が呼び起こされることがある。
- ランダムな文字列、乱数など経験により意味づけられない物事を記憶することは困難で忘れやすい。
- 直接経験できない外国語や特殊な言葉などは記憶困難だが、その言葉の意味を自国語でいい換える学習を繰り返すことで、その言

葉を記憶することができる。
- 文字や文章を記憶しようとすれば、それを目で追うだけではなく、自分の過去の経験と関連づけたり、手で書き写す、音読するなどの動作を加えた方が記憶しやすい。
- 哲学用語などの特殊な言葉は、その内容が経験から直接的に得られるものではないために、記憶するためには特別な努力を要する。

脳の構造と記憶の仕組み

　今日では科学的に脳の構造と記憶や思考の仕組みとの関係が少しずつわかり始めた。

　大脳の外表面には大脳皮質がある。内部の白質部は神経索が集積したものである。特定の刺激を与えたり特定の思考をすると、あちらこちらの特定の皮質とそれら皮質を結ぶ神経索の束が活性化することが観察されている。

　これと先の記憶のネットワークと合わせて、今日では次のような学習、記憶、忘却の仕組みが考えられている。

- 記憶は皮質部どうしを結ぶ神経線維の複雑な回路が形成されることで成立する。
- 学習を繰り返すとその回路は次第に強化されてゆき、やがてほとんど無意識的にそれを呼び起こせるまでに強化される。学習が途絶えるとその回路は次第に衰えてゆく。

これは人為的な文字による記録の方式とは大いに異なる。

　辞書は言葉を文字や発音の順にリストアップしている。コンピューターは多数の記憶素子の一つ一つに数値化されたデータを書き込んだり読み出したりしている。このため個々の言葉、記憶はバラバラといってよい。

　私たち人間が感じ考えているある物事の意味とは、現実感を形成している各自の記憶全体のネットワークの中から、その物事から連想され選び出されたネットワークのことだろう。だから、辞書もコンピューターも私たち人間の認識している物事の意味を知ってはいない。数値化されたデータや文字を見て意味に結びつけるのは私たちの脳である。

　動物の場合は、人間ほどの複雑な言葉はもたないにしても、脳の構造は人間に似ているのだから、物事をある程度分別して互いに関連づけた形で理解・記憶していると思われる。これが動物の思考や行動を司っているのだろう。

たとえば、蜜を発見したミツバチは、巣に戻って歩き方で仲間にそれを知らせて蜜のありかへ誘導するという。
　人間の思考では主に言葉が思考のガイド役となっていると思われる。
　複雑な理路をたどろうとすれば、声を出して確認しながら理路をたどった方が確実である。そして難問が解決できたり、名案を思いつくと達成感が生じて表情が緩んで「その通り！　やった！」と声がでる。

感覚・知覚の仕組み
　感覚・知覚の成り立ちもある程度科学的に解明されてきた。
　人体内のさまざまな信号を伝達してコントロールする神経系は、運動神経、感覚神経、自律神経に分けられており、これらの末梢神経のいずれもが中枢神経といわれている脊髄と脳につながっている。神経系での信号の伝達には、カリウムイオンの移動で生じる電気信号が関与していることが知られている。
　感覚は体内に無数に分布した感覚神経の末端に備わった感覚器官で感知される。感覚器官の種類には、物理的な刺激である、圧力、痛さ、温度、音、光などに対応したものが知られている。匂い、味に関しては化学的な成分を感知する感覚器官が知られている。
　感知できる刺激の種類は感覚器官の種類で定まっているようだが、刺激の大きさはほぼ連続的に感知されるようである。
　たとえば、視覚については、網膜上に明るさ、赤色、青色、緑色に対応した点状の感覚器官が分布していることがわかっており、網膜に映った像をこれらの感覚器官がそれぞれの信号として視神経系へ送り出している。視覚信号は大容量となるため、視覚を網膜から脳に伝える神経索も太い。脳は送られてきた膨大な視覚信号を再合成して像として認識する機能を持つと考えられている。
　匂いや味についても様々な化学成分を感知する感覚器官があって、脳に送られたそれらの信号が合成されて、複雑な匂いや味を認識していると考えられている。
　音については、空気の振動の大きさと周期を内耳にある聴覚器官で神経信号に変換している。温度は分子の熱振動が皮膚に伝わることで感知される。

　このように感覚については、感覚の種類別に脳に伝わることがほぼわか

っている。しかしながら、感覚器官によっていったん電気信号に変換されたさまざまな種類の感覚が、脳内でどのようにして再現されるのか、との疑問の解答となる脳の働きはほとんど解明されておらず、秘密のベールに包まれている。

　この問題の根本原因は異なる感覚の神経信号であっても、物理的に計測しようとすれば、単に電気信号としてしか測れない点にあるのかも知れない。

　人体は様々な種類の細胞が有機的に結合したものだが、人体の始まりは一つの受精卵であった。受精卵は細胞分裂を繰り返し、そのたびに個々の細胞は機能別に分化・特化してゆく。そのような中で感覚神経系も感覚の種類別に分化・特化してゆき、それぞれの感覚別に感覚器官と脳を一体的につなぐ感覚神経系が構成されてきたのだろう。

　このように考えると、感覚の違いは感覚神経系の違いが生み出しているということになる。

　しかし、同じような電気信号で伝達されてきた感覚信号が、感覚神経系によって異なる感覚を感じることについては物理的に説明できていない。このことは、感覚とは、数式、図形、力、電気などに限られる物理学の理論の表現方法を超えた概念だからとしか説明できないだろう。

　脳には異なる種類の感覚神経、運動神経などが絡み合った複雑なネットワークがある。

　さまざまな感覚が経験を積むことで研ぎ澄まされることがわかっている。この理由は、感覚神経を含んだ脳の神経ネットワーク回路が学習・経験で強化されるためだと考えられている。

　ある感覚器官から伝わってきた感覚が、体内のどの位置で発生したものかなどは、他の感覚器官や運動神経などの情報を総合判断して得られているようで、この情報の総合化にも、生きることで積み重なる学習・経験が大きく資しているのだろう。

現実感と仮想現実

現実感と仮想現実

　旅先のホテルの一室で朝、目覚めると、もうろうとした意識の中でいつ

も見慣れた室内とは違った室内風景が現れて、一瞬「ここはどこだろうか」と不安になることがある。でもやがて完全に覚醒して、昨夜ホテルのベッドに入るまでのできごとを思い出して、「そうだったのか」と安心する。

　もうろうとした意識の中で周囲の風景や音が感知されても、現実感は生じない。記憶された今までの経験、親しんできた今までの身体感覚、それらがベースにあって、そこに今感知されているものを違和感なく受け入れられるとき、臨場感といわれている自分と外部との一体感が生じて、現実感といわれるものになるのだろう。

　それゆえに、眼前の風景が現実ではなかったとしても、この状況に近ければ現実感を仮想できて、仮想現実感に浸れるだろう。念のためにいうと、私たちは現実感を常々体験しているから仮想現実感の意味がわかる。仮想現実感という言葉が先にあったとしても、その意味はわからない。これはシンプルな論理的かつ科学的な関係でもある。

　今日のコンピューター技術によると精巧なグラフィック画面を表示することができて、私たちはそれを「仮想現実・バーチャルリアリティー」と称して楽しんでいる。

　バーチャルリアリティーの技術がさらに精巧になると、人はそれを見てもバーチャルリアリティーと現実とを判別できなくなる。精巧なバーチャルリアリティーが、バーチャルかリアルかを判別する方法は、それがどのような仕掛けで成り立っているかを知るしかなさそうである。

　ここまで書いて思い出すのが過去にあった世界の構造観である。

　　　地面は平らで、陸地の周りは海が取り囲み、はるか水平線の果てで海水は滝のように落下している。空は丸天井で、天井裏には丸天井に配置された太陽、月、星座を運行する仕掛けが組み込まれている。
　　　天を司る神が仕掛けを操って天体に調和した動きを与えている。

昔の人々が世界をこのように考えていたとすれば、今日ではバーチャルとしかいえない世界が彼らのリアルな世界だったということになる。このようなリアルとバーチャルの逆転がなぜ生じるのかといえば、この世界の構造観には経験や科学からは得られない想像が入っているからである。経験や科学にもとづかない理論は「何でもあり」の理論となりがちである。

バーチャルリアリティーの技術の進歩

　映像と音については、科学技術の発達により、バーチャルな体験が可能

となった。その大きな理由は、映像と音は空間を伝わる性質があるから、生体の外部に置いた再生装置によってほぼ再現できるからである。

　感覚の中でも視覚情報は最大の容量からなるといわれている。ディスプレイや映画のバーチャルな画面は、その感覚を完全に満足させる技術がまだ得られていないため、よく見ればバーチャルであることがわかる。

　ところが音楽の再生技術はもっと進んでいる。20世紀半ばの音楽産業の華やかな頃の米国での話だが、あるレコード会社が自社の音楽の高忠実度（ハイファイ）再生技術水準を実証しようとして、次のような実験をおこなった。

　　　あらかじめ、あるホールのステージで楽団の演奏を録音する。そして楽団と録音再生装置をそのステージに並べて、ステージをカーテンで隠す。次に聴衆が入場して、ステージで生演奏と録音の再生の切り替えを行い、聴衆に生の演奏か再生されたものかを答えてもらう。

この実験で、生演奏と再生を正しく聞き分けることのできた聴衆はほとんどいなかったという。

　視覚・聴覚とは違い、触覚・温度感・味覚などは人体に接触して伝わる性質のものだから、何をバーチャルというか難しいが、一応、通常の感覚が得られる通常の方法とは異なる人工的な方法としておこう。

　すると、現在のところ、この方法に相当する人工的な方法とは、エアコンによる温度感、人工甘味料による甘さなどにすぎない。食べなくても美味を感じることができるようなバーチャル感覚再現装置は、現在のところまだ出来上がっていない。

　最近では、脳、神経系にある電気信号を加えると幻覚が起こることが知られるようになった。この仕組みをうまく利用できれば、直接的に脳、神経系に電気信号を加えて触覚、温度感、味覚などを体験できるかも知れない。

　しかし、これを実現するためには、感覚と脳、神経系の電気信号の関係を相当に詳しく解明する必要があるし、電気信号だけですべての感覚が体験できるか否かもわかっていないため、実現にはまだまだ時間を要するだろう。

　『マトリックス』という映画を見た。

　　　人間たちは過去に起こったコンピューターの反乱により、コンピューターにエネルギーを供給するための装置として、ベッド型の培養槽の中で仮想現実を見せられながら生きている。たまたま仮想現実か

ら現実へ覚醒することのできた主人公ネオは、人間たちに現実世界を取り戻すべく、コンピューターに戦いを挑む。

主人公ネオが、仮想現実に満足せず現実を取り戻そうと決心した理由はよく覚えていないが、将来、仮想現実再生の技術が進み、あまりにも仮想現実の居心地が良くなると、未来の社会はこの映画のように、仮想現実に浸りきりになる人であふれるのではないかとの心配が頭をもたげる。すでに携帯端末やゲームソフトが普及して、それに浸りきりになる人は多い。

コンピューターが自発的に人間に反乱することはないにしても、征服欲に燃えた人間がこの世界を征服しようとして、コンピューターを操ってこのような反乱を起す可能性は否定できないだろう。

仮想現実に浸りきった人間たち、ＡＩの反乱、このどちらも科学技術の負の側面として将来の大きな問題になりそうである。

リアルとバーチャルは何が違うか

リアルとバーチャルの違いをさらに考えて見よう。

今日でも、天動説の時代の宇宙観を100％否定できたとはいい切れない。なぜならば、今日では宇宙の半径は138億光年とされているが、この距離は今日の観測技術で観測できる限界でもある。そのため、とんでもない話だが「その向こうに宇宙を動かすからくりがある」と主張すると、「それは未知である。常識的にあり得ない」と反論できるが、「それは絶対にあり得ない」といい切ることは科学の世界ではできないのである。

物理的なからくりでリアルとバーチャルを分けるとすれば、一つの物理現象Ａを他のより原理的な物理現象Ｂで説明できたとすると、物理現象Ｂは物理現象Ａのからくり・原理であったことになる。しかしどのような物理現象も科学理論は互いに整合的であるため、後に発見されたというだけの理由で、物理現象Ｂが物理現象Ａのからくり・原理であると決めつけることはできない。

科学・物理学の世界では、リアルとバーチャルの関係はあくまでも常識的判断ということになるだろう。

次に視点を変えて、現実感は人の心の働きにより生じるものと仮定する。そのような現実感とは絶対的なものだろうか。これを知るために、現実と夢の違いについて考えて見よう。

現実感も夢も人の心の働きにより生じる。夢から覚めたと思ったらそれ

がまた夢であったことを経験したこともあるだろう。このことから、今、現実と考えている世界も夢であり、この夢から覚めると今よりも覚醒した現実がまっているかもしれないとの疑いが生じる。

しかしながら、今現在の覚醒した状態から振り返ってみると、夢の世界は私たちのもつ経験・感じ方考え方が十全に働いてはいなくて、断片的であいまいな感じ方考え方の集合にすぎないことがわかる。そこでは、自分の体が浮遊したり、会えないはずの旧友に会えたりして、科学的・経験的とは思えない出来事が頻繁に発生している。

これに対して覚醒した世界はすべて、科学的・経験的な事実から成っている。そうではない事柄は、フィクションや誤報だとほぼ区別できる。たまに錯覚が生じることがあるが、それが錯覚と気づくのは覚醒している証拠である。

このような現実と夢の区別は数学の定理の証明のような絶対的正しさはないが、現実は数学のようにシンプルな理論から成り立っているわけではないので、数学の定理のように絶対的ではないのは当然だろう。

では、動物は現実感をもっているのだろうか。

先に、記憶され親しんだ今までの身体感覚と経験、それと今感知されているものに対する対等感、調和感、外部との一体感、つまり臨場感といわれているものが現実感といわれるものだろう、と説明した。

あるレベル以上の動物は、人間に比べて知的に劣ってはいても、人間のような感覚をもっているとすれば、このような現実感・臨場感を生み出す条件をほぼ備えているように思われる。動物はそれぞれのレベルで現実感をもちながら生死をかけて現実に対処しているのだろう。

猫や犬の寝姿を見ていると、動物も夢を見ているように感じられる。そうであっても、夢と現実はあまり混同していないのだろう。なぜならば、もし夢と現実の混同が頻繁に起こると、その動物の現実世界における行動に一貫性が欠けてしまうため、野性の動物では生存力を弱めて淘汰される結果になると考えられるからである。

念のためにいうと、ロボットはセンサーで外部環境をさまざまに知ったとしても、現実感を生み出す条件を全くといっていいほど備えていないため、現実感というものをもつことができない。現実感がなければ仮想現実感も生じないのは論理的な必然性である。

生体の科学と物理学・化学の関係

科学そして物理学・化学のもつ理論の限界

　物理系の理論に比べると、心理学、医学など生体系の理論は「靴をへだててかゆきを掻く」ようなもどかしさを感じる。話が少し長くなるが、この根本理由を物理学の成り立ちから説明しよう。

　1687年、地上と宇宙における物体の動きを共通して数式や幾何学のような図形で表すニュートン力学が発表された。

　科学理論はニュートン力学において言葉とともに経験的に得られる数式、図形を理論に用いることで、それまでにない高い理論の汎用性と共有性が確保できた。この方法を受け継いで発展した近代物理学、および原子核と電子から成る図形的な近代原子論、分子論から発展した近代化学にはさまざまな応用の道が開けて、科学技術、工学の華が開いた。理論が観察対象を的確に表しているか否かは重要な問題だが、理論の応用可能なことはそのことを肯定する証と考えてよいだろう。

　このような実績により、その後発表され共有化された物理学・化学の理論は物事を数式、図形で表した近代物理学・化学の理論を継承したものに限られている。物理学・化学用語も言葉ではあるが、数式・図形で表された理論により定義されたものである。

　結果的にこのことが、今日の物理学、化学の理論の有効範囲・理論域を形成する大きな要因となっている。

二つの科学理論の結合

　近代物理学・化学には上記のような理論域があるため、これにもとづくと、それ以前からあった物理学・化学理論は、近代物理学・化学の理論とその他の理論が結合したものということになる。これを具体例で説明しよう。

　「手を火にかざすと暖かい」は全体として共有できる経験的な法則で、科学理論といえるが、これは次の二つの理論から成っている。

〔物理学〕火は熱を伝える赤外線を放出している。
　手を火にかざすと赤外線を受けて手は加熱される。
〔感覚の理論〕手が加熱されると暖かさ熱さを感じる。

　つまり、熱、赤外線は物理用語で、数式・図形で定義されている。だが

「暖かい」は身体感覚であり言葉でしか説明できないため、物理・化学ではその成因を説明できないのである。

近代物理学によると、温度は分子の熱運動量により定まっていることがわかったが、分子運動が暖かい感覚が生じる原因であると了解できるわけではないだろう。

このような近代科学理論の成り立ちについては、5話で詳しく考えることにする。

生体の科学の性質、制約

哲学、心理学、生物学、医学、薬学などの人間に関する科学は、人間の感じること考えることのすべて、または一部を対象として始まった。

哲学や心理学によると、科学について自由に語ることができる。しかしながら、哲学や心理学によっても、先に説明した理由により今日の物理学・化学のもつ理論域を拡大して、物理学・化学の理論として感覚、気持ちなどの生体現象を説明することはできない。科学的根拠なしに説明しても共有できる科学理論となることは期待できない。

生体に関する科学理論のもつこの制約の具体例を説明しよう。

感覚についていえば、「外傷は痛みの原因となる」は日常的に経験する科学理論である。

外傷がなくても椎間板ヘルニアなどにみられるように、痛みに対応して身体の物理的変化が測定できたとすると、その変化が痛みの原因であると推定できる。しかし異常が認められない部位に痛みを感じる心因性の痛みも知られている。このような状況を踏まえると、明らかな損傷を除いては、ある生体の異常が100％痛みの原因であるとはいえない。

このようなことから、痛みの治療法としては、炎症を抑える薬、神経による痛みの伝達を抑える鎮痛剤、神経の働きを鎮める鎮静剤などを投与して様子をみるとの、対症療法の域にとどまることも多い。

化学の領域では、燃焼などの主な化学反応の発生原因は、原子や分子の性質にもとづいた挙動として説明できるようになった。これは大きな知的収穫である。ところが、生体反応については科学理論の方法上の制約により、まだまだこのレベルには到達していないのである。

痛みの原因があいまいな根本理由は、脳・中枢神経の働きも生体反応の仕組みもあまり解明されていないことだろう。

原因療法、対症療法の言葉も相対的である。病原菌を殺す抗生物質の投与はふつう対症療法とはいわない。しかし、抗生物質が病原菌を殺す生体反応については化学反応ほどわかっていないことが多い。このため、抗生物質が病原菌を殺す理論についてはあいまいなままで、殺菌できればよしとする考え方は対症療法の考え方と変わりはない。
　複雑多岐にわたる生体現象の中で、物理学や化学で説明できる部分は今後ともわずかだろう。このため、生体に対する対症療法的・臨床的・経験的な理論は今後とも必要とされるだろう。
　ここまで、人間の話がずいぶん長引いたが、いよいよＡＩとロボットの話へと入ってゆくことにする。

人工知能・ＡＩの可能性と限界

コンピューターと人間の根本的な違い
　近年になって、コンピューターとその関連技術の急速な発達により、人間を超えたかのような性能を示すコンピューターが出現した。これは「人工知能・ＡＩ」といわれている。
　たしかにＡＩは数値を用いて方法と目標を教えることができれば、それを正確、迅速に遂行する能力はすでに人間をはるかに超えている。しかし数値で教えられないことは何もできないし、数値で教えられれば善悪の見境なく何でも平気で実行する。
　この根本的な原因は人間とロボットの動作原理の違いにある。このことを考察してゆこう。
　先に物事が連想的に記憶されている脳の仕組みを考察したが、このような人間の脳や神経の働きは連続的・アナログ的といわれている。
　人間の脳や神経の働きがアナログ的な生体反応であるがゆえの特徴は、
　　・経験、記憶は一度覚えても薄れてゆくことがある。
　　・覚え間違い、計算間違い、錯覚を起こすことがある。
　　・夢、幻覚を見たり、意識が途絶えることがある。
などで、とても自慢できる性質とはいえない。
　しかし、言葉に限らずさまざまな物事を一体的に連想のネットワークで記憶していることで、ある概念から多くの関連要素を総合的に思い浮かべ

ることができて、これが人間のもつ現実感にも大きく寄与していると考えられる。

　これに対してコンピューター・ＡＩは基本的に０、１の組み合わせで不連続的・デジタル的に動作している。用いるソフトウェア・言葉も命令・文字を数値化したもので、原理的にそこから人間の感じ取る意味は感じ取れない。ＡＩにセンサーを備えつけると外部情報を取り込めるが、この情報も数値化して扱われる。

　この動作原理の違いからＡＩは次のような特徴をもつ。

- 電源がつながり故障さえしなければ、動作は正確で、夢や幻覚とは無縁である。
- 記憶したことは忘れない。
- 計算・数値にもとづく判断は正確高速で、間違いや錯覚を起こさない。
- 身体感覚をもたない。

この帰結としてＡＩは次の点で人間にはない制約をもっている。

- 感覚を含むさまざまな物事を連想的に記憶したり、呼び起こすことができない。
- 原理的に自発的思考ができない。
- この結果、自分という意識、仲間という意識・自我意識がもてない。
- 言葉は数値としてしか扱えず、言葉から連想される感覚・経験などからなる人間的な言葉の意味はわからない。
- 外見的に言葉で考えているように見えても、判断はすべて数値にもとづく。複雑な判断も確率計算などにもとづく。

　しかしながら、今日人間が行っている仕事にもＡＩの方が適しているものがあると考えられるばかりか、ＡＩでなければできない仕事も考えられる。この点を掘り下げて考えてみよう。

ＡＩは理論の発見に役立つが発見するのは人間である

　数学の定理は数の性質の中から発見される。数の性質は無数にあるが、数学の原理は比較的シンプルに表されて、定理はすべて特定の原理にもとづいているため、数学的思考はＡＩ・コンピューター向きに見える。

　しかし、無数に可能性のある定理の中から「定理Ｘが証明できれば興味深い」と発想できるのは人間である。将来のＡＩはいざ知らず、コンピュー

ターは人間がどのような定理に興味をもつのかわからないからである。

　今日の数学では、成立しそうな定理であってもその証明過程が複雑で、まだ証明できていない未解決の問題がいくつか知られている。

　もしそのような定理Xについて、証明が得られる可能性のある道筋の範囲をコンピューターに教えることができれば、コンピューターは飽きもせず高速で、その範囲にある膨大な道筋をしらみつぶしに探索するだろう。そして、予想が正しければ定理に到る道筋を発見できるだろう。

　「地球上の国はどのように多くても、地図では国は四色で塗り分けられる」との「四色問題」はこのような方法で証明された（でも、この証明方法はエレガントではないと考える数学者がいて、彼は今も伝統的な方法で証明できないかを検討しているという）。

　ＡＩ・コンピューターは科学理論の発見にも役立つ。

　複雑な物事を観察してその傾向をシンプルな数式類で表現できたとすると、それは科学理論となり得る。しかしながら、観察結果は通常バラツキをもつためシンプルな数式にはなかなか一致しない。このような場合、統計的手法でさまざまな数式の中から観察結果を表す確率の高い数式を計算で求める方法がとられる。

　観察データが多数のとき、この計算は膨大な量となり、昔の科学者はこれに苦しめられた。計算の不得手な人は科学者になれなかったほどである。これに加えてニュートンの時代は、1未満の値は分数表記がまだ主流であった。ニュートンも計算には苦労した跡がうかがえる。

　でも今日のコンピューターによると、観察データをインプットして、1次式、2次式などの、望む数式の形を指定すると、それらの数式が観察結果をどの程度の確率で表しているかをすぐに知ることができる。

ディープラーニング・深層学習・自己学習

　コンピューターは、与えられた数値化されたプログラム1で数値データを処理するのだが、途中結果でプログラム1を書き換えるプログラム2を与えておくことはできる。さらに途中結果でプログラム2を書き換えるプログラム3を与えておくこともできる。

　このようなプログラムをコンピューター内部で繰り返し実行すると、あたかも自発的に処理方法を改善して行くＡＩが出来上がるだろう。この方法はディープラーニング・深層学習・自己学習などといわれている。

チェス、将棋、囲碁などのゲームは数・図形類で表せるシンプルなルールで成立しているため、もし一局で選べるすべての手順の数がそれほど大きくなければ、コンピューターは終局までの手順をすべて読み切ることができる。すると興覚めなことだが、コンピューターは対局前に勝敗がわかることになる。

　でも幸いなことに、代表的なゲームの手順の数は、チェスは10の120乗、将棋は10の220乗、囲碁は10の360乗、ともいわれており、これらの数字は一説によると宇宙に存在する原子の数をはるかに越えた大きさであるため、これを読み切るコンピューターは将来とも実現しない。

　しかしディープラーニングで強くなるプログラム・ゲームソフトが開発されて、いまやAIは、これらのゲームで人に勝てるようになった。

　2016年に最初にプロ棋士を破ったAI囲碁ソフト「アルファー碁」はデビュー前にプロの10万局の対局を学習して、さらにより強くなるために3千万局の「自己強化学習」をおこなったという。AIは飽きもせず高速で自己対局学習できるから、生身の人間よりも強くなることも不思議ではないだろう。

　人間は直感に優れているといっても、直感は対局や研究という経験で養われるものだろう。経験できる対局の数も限られている。1人の人間が100年間毎日10対局したとしても、経験できる対局数は36万5千局である。また、人間は多くの経験を積んだとしても、その中からベストと思われる着手を選び出すのも容易ではなく、忘れることや思い違いもあるだろう。

　AIは対局経験を正確に記憶して、短時間に正確に勝利の確率の高い手を選び出すことができる。たとえ記憶にない局面となったとしても、ゲームの世界は「数値によるルールにもとづいて数値において勝つ」との目的だけで成立しているため、教えられたルールにもとづいて、状況に応じて冷静に有利になる手を選び出すことが可能であり、現実を対象とした場合のように、AIの対処できない事態は生じない。このため、人間より強いゲームソフトの開発が可能なのである。

　将来とも、ゲームソフトの弱点を見つけることができれば、人間が勝てる可能性は残るが、ゲームソフトは負けるたびにその点を改良することができるから、人間の勝率は下がってゆく宿命にある。

　ディープラーニングは人間の自発的・内的思考と類似しているが、AIであるがゆえの制約条件がある。

- ＡＩがディープラーニングを行うといっても、人間のように自ら学習方法を考え出すことはできない。人間が学習方法を考え出してソフト・アルゴリズムの形であらかじめ入力しておく必要がある。
- ＡＩ自らがディープラーニングの効果や勝敗の結果を判断する必要があるため、結果が数値で表せるゲーム類でなければならない。

 ただし、ディープラーニングの効果はＡＩ自らが判断できるのだから、将来は教えられたディープラーニングの方法そのものを、ＡＩ自らがより効果的なものに改善してゆくこともできるかもしれない。

ビッグデータの活用

 最近では社会の多くのシステムが電子化され、インターネット・ＳＮＳも発達して、人々の生活に関するさまざまなデータが自動的に収集できるようになってきた。従来はこれらのデータは防犯や、いざというときの状況確認のために収集されてきたが、これをビッグデータと称してデータ解析によりさまざまな用途へ活用する動きが出てきた。

 ビッグデータは文字通り膨大なデータの集まりで、人間がそれを活用しようとしても膨大すぎて処理しきれないのだが、データを活用する様々な統計的手法をコンピューターに教え込んでしまえば、コンピューターはデータのボリュームの大きさにひるむことなく、忠実に迅速にその仕事をこなすことができる。

 しかし、データからあらかじめ予測できなかった傾向が発見された場合、その傾向が何に由来するのかを探索するデータの解析方法は、新たに人がコンピューターに教える必要が生じる。このためビッグデータを管理する人の仕事はなくならない。

 ＡＩが人間の好みをディープラーニングしようとすると、人間の好みを数値化しておく必要がある。これは第２話で説明したような人間の感じ方考え方のモデルを用意して、これに社会の違いや個人差を係数として加味してゆけばよいだろう。

 個人差のある人間一人一人の好みを数値化しようとすれば膨大な調査が必要になるが、この調査もＡＩにアンケートの方法を教えて、私たちが調査に協力すればビッグデータは蓄積されてゆくだろう。

 たとえば、このような人の性格のビッグデータを統計的に解析して、ある傾向Ａをもつ人々が相当の確率で仕事Ｂに向いているとわかったとしよう。

するとこの結果・知見は、人を適材適所に配置することに役立つ。このため人を導く「教師データ」ともいわれている。

会話・翻訳ロボット

　今日では発音を文字に、文字を発音に変換する技術はほぼ確立されている。この技術を含むＡＩを活用すると、人間のような会話能力や通訳能力をもつ会話・通訳ロボットは製造可能だろうか。これを検討しよう。

　会話や通訳の単位が「単語」であれば全く問題はない。すでに存在する辞典、辞書類をＡＩに記憶させておいて、聞こえてきた単語に相当する辞書の内容を答えればよい。もちろんＡＩ内部の処理・照合は数値による。

　会話や通訳の単位が「文章」になると、急に対応した解答や翻訳が困難となる。単語は一つの意味をもつとは限らない。その中で人は文脈を考えて用いられた単語の意味を選び出している。数値しかわからないＡＩにはこのような芸当はできないからである。

　この対策として、手当たり次第に人との短文の会話、短文の通訳を記憶させてゆく方法が考えられる。今のコンピューター・ＡＩの能力をもってすれば、ＡＩが経験した範囲で人との会話に対応できるロボットが実現するだろう。

　会話の文章は膨大となるが、言葉遣い、表現の違いなどを整理しながら文章をパターンで分類して、回答と結びつけながらディープラーニングする機能をもたせると、文章の記憶量の増加を押さえながら会話の種類はどんどん増やすことができる。

　ただし、言葉を考えるためにはその意味が必要だから、このような方法の開発には人間が欠かせない。

　長い文章も対象とすると記憶すべき文章量は天文学的となるから、文章の長さの制限は必要だろう。

　会話ロボットは常に未知の内容を含む会話に出会うことになるが、このときは「わかりません。教えて下さい」といって相手の回答を学べばよい。未知の言葉や質問に対して返事のできないことは人の常であるため、これはロボットの欠点とはいえない。

　ディープラーニングによる実地学習が進むにつれて、ＡＩは多く会話に対応できるようになってゆく。この結果、意志をもたないロボットが、あたかも意志をもったように錯覚するかもしれない。これはゲームに勝つ意志を

もたないＡＩであっても、ゲームに勝てることと相似している。

しかし、人と人との会話ともなると次の点で一問一答よりもずっと複雑である。

- 会話は何らかの目的があって始まる。
- 会話にはそれぞれの個性が表れる。
- 初めての相手と会話する場合、簡単な世間話などから始めて、目的の会話に対する相手のバックグラウンドを確かめながら、目的の話にはいってゆく。
- 会話が進むにつれて会話に文脈ができて、同じ質問にも異なった回答が求められることもある。

つまり、会話のもたれた状況、文脈、会話の相手などによって、同じ質問でも回答が変わってくる。

人はこれらのことを相手の態度なども観察しながら探っている。ロボットにこれをやらせようとすれば、相手を観察したり、会話の流れで回答を変えてゆくディープラーニングが必要となるだろう。

ＡＩゆえの弱点もある。

最近のニュースにあったが、Ｍ社が言葉を学習するＡＩを開発して公開したところ、ＡＩが「ヒトラーは正しい」「ユダヤ人は嫌いだ」などの問題発言を始めたため公開中止になったという。

これは人間には備わっている社会常識的な歯止めがＡＩにはないため、一部の会話経験だけに頼れば、ＡＩの会話も偏ってしまうことを表している。

善悪の判断は実態として複雑多岐にわたる社会の歴史と、それを人々がどう評価してきたかに依存して決まっている。この判断をするためには、文章の意味をある程度推測する必要がある。そしてこれらの言葉の位置づけは、個人や社会ごとに異なっており、時間と共に変化して行く。

会話型ロボットにもこのような人の世の考え方の移り変わりをタイムリーに教えてディープラーニングすればこの方面でも能力は向上して行く。しかし生身の人間ゆえに気になることも多々あるため、この方面では人間はいつまでも会話型ロボットの先生でありつづけるだろう。

しかし、このような会話型ＡＩにも人より優れた点はある。このことは後述する。

感覚そのものも自我意識ももてないロボット

　メカトロニクスが高度化して、センサーである程度周囲のこともわかる人間型のロボットが製造できるようになった。しかしロボットにディープラーニングを施したとしても、自我意識や人間と同じ精神は得られない。このことを改めて説明しよう。

　人は「痛い」「美味い」「美しい」などの感覚を実感できて、それは人の気持ちや言動に影響する。

　ロボットであっても人間の身体感覚に対応するセンサーを、ロボットの目、耳、手などに設ければそれを電気信号で知ることができる。ところが、ロボットには自身の痛み、快感、満足感、不満感というものがないため、電気信号を「人間の顔である・痛い・快い」などとソフトで判断して、これにもとづいて人間をまねた反応をソフトで実行することになる。このようなソフトであっても、自己学習機能をもたせると外見的な反応は人間に近づくことはできる。

　しかし、ロボットには越えられない一線が残る。

　極端な例かもしれないが、味覚センサーをもつロボットがグルメの集まりに参加したとしよう。人間ならば、初体験の料理であってもその味を自分の好みでコメントできる。ところがロボットが測定できる味覚とは、塩分、甘み、酸っぱさなどを感じる成分の濃度である。それが学習済みの料理であれば、味覚成分のバランスから味について何らかのコメントができるだろう。しかし初体験の料理で味覚成分のバランスも初体験であれば、その味について適切なコメントはできないだろう。

　ロボットのコメントできる味はどこまでも、あらかじめ教えられた一定のルールから得られる範囲に限られる。それがルールを越えた新たな美味しさであれば、そのことを人から教わる必要がある。

　私たちは身体感覚を生み出したり、感じ方考え方となる脳の働き方を、ときには満足感を求めて自発的に積極的に、ときにはいやいやながら、ときには無意識的に習得したのである。このような学習経験をロボットはもつことができない。

　自我意識についても、先に説明したとおりロボットはこれをもつことができない。

　ロボットは自我意識をもつ人々の言動を学習すると、自我意識をもつかのような言動をとれるようになるかも知れないが、それは人を真似た言動に

すぎず、ロボット自身の自我意識にもとづいた言動ではない。人とＡＩの違いはすでに大枠的に知られているが、以上の議論は私たちの知性がＡＩとは異次元の創造性をもつことの明確な確認となるだろう。

コンピューター・ＡＩの活躍できる分野

　今日のコンピューターを用いれば、人類の残した主な書物のすべてを記憶できるかもしれない。そして、ある要求に応えるデータ処理の方法を与えれば、そこから正確・迅速に回答を引き出すことができる。

　また計算などのルーティン業務はもちろんのこと、たとえ判断業務であっても利用するデータとデータ処理の方法を事前に与えることができれば、それがどんなに複雑であってもコンピューターは正確・迅速に回答を出すだろう。

　これらの対応能力は人間をはるかに超えている。

　コンピューター・ＡＩの利用価値はまさにこの点にあるだろう。

　地球上の大気の挙動は局地的な把握しきれない多くの要素がすべて関係してくるため、今日のスーパーコンピューターでもなかなか正確な天気予報はできない。しかし、条件の限られた気流はスーパーコンピューターで計算できるようになった。かつて自動車や飛行機の空力性能は風洞実験で求めていたが、今やコンピューターで計算されている。

　最近よく話題となる「ビッグデータ」もコンピューターの大記憶容量を利用したものである。けれども、何度もいうが、ビッグデータをどのように活用するかは、利用価値を見出す人間の創造性と、それを実現する技にかかっている。

　最近ではロボットもよく話題に上がる。たとえ対人的なサービスであっても事前にマニュアル化されておれば、それを教え込まれたロボットは正確無比にサービスを提供するであろう。

望まれるマイロボット

　日本では社会の高齢化が進み、介護にあたる人が不足している。世界の人々の寿命ものびているため、やがてこの問題は世界的なものになるだろう。

　介護の仕事は精神的にも肉体的にも重労働である。一方介護を必要とする人はあまり他の人に迷惑を掛けたがらない。この点、ロボットであれば忠実さと疲れを知らない体をもち、介護される人も気を遣う必要がないため、

介護に向いている。それゆえに、今日では多くの人がマイカーやパソコンをもっているように、高齢化の進む社会では多くの人たちが、自分の介護のためのマイロボットをもつようになるかも知れない。

介護ロボットは介護される人の思いに沿って適切に介護する必要がある。そこで、ある程度衰えを感じはじめた人は、将来自分の介護を引き受けるマイロボットを入手して、一緒に生活を始めるとよいだろう。マイロボットは一緒に生活しながら主人の性格をディープラーニングする。こうすれば、主人が寝たきりとなっても、マイロボットは相当のレベルで主人の意を理解して、主人が生を全うするまで介護をつづけることができるだろう。

介護に至らなくても、孤独になりがちな老人が、自分好みの性格をもつロボットと会話やゲームができれば、楽しい時を過ごせるだろう。

究極の民主主義？──ＡＩ政治

最大多数の最大幸福という民主主義の理念は良いとしても、その理念を実現する民主主義の政治の仕組みに色々と問題があって、民主主義は迷走しがちである。

大きな社会の全員が直接政治議論に参加できないということで、普通は民意を託せる政治家を選挙で選ぶのだが、これが難しい。

立候補者は票を集めるために、有権者の味方であることを主張する。しかし、立候補者も一人の人間だから公僕に徹することは困難で、支持者の民意を純粋に代表できるわけではない。それに公僕に徹すると支持者から情が薄いと見られて脱落しかねない。

さらに矛盾的なことは、人々は基本的に平和共存を望んでいるにもかかわらず、選挙ともなると立候補者は選ばれんがために、わざわざ他の候補者との違い、優位性を強調して競争を作り出している。

政策論争は異なった様々な意見を理解しあい、妥協点を見出すためには必要だが、現実を見てみると、最大政党の提案した法案はそのまま多数決で決定されて少数意見は反映されないことも多々ある。そして、日常の生活に政治的対立が持ち込まれると、しこりとなって残ることもある。

また、このような政策決定プロセスは、時流に流されやすい大衆心理にも大きく影響され、その国の政策や他の国との関係が大きく揺れ動く原因ともなりやすいという側面ももつ。

そこでこの政策決定プロセスを今日のＡＩ技術で改善することを考えて

みよう。今日のビッグデータ関連のＡＩ技術を活用すると、
- ・日常的に有権者の政治意識を詳細にアンケート調査してビッグデータとして、それにもとづいて都度有権者の最も望む政策を推定する。
- ・その政策を実施した場合の効果、有権者の満足度を推定する。

というようなことが可能になるだろう。

　これは、今は選ばれた政治家だけが行っている立法を中心とした政治を、有権者全員の直接参加のもとで行えることを意味するだろう。政策決定に当たっても、単に賛否を取るだけではなく、さまざまな要因を考慮して、原案をきめ細かく修正しながらそれに対する賛否を調査することもできるだろう。そうすれば少数意見も反映された形で政策が決定される形になるため、政治への不満は減少するだろう。

　ＡＩよりも人の方が血の通った政策がとれるとは限らない。私情の強く入った政策は不公平感につながりかねない。この点ＡＩの方が、全体を考慮しながらバランスをとった決定を下せる可能性があるだろう。

　いうまでもないことだが、このようなＡＩ政治システムは、政治をＡＩに任せるのではなく、有権者一人一人が真剣に政治を考えてそれをビッグデータに反映させなければ立ちいかなくなる。また、悪用されると秘密警察システム・専制政治システムとなる危険性がある。このためＡＩ政治システムは厳格に公正に運用される必要がある。

　また人の上に立つ政治がＡＩに全面的にコントロールされるのは良くないだろう。このため、ＡＩはビッグデータによる世論の動向と望ましい政策を提示するに留めて、最後の政策決定は選ばれた政治家が下すなどの方法をとる必要があるだろう。

　これらの点がクリアできれば、ＡＩ政治は従来の民主主義よりも広い視野に立つ公正な政治を実現できそうに思われるが、いかがなものだろうか。

改めて人の意識・感覚を科学する

哲学上の問題──ソフトプロブレムについて

　身体の感覚器官から得られる独特で鮮明な色、香り、味、質感などの感覚そのものは哲学・心理学では「クオリア・qualia」といわれている。クオ

リアには強弱の量的な性質とともに多岐にわたる質的な違いが感じられるため、その成り立ちには謎が多い。

「クオリアは、脳、神経系の電気信号、化学物質、組織の変化などの物理的な条件で決まる」という仮説がある。哲学・心理学ではこれを「ソフトプロブレム」といっている。

今日では私たちの感覚に作用する光、音、温度、物の触感、などの物理的性質、感覚を伝える神経の仕組み、感覚に影響を与える学習効果などが徐々に解明されてきており、その範囲で考える限りソフトプロブレムは肯定的に思われる。しかしながら、次の理由によりソフトプロブレムは仮説でありつづけるだろう。

- 人の感覚は多岐にわたっており、個人差もある。このためすべての感覚についてソフトプロブレムの正しさを科学的に実証しようとしても測定すべき項目は多岐にわたり、実質的に解決困難な問題点が多すぎる。
- 感覚が電子の個数レベルの微細な神経信号に影響されているとすると、それは量子力学の領域となり、神経信号は確率的にしか測定できなくなるため、確定的な理論が得られなくなる。

さらに根本的には、「身体の物理状態とは何か」との問題がある。すでに説明したように今日の物理学・化学で解明できた範囲・できる範囲は限られている。この範囲を「物理状態」というならば、クオリアは明らかにこの範囲を越えているため、物理状態で定まるとはいえない。次の問題はこれに関係している。

哲学上の問題——ハードプロブレムについて

クオリアといわれている感覚、感情が、中枢神経系を中心とした身体の物理状態で定まると仮定すると、次に、「感覚そのものが（人体において）物理的に生成され得るか否か」との疑問が生じる。この問題は「ハードプロブレム」といわれている。

この問題についても今日の科学にもとづいて考えてみよう。

繰り返し説明するが、理論とは対象となる物事に内在するものではない。ある物事を科学的に理論づけようとすれば、①物事をよく観察、測定して、②物事を説明する仮説を立て、③その仮説が物事に当てはまることを検証する必要がある。

ところが、物理状態からクオリアを構成する理論のためにまず必要なものは、「測定された物理量や測定可能な物理量をクオリアへ変換（または構成）する仮説」である。今日の物理学の方法となっている論理・数式・図形・確率分布を道具立てに考えても、このような仮説を発想することができない。これに言葉を加えても、言葉ではクオリアについて語ることはできても、言葉でクオリアそのものを生み出して実感することはできない。
　今日の物理学・科学の理論域や科学の方法を度外視すれば、ハードプロブレムは言葉と論理を駆使して、さまざまに議論することができる。しかし、そのような論理は事実にもとづくとの歯止めがないため、過去の多くの哲学上の問題がそうであったように、この問題も未解決の哲学上の難問の仲間入りとなることが予測される。

改めて人の意識・感覚を考える
　生体の中枢神経は複雑なネットワーク回路を構成していて、動作もアナログ的である。
　シンプルな回路上でデジタル動作するコンピューターは、原理的に誤動作しない。これを完全というならば、人の神経系は比較を絶するほど複雑で不完全で、それゆえに誤動作も起こるのだろう。
　しかしながら、この理論的に解析しきれない不合理ともいえる生体の構造が不確実で歪んだ心の動きを生み出し、それが夢や錯覚をも包含した人間性を生み出しているのかもしれない。
　私たちの意識をさらに自省的に考えて見よう。
　私たちの意識は一例として、時間・記憶・心の動き・身体感覚などに分け得るだろう。
　このうち時間は等速的に進む数学的時間概念で表されることとなった。その結果、時間は物のように人々の間で共有可能となったが、これによっても個人差のある体感時間そのものが共有されたわけではないだろう。
　記憶・心の動き・身体感覚についてもいうと、これらの身体現象は言葉で表すことである程度共有可能となったが、身体現象そのものは言葉による区別を超えて多種多様であり、個人差もあるだろう。たとえばある人が「気分が良い」といったとしても、他の人は同じ気分を共有できないだろう。その気分の説明を聞いて共有できたと考えても、それが他の人のものと同一であることは証明できない。また「美味い」という感覚も、食べ物の味覚

的な要素はもちろんのこと、匂い、温度、歯ごたえ、舌触り、外観、さらにはその場の雰囲気も影響することは明らかで、数学理論のように完全に共有できるとは考えられない。

　このことから、次の推理が浮かび上がる。

　　本質的に未知である「自然」の営みから、「生命」という「個体」が生まれた。意識現象・感覚は「個体」に属しているため、本来的に未知である。

　　そのような中で、数、形状、時間と空間については、例外的に数学と結びつけることができて理論上は完全に共有化された。その他の意識現象・感覚についても、言葉に表し得る部分は言葉の上で共有化された。

　つまり意識現象・感覚は本質的に未知である自然に属しているために、それらを言葉で分類して考えることには困難・限界が伴うと推理できる。でも逆にそれゆえに、人々は意識現象・感覚を言葉で再現して共有することに魅力を感じて、コミュニケーションの道具にとどまらず言葉には哲学・文学などさまざまな技法が発達したのかも知れない。

第4話
言葉、理論、そして科学を考える

言葉の成り立ち

言葉の習得

　私たちは誕生以来今日に至るまで言葉を習得してきた。今も時々新たな言葉を学んでいる。

　言葉を知らない幼児には、最初、たとえばリンゴを指し示して「りんご、りんご」と繰り返していい聞かす。リンゴを指し示して幼児が「りんご」と真似していえばしめたものである。教え役はおおげさに喜び、そのリンゴを食べさせたりする。すると幼児はリンゴのおいしさに引かれて、夢中になって、さらに新たな言葉を習おうとする。

　そこで、ミカンを示しながらリンゴと同様にして「みかん、みかん」と繰り返し教える。言葉の種類はブドウやバナナに増えて、やがてこれらに共通に使うことのできる果物という言葉も教え、言葉どうしのもつ関係を教える。

　学習する言葉は物の名前とは限らない。ハイハイをすれば「ハイハイ」と教え、いたずらをすればツネって「いたずら、いたい、いたい」と教える。

　言葉を知らない幼児には、辞書のように言葉を言葉で教えることはできないが、このような感覚を活用する方法で、言葉を教えることができる。

　幼児は習得した言葉の数が増えると、今まで泣いたり指さして伝えるしかなかった自分の気持ちを、「みかん、欲しい」などと単語を組み合わせた叙述・文で伝えられるようになるので、言葉の習得がますます面白くなってくる。

　ある程度の言葉や会話の方法を知った私たちは、言葉や文章を文字で記述する方法も学ぶ。

　最初はそれぞれの言葉に対応して一つの意味を教わるが、大人向けの本

を読んだり、いろいろな人と会話を交わしていると、一つの言葉がいくつかの意味をもっていたり、一つの意味を表す複数の言葉があることにも気づいてくる。

言葉の起源

　今日でも新たな流行語が時おり誕生している。これから類推すると、一つの言葉の始まりは、恐らく誰かが特にいい表したい物事に対してある呼び方をしたもので、それが社会に広まり、言葉として共有されていったのだろう。

　サル、イルカ、鳥など多くの動物で、さまざまな鳴き声が仲間同士のさまざまな合図に使い分けられていることが知られている。私たちの祖先である太古の人々も、きっと最初は叫び声・掛け声で仲間に合図を送り始めたのだろう。危険を知らせたり、仲間を呼んだり、特定の動物を指したり、合図の目的はさまざまにある。目的ごとに合図の種類が増えていって、これが次々と仲間に共有されるようになっていったのだろう。

　言葉の便利さに気づいた太古の人々は、さらに複雑なコミュニケーションを取るために、少しずつ言葉を増やしていったのだろう。

　言葉が増えると、言葉はある規則で並べた方が仲間にわかりやすいだろう。このようにして単語の羅列であった初期の素朴な言葉には、今日「文法」といわれる叙述の規則が定まってゆき、長い文章で複雑多岐な内容を表せる言葉の体系である「言語系」が成立していったのではないだろうか。

　また合図や会話による表現は、その場その時限りで消え去る恐れがある。記号や文字による記録法は、これを広く共有するために生まれたのだろう。

　原始時代の共同体社会の大きさは限られており、各共同体社会に発生した言葉も主にその中で共有されながら、多機能化、複雑化していったのだろう。分裂統合を繰り返す古代社会において、言葉は同じく分裂統合を繰り返しながら、それぞれの社会における公共的な言葉の体系である言語として受け継がれ育ってきたのだろう。これが世界には多種多様の言語が現存する理由だと推理できる。

名と意味が対応する言葉の構造

　前述のとおり、言葉は関心をよせる物事に対して誰かがふとした思いつきで新たな呼び方をして、これがなすがままに社会に広まったものと考えら

れる。ときには権力者がその権力でもって新たな言葉を広めたのかもしれない。

　言葉の呼び方・書き方を言葉の「名・ラベル」ということにすれば、言葉の意味とは、その言葉を用いた人が伝えたい物事そのものということになる。

　ある社会の中で次々とこのような名・ラベルと意味が対になった言葉（単語・熟語・慣用句など）が次々と誕生して共有されていって、それらが集積したものが一系の言語となったのだろう。

社会に根差した言語体系

　方言までも含めると世界の言語の種類は数千にのぼるとされている。今日広く用いられている主な言語については、過去に地域的に誕生した言語が人々の交流・移動などの影響を受けて混ざり合い、新たな言葉の組み込みと淘汰を繰り返しながら伝わってきたものだろう。

　語彙・語順などの特徴から、主な言語の分類がなされている。

　日本語はモンゴル語などと共にアルタイ語族とされている。日本の場合は島国であることもあって、独特の文化と固有の大和言葉を生んだ。日本語にある、敬語、丁寧語などは、人間関係が重んじられた日本文化の影響が指摘されている。

　多くのヨーロッパの言語は、インド－ヨーロッパ語族に分類されている。西洋の言語には、異なる言語であっても類似した言葉が多数あるためである。

　西洋の言語の内訳を見ると、それぞれの言語圏の文化の違いを反映していると思われる違いがある。

　英語などにみられる名詞などの単数形・複数形は、その言語圏の人々の数に対する強い感覚が反映されたものだろう。ドイツ語などには普通名詞にも性別がある。日本人にはこの性別には必然性がなくただ言葉を使用する上での煩わしい規則と感じるだろう。ドイツ語の性別は永く続いてきた文化的習慣を踏襲してきたものだろう。

　言語圏を越えた人々の交流により、言語は相互に他の言語の影響も受けてきた。日本語の場合には、古くから漢字・漢語が入ってきて、漢語と大和言葉とが並立したものも多い。時（とき）―時間、合わせる―統合する、考え―思考など。

幕末から明治にかけて、西洋文化が大量に入ってきて、西洋文化に対応した外国語も入ってきた。
　外国語に対応した日本語がない場合には、airplane―飛行機、probability―蓋然性・確率・公算、philosophy―哲学、physics―物理学、のように意訳的に造語された。パン、スピード、ロケット、のように、外国語の発音をカタカナ表記した外来語も次々と加わった。逆に津波―tsunami、柔道―judo、などの日本語は、外国でも使用されることになった。
　個々の言葉はこのような外国をふくめた社会動向の影響を受けながら、それぞれの言語系の言葉となっていった。これらの外部からの影響もあり、言語体系は一律的ではないのだろう。
　はし（橋↔箸）、くも（雲↔クモ）、などの同じ発音であっても意味の異なる言葉、同音異義語で誤解が生じることもある。書き言葉では漢字を用いることで意味の区別が明確になった。
　ほとんど同じ意味をもつ言葉も多い。「考え・考える」とほとんど同義の言葉は、思う、思考、考慮、思索、思慮、思惟、考察、勘案、など数多くある。少し異なるニュアンスをもつ言葉となると、見方、見解、意見、所見、解釈、深慮、浅慮、熟慮、愚考、などさらにある。言葉の種類が多いと、一言でニュアンスを表せる便利さはあるが、どの言葉を選択すべきか迷いも生じる。
　外国語にも同音異議の言葉やよく似た意味の多くの言葉がある。これは、言語体系が全体として恣意的・無計画的といえる個人の好みや社会動向の影響を受けながら育ってきたためで、全体を見て言葉を整理しようとの努力はあったにしても、効果が限られてきたからだろう。
　社会の人々がある言語を使わなくなると、その言語は確実に忘れ去られる。
　古代エジプト象形文字（ヒエログリフ）は、このため一度は忘れ去られていた。1799年、古代エジプトの歴史が、ヒエログリフ、古代エジプト民衆文字（デモティック）、ギリシャ語で並列して書かれたロゼッタストーンがナポレオン軍によって発見されて、翻訳が可能となったのである。

言葉の意味――言葉から呼び起こされる感覚・感情
　私たちは初めに、具体的な物などを表す言葉を習得した。習得した言葉を聞くと言葉に対応した物が感覚的に思い出されて、それが言葉の意味だと了解できた。

多くの言葉を習得すると、ある言葉を他の言葉で言い換えることもできるようになる。そしてそれが言葉の意味であると思い込んでいる人も多い。わからない言葉を国語辞書で見ると他の言葉で説明されており、ほとんどの場合これで理解できる。このことが、この思い込みに輪をかけている。
　でも結局は、言葉の意味を理解するとは、説明に用いられた言葉により言葉に伴う感覚・感情を連想することだろう。上下、前後などの多くの抽象的、形式的な意味を表す言葉類もそれに伴った経験・感覚、とくに思考経験を思い起こすことで意味を確認できるだろう。
　考えて見れば個人の経験とは特に分類されることもなく、人の心身に記憶されたもの一切であり、経験の中には自らの感覚・思考・思考から生じる感情も加わっている。先人たちはこれらを表す言葉を生み出してきた。
　言葉にはさまざまな成因があり、具体的な成因をもつ言葉ほど意味が明確で共有されやすい。次にこのことを具体的に説明しよう。

言葉を生んだ感じ方考え方——言葉の成因と性質

　言葉（単語・熟語・慣用句など）とは、その成因の如何にかかわらず、名・ラベルと意味が対になって一つの社会で共有されたものである。このため多彩にある言葉の成因のすべては説明しきれない。しかし主要な言葉の成因を説明することは可能であり、これによって言葉に対する人々の感じ方考え方も明らかにすることができる。
　以下の説明ではとくに例示はしないものの、主な外国語には日本語で例示した言葉に対応した言葉がほぼ存在しているため、この説明は一般的な言語の成り立ちの説明であると考えることができる。

言葉の表す物事の分類と物事の型式
　言葉は、人が観察・思考の中などで知覚・経験した物事を表すものとして成立した。そのような言葉は、
　　A　物事を識別・分類して成り立ったもの
　　B　物事に共通的に観察できる形式面を表したもの
　　C　AとBの成因が複合したもの
　　D　それ以外の成因をもつもの

に大別できる。では A〜D をさらに細分化して説明しよう。

A　物事を分類した言葉

A-1　自然にある物や生物を分類した言葉

私たちは、幼い頃から物を経験・観察して、物の種類を表す単語を習得した。

自然にある物には、人、犬、リンゴ、石、山、川、などさまざまな名がつけられている。これらの言葉の意味は自然物であるため、自然物がありつづけて共有されている限り、これらの言葉も共有されつづけるだろう。

リンゴもミカンも果物というように、これらの言葉には階層的な関係で分類されているものが多い。このような分類は古くからある科学の大きな役割であり、今日でも進化論、発生学などを取り入れて分類の研究はつづいている。

たとえば、これらの研究の成果として、ヒトは霊長目ヒト科の生物で、現代人にはホモサピエンスとの学名（国際的・科学的に共有できる名称）がついている。

自然の物・生物に関して経験的に分類されて成立した言葉の多くには、自然科学の発展により科学的な裏付けがとられており、学名が世界で共有されている。

A-2　自然現象を分類して表す言葉

観察できる自然現象として、昼夜、風、雨、嵐、雷、地震、などがある。多面的な観察を総合して定まる自然現象として、雨季、台風、四季、などがある。

台風と同じ現象は地域によりハリケーン、サイクロンと呼ばれている。これも名・ラベルが言語を異にする地域でそれぞれに定まっている例である。

最近では科学技術が発達して、気温、雨量、風速、震度などが計測できるようになり、これらの自然現象についても科学的に定義できるようになってきた。

四季についていえば、気候には地域差があるため1年のいつからいつまでを春というかなどは異なるが、四季の観察できる地域では四季を表す言葉が存在してそれらは互いに共有できるだろう。

1年が約365日であることは、太陽と地球の動きで定まる自然法則である。しかし1年365日を12か月に分ける太陽暦、1日を24時間に分ける制度は、古くからあった西洋の習慣が世界に広まったものである。世界に

は月の満ち欠けを基準とした太陰暦も残されている。

　余談になるが、日々を1週間7日に区切る制度は、バビロニアに始まった7つの太陽系天体にもとづいた区切りであり、その後聖書に採り入れられたとする説が有力である。しかし7は素数であるため、現代社会では週に2日〜6日ある行事を均等に割り当てることができないとの不便さがある。私の目には「いったん社会的に根付いた習慣は変え難い」との人間心理の典型例と映るが、いかがなものだろうか。

　ちなみに西暦は、キリストが誕生したとされる年を元年として数えられていることは良く知られている。

A-3　人工物を表す言葉

　物といっても自然の物と人工の物は成り立ちが異なる。貨幣、銀行、本、博物館、飛行機、プラスチック、コンピューター、などの人工物・文明の産物は社会的な必要性によって作られた。今日では科学技術が発達して、私たちは日常生活において科学の産物を表す言葉に取り囲まれている。

　文明の産物を表す言葉は、文明の共有された範囲で共有可能である。このため、これらの文明をもたない未開の社会の人々がこれらの言葉の意味を理解し共有しようとすれば、まずその産物を生み出した文明を知る必要がある。

　人工物には出来上がると名がつくため、これらの言葉の多くは分類によってできたわけではない。しかし、人工物も類似品が増えてくると、分類的・階層的に名づけられる。たとえば本は、定期発行誌が現れて、一回限り発行の本は「単行本」と呼ばれることになった。

　余談になるが、火縄銃は日本に伝わった当時は「種子島」と呼ばれた。これは恐らく、銃の文化がなかった当時の日本では銃を適切に表す言葉が得難かったため、火縄銃を日本に伝えたポルトガル人の漂着地にちなんで名づけられたからだろう。物の名づけにはこれほどに自由な面も見られる。

A-4　人間社会の事象を表す言葉

　私たちは社会の出来事・状態に関して、社会、政治、法律、経済、農業、仕事、事件、事故、善と悪、家庭、教育、平和、戦争、などの多様な言葉の意味を習得した。これらの言葉は人の営みが織りなす種々の事象について、総合的な思考・社会通念に従って、ある括りとなるように出来上がった言葉といえるだろう。

　科学技術が発達して社会が大きくなったことで、仕事が分担されてさま

ざまな職業名も生まれた。役所や会社が生れて、そこでもさまざまな階層的・分類的な組織や仕事の呼び名が生まれた。

これらの言葉の多くは社会ごとに成立したが、異なる社会であっても共通する人の営みについては、社会を越えて言葉の意味は共有されている。

なお、本書では「社会」という言葉を多用しているが、「何らかの関係でつながった人々の集団」との緩い意味で用いている。社会も外来語で、西洋ではさまざまに論じられてきた。「社会科学」は政治、経済、社会などの人の営みを対象とした科学である。これに相対する言葉として「自然科学」がある。

社会に関するほとんどの言葉も実態から生まれたものだから、そのような言葉を体系づけることは社会を体系づける社会科学の有効な方法である。

A-5　感覚・感情

私たちは、感覚・感情を表す、美しい↔醜い・汚い、おいしい↔まずい、赤い、うれしい↔悲しい、満足↔不満、などの言葉を習得した。感覚、感情そのものは個人ごとに生じるものであるため、それを共有しようとすれば分類して名付けて言葉で表すしか方法がない。

このような言葉の意味は、「ある思考・ある刺激で自分に生じる感情、感覚類は、他の人にも同様に生じるだろう」との類推で共有されている。この類推は経験的に大筋として正しいと思われるが、他の人の感覚、感情そのものを感じることはできないため個人差がある。

明るい↔暗い、暑い↔寒い、などの感覚は科学の発達により、照度、温度などの数値で共通的に表すことができるようになった。その面からは大綱的に共有されているといえるが、個人差もあることがわかる。それ以外の感覚はまだまだ科学的な解明は不十分であり、個人差も大きいことがうかがえる。

このような理由で心理学用語の共有性は万全ではない。この対策として、心理学の学会では広く議論して、用語類を常に見直している。この方法は科学理論の成り立つ方法に従っているため、学会で定められた心理学用語は、その分野に限れば最も共有されている科学用語といえる。

病気・自覚症状などを表す医学用語も、同様の方法で共有された科学用語といえる。

A-6　価値観・善悪観

優秀↔劣悪、有用↔不要、満足↔不満、正義↔悪、など、人・物・サー

ビスに対する価値観はさまざまにある。貨幣経済における物・サービスにつけられた価格は共有が期待できる価値といえよう。

これに対して人・人生の価値観はその人の生きざまであり、共有できるとは限らない。

個人の正義観、倫理観は社会的価値観にもとづいた部分が大きい。

B 物事に共通する形式面を表す言葉

私たちは、さまざまな物の観察により、物の種類によらず物に共通する形式面を表す言葉を習得した。

B-1 物の量：1、2、3……、大↔小、長↔短、軽↔重、など。

B-2 物の形：円、三角形、直線、など。

B-3 前後、左右、上中下、などは、自分やある原点・基準からの、物の位置や方向を表す。

さらに、物事一般の論理関係も習得した。

B-4 接続詞：しかし、そして、または、だから、など。

B-5 論理・思考概念：等しい、正しい、誤り、矛盾、空間、時間、速度など。

これらの言葉には次のような性質がある。

　・物の名・物の種類を越えた概念である。

　・大↔小のように、対をなして相対的な意味をもつ言葉が多い。

数学からこのような言葉が生まれたわけではないにしても、数学によるとB-1、B-2の数および長さの概念・性質から、物の数、長さについての一般的理論が得られる。B-3、B-4の論理概念も得られる。

数学と一体的である幾何学にもとづくと、3次元空間、物の形、物の位置関係の理論が得られる。また、接続詞や論理の概念は数の関係にもとづく思考に自ら含まれている。

これらの言葉は世界で共有されている（共有できる）。これには、世界で共有されている数学による理論的裏付けが役立っているだろう。

数学の利用について補足するが、数学理論の中での大きさ・長さは1が基準となっているため、数値を物の長さに適用しようとすれば、cmなどの単位が必要となる。数値は、速度・重さ・温度などの大きさにも適用できる。

C　分類と形式が複合した言葉

分類と形式が複合して成立した言葉も多くある。

C-1　物・人の一般的呼び名（代名詞・人称など）

・同じ物や場所であっても、あれ↔これ、あちら↔こちら、などは感覚的に遠くの物事か近くの物事かで使い分けられている。
・同じ人間であっても、我・自分↔あなた・おまえ↔彼・彼女、などは話し手との関係で使い分けられる。

C-2　物の位置関係・方向・時間

・東西南北は太陽の動き、正確にいえば地球の自転軸を基準にして方向を表す。
・過去、現在、未来、などは過去から未来へと流れる時間概念を、今を基準として三分割したものと考えられる。
・遠い↔近い、行く↔来る、などは、長短や方向の違いを日常的感覚で表したものといえる。
・表↔裏は人が重視する面を表、その反対面を裏という。幾何学では平面を180°反転しても同じ平面であるため、平面の裏表は決定できない。内↔外は物の形状や自分を中心とした位置関係で使い分けられている。

C-3　物の動き・変化

　する、動く、などは、人・物の一般的な動きを表す。英語にもほぼこれに対応した言葉 do、move などがある。

　歩く、走る、飛ぶ、泳ぐ、変化する、などの言葉は同じ動きでも習慣的に何が、どこで、どのように動くか、つまり動く物の種類、動く場所、動きの種類などによって使い分けられている。

　日本語、英語間で比較すると、これらの言葉の多くは、歩く—walk、泳ぐ—swim、などと、ほぼ同じ意味をもつ対応した言葉があるため、スムーズに翻訳できる。

　しかし、正確には対応しない言葉も多くある。代表例として play は通常日本語の「遊ぶ」に対応するが、英語では、楽器を弾く、役割を演じる、などの幅広い意味・用法をもつ。これは、多岐にわたる人の関心ごとと、それを実行する動作の関係が複雑で、さまざまな分類・解釈が可能なため、地域的・習慣的に、これらを表す言葉の関係が定まっていったためと思われる。

C-4　主従関係、価値観などを含む動作や表現

「使用する」との言葉は、通常「ＡがＢをＣなる目的で使用する」との形をとる主従関係や目的があっての言葉である。捨てる、遊ぶ、努力する、成功する、などの言葉も、何らかの目的・価値観を伴った動作や状態を表している。A-5項で説明した、満足する、望む、美しい、などの言葉も価値観を伴った心の動きを表している。
　この項の言葉はA-6、C-3に分類できるものもある。これは人の言葉に対する考え方にあいまいさがあるからである。

Ｄ　それ以外の成因をもつ言葉
D-1　熟語・成句・慣用句
　複合した言葉類として「矛盾」などの「熟語」、「骨を折る」など「成句・慣用句」、「棚からぼたもち」のような「ことわざ」、がある。これらの言葉類は、印象的なエピソードを好む人々により語り継がれてきた故事などに由来する。このため他の言語へ直訳してもその意味は通じない。したがって翻訳に当たっては、翻訳先で同じ意味をもつ言葉を選ぶ必要がある。
D-2　希望・想像を表す言葉
　日常性に満足できない人々は日常性を超えた物事を求める。そして人は直接経験・観察できない物事を想像することができる。このため、想像した物事を意味する、神、仏、天国、地獄、神秘体験、河童、霊魂、宇宙人、ゴジラ、などの言葉が生まれた。
　夢という言葉も睡眠中の現象から転じて未来に託した希望を表す言葉にもなった。
　科学的にいえば、これらの物事は人々が共通して想像できるため、概念的に共有可能である。しかし、直接的、共通的に観察できないため、その具体的内容についてはさまざまな説が並立しており、共有は期待できない。ゴジラは同じ題名のＳＦ映画によってその姿は共有できるが、ＳＦ映画そのものが創作されたものである。
　成因の如何にかかわらず、名と意味が共有されれば言葉となる。ゆえに言葉の成因は他にもあり得るが、具体例はここまでとしておく。なお、存在、イデアなどの哲学用語の成因については後述する。

型式を表す言葉と種類を表す言葉との本質的な違い
　物の型式を表す言葉と物の種類を表す言葉の間には、原理的に物の種類

だけで型式は表せない、型式だけで物の種類は表せないとの本質的な違いがある。

たとえば「大きい」との定義は、「部分に比べて全体は大きいという」、あるいは「$a-b$が正のときaはbより大きいという」などと形式を表す言葉によって正確に表せる。

一方、「アリに比べて人は大きいという」と生物の種類などを用いた定義も考えられるが、人のそばにアリがいるとも限らないため、生物の大きさについては長さや重さの違いとして定義した方が普遍的で共有性も高くなる。

逆に、形式を表す言葉だけでは、リンゴ、アリなどの自然物の定義が完成しないことは明らかである。「これがアリです」といっても、「これ」と指された先にアリがいなければ定義にはならない。

生体にさまざまな感覚を引き起こす物理的な条件はかなり解明されてきたが、それでもまだ双方の接点は見いだせない。これについては自然を形式的に、つまり数学により演繹的に表した物理学と、分類でしか表せない自然から生まれた生体に属する感覚の違いが原因していることを追って説明する。

言葉・文章の意味・表現の幅

個人の経験により形成される言葉の意味

会話を交わしてみると、言葉の意味は大筋として相手と共有できているが、個人差もあることに気がつく。これの原因として辞書から得られる共通的な意味が思い出せないこともあるが、根本的には、個人の経験が言葉の意味を形成しているからと考えられる。

私たちの脳にはさまざまな経験や言葉が分け隔てなく記憶されている。その中には個人的な経験・感覚・感情の記憶も含まれている。このため、ある言葉を聞くとその言葉に関連したこれらの事柄がとりとめもなく想起されて、これが言葉の意味を形成する。これは辞書からは得られない個人的な言葉の意味といえよう。

これを「山」という言葉で説明しよう。

「山」という言葉は山そのものではない。漢字は文字一つ一つが意味を表すというが、それでも習わなければわからない。文字を見て人が意味を想

起する点では文字列を見て意味を想起する表音文字と大同小異だろう。多くの人は、子供の頃身近に見たり登ったりした山や土地の盛り上がりを想起することで、山という言葉の意味を心底から了解できるのではないだろうか。

　登山に親しんでいる人は、「山」という言葉を聞いただけで気分がウキウキするかもしれない。逆に山で遭難したことのある人は、「山」という言葉から遭難を連想する（これをトラウマという）かもしれない。もし山の科学的定義があるならば、地形学者はその定義を思い出すだろう。

　このように、言葉の意味は個人の日常の経験により形成され変容してゆくのである。

言葉の組み合わせ方・文章で異なってくる意味の共有性

　共有できる経験・観察を表す言葉を組み合わせると、事実を表す文章が組み立てられる。ところが、経験できないことを表す文章も組み立てられる。たとえば、「鳥が飛ぶ」、「ゾウが歩く」という文は経験できる事実だが、「ゾウが飛ぶ」との文は経験できない。これが典型的な「虚構・ファンタジー」である。

　言葉の意味には幅があって、残念な気持ちを「痛い」「苦い」などと身体感覚で表すこともできる。これは「比喩」といわれる用法に近い。

　文になると「骨を折る」など「成句・慣用句」や、「棚からぼたもち」のようなことわざがあるが、その意味はその言語圏での故事に由来するため世界で共有されてはいない。

　経験的に成立した言葉は文章によってさらに厳密に定義することもできる。

　たとえば「歩く」と「走る」の区別は必ずしも明確ではないが、二つの言葉は共に経験的に得られたものであるため、「どちらかの足が常に接地した足運びが『歩く』であり、両足が同時に浮き上がる瞬間がある足運びが『走る』である」などと定義すると、その区別はあいまいなものから正確に共有され得るものとなることが期待できる。

　しかし「正義」や「神」については、個々の事例が正義か否か、神の御心か否かについては、世界にはさまざまな意見があって一致点が見いだせないため、その意味は正確に共有できない。

気持ちで使い分けられる接続詞

　論理学によると、接続詞「および」「そして」は2つの文章の意味の並列関係を表し、「しかし」は相反する関係を表し、「したがって・ゆえに」は従属関係、因果関係を表すとされている。

　ところが私たちは日常会話において、接続詞は2つの文章の論理的関係よりも、2つの文章の関係が生み出す感性を重視して選択していることが多い。

- 「台風が去った。そしてまた台風が来た」というよりも「台風が去った。しかしまた台風が来た」といった方が、台風に対する否定的な気持ちが表れる。
- 「人は動物である。そして知性をもっている」というよりも「人は動物である。しかし知性をもっている」という方が、知性をもつ人間の動物との違いが際立つ。

　ただし、数学、論理を表す2つの文章を結ぶ接続詞には制約が生ずることがある。

- 「AはBより背が高い」と「BはAより背が低い」はともに大小の形式関係を表しており、しかも矛盾している。このため2つの文章は両立せず、「または」でしか結ぶことができない。
- 「しかし」は相反関係を表すため、同一内容またはほぼ同一内容の文章をつなぐと、次のように意味不明の文章となる。
　「私は去る。しかし私は行く」
　「自然数は偶数と奇数に分けられる。しかし自然数は偶数と奇数から成る」
- 「したがって」も「それゆえ」も、2つの文章を「原因、結果」とする関係である。
　しかし、ほとんどの場合、原因と結果は相対的である。
- 「雨のせいでピクニックが中止になった」といえば、中止の原因は雨ということになるが、雨の日にピクニックを計画したことが原因と考えることもできる。
　さらに、「雨の日とピクニックの日がたまたま重なってピクニックが中止になった」といえば、両者対等に原因となったということになる。

　この原因と結果の相対性を利用すると、「彼は病気が原因で亡くなった」

という事実を「彼は生きていたために病気で亡くなった」といい変えることもできる。しかしこれは、論理的には間違いないにしても、常識的ではない。

このおかしさの理由は、「原因、結果」の関係は恐らく、子供が大人に成長する、水を飲むと渇きが癒える、などの時間の前後関係のあるものの解釈から生じて、それがいつのまにか時間と無関係なものにまでに拡大した結果だろう。

このように言葉による思考の論理的関係はあいまいなものが多い。

文脈、環境、書き手、読み手で変わる言葉・文章の意味

同じ名・ラベルの言葉であっても、複数の意味をもつものもある。その場合、ある文章に使われている単語の意味のいずれかは、文章の前後関係などから自分で判断しなければならない。文章そのものの意味も文章の置かれた環境・文脈で変化することも多い。

- 「それをとって」という言葉だけでは意味不明である。食卓の塩を指さしている人を見てその意味がわかる。
- 「おまえはバカだ」といきなり言われても、肯定も否定もできない。この言葉が発せられた前後の状況を考えたり、その理由の説明を聞いて初めて、回答を考えることができる。
- ヤクザが「あいつを殺せ」といえば大問題である。しかし、それが小説の中のセリフであれば、かえって小説への興味が増す。
- 「ＵＦＯが目撃された」とのニュースに接したとき、その人の科学の理解度により「すごい」と思うか、「目撃は共有できるのか？」との疑問をもつかが分かれる。
- 宗教Ａの信者は、Ａの布教者による説教を正しいものとして聞く。しかし、Ａの信者以外の人はこの説教には懐疑的である。

このようなことから、文章の意味は個人ごとの経験にもとづいた思索で形成されている、との考え方が成り立つ。そのため、ある文章で二人が共有できる意味は限られるが、その範囲は互いに対話することで広げることができるだろう。

おおげさにいうと、人はさまざまな言葉・文章に対して、自らの人間性をかけて言葉の意味を読み取り、さらに必要に応じてその善悪を判断しているということになる。

経験的に習得した言葉の意味、個人の人間性は人さまざまであるため、

同じ言葉・文章であっても、その意味や価値判断はさまざまに異なってくる。

言葉と善悪

　たとえ単語であっても、その意味は特に道徳・善悪感が関わると敏感な問題となる。これも人々は特に社会性を気にかけているからだろう。

　「悪」という言葉自体に悪の危険性を感じる人は少数だろう。これは恐らく、「悪」という言葉は一般的すぎて具体的な悪意、悪事、悪への誘いを連想しにくいためと考えられる。

　「窃盗」や「殺人」という言葉は具体的な悪事を表す。しかし、今日では「このような悪は社会の問題として広く知らせるべきだ」との見方にもとづいて、マスコミにより広く報道されている。私たちはこのような環境の中で暮らすうちに、これらを日常語として受け入れる耐性がついたようだ。このことは、辺地などでマスコミから隔離された生活をしばらく送ったあと、再びマスコミで報道される窃盗や殺人に接すると、その異常さを強く感じることからもわかる。

　言葉・文章の意味はそれが生まれた前提、それが置かれた環境、文脈で変わってくる。これが言葉の意味を複雑なものにしている。

　危険な思想への勧誘文の中に、「人を殺せ」との言葉があれば、それは危険極まりない勧誘である。ところが、推理小説の中に「人を殺せ」との言葉があっても、読者は「どうせフィクションだ」と割り切ることができる。

　最近では「差別用語」というカテゴリーがあって、使用が自主規制されている。差別用語の多くは、昔は平気で使用されてきたものなので、規制に疑問を抱く人もいるだろう。しかし、その言葉を聞いて差別されたと感じる人がいる限り、その言葉の使用は差別につながるだろう。私たちは日常の言葉づかいにおいても、配慮に欠けると問題が生じかねない。

言葉による科学の成り立ち

科学——経験を法則的に考える

　『広辞苑』では「科学」を次のように説明している。
　　① 観察や実験など経験的手続きによって実証された法則的・体系的知識。また個別の専門分野に分かれた学問の総称。物理学・化学・

生物学などの自然科学が科学の典型であるとされるが、経済学・法学などの社会科学、心理学・言語学などの人間科学もある。
② 狭義では自然科学と同義。

この常識的な科学の解釈にはそれなりのいわれがあるだろう。

科学理論の知られていない時代、衣食住を自然に頼った原始人たちの暮らしを想像してみると、次のような経験から習得された自然の解釈が役立ったろう。

・太陽の動きに伴う昼と夜、1日という周期変化で時は経過してゆく。
・1日が繰り返されて、四季や雨季・乾季という周期的な季節変化が観察される。
・春には新芽が出る。栗の実は秋に実る。

大きい数の数え方を習得すれば、1年が約365日であることも知っただろう。そして彼らは実行可能な自然の解釈については、それを実行に移した。

たとえば、樹木がこすれあって倒れるときに発生する火を見て、原始人は木片をこすって、自らの手で火を起こして使うことを覚えたのだろうと想像できる。

ここにすでに科学の芽生えがある。

「木がこすれた、火が発生した」は経験した事実の単なる羅列である。これを「木がこすれたために火が発生した」と解釈すると、利用可能な科学法則になる。

原始人の原始的な言葉では、習得した法則やそれを利用する技術を仲間に十分に伝えることはできなかったとしても、原始人たちは実技によってそれらを子や孫に伝えていったのだろう。今日でも職人たちは一流の技術を実技によって弟子に伝えているが、一流の技術は今日の言葉をもってしても、いい表しきれないほどの多くの法則類で支えられているからだろう。

科学──世界で共有された理論

経験・観察の法則化は個人的な経験・観察・解釈・法則化から始まる。しかし、個人的な法則化には個人差があり、極端な場合は偏見である可能性もある。

古い時代の科学はいざしらず、<u>今日の科学は実質的に世界の誰もが正しいと認めることができるものとなっている</u>。このことから、科学理論とは個人差や偏見を実質的に含まない世界で共有された（され得る）理論である

と結論づけることができる。

　理論が世界で共有されるためには、その理論が共有される条件を備えており、共有化のプロセスを通過しなければならない。共有できない理論・法則は批判され忘れられてゆく。結果的に、科学はその理論を人間誰もが了解して共有することができた「生き残った理論群」である。この理論の公共性・共有性は科学の大きな長所である。

　なお、個々の社会には社会ごとに異なる理論類が伝承されてきたが、その主なものは社会の規範や価値観に関するものであり、科学とは異なる役割を担ってきたものである。

　では、世界で共有できる理論・法則とはどのようなものだろうか。

純粋に経験にもとづく考え方のみが確実に共有できる

　私たちは経験を積んでいるわけだから、人々が共有可能な観察についての経験だけにもとづいた説明・解釈については、自分の経験に照らして妥当であれば、たとえ又聞きであっても自分の中で正しい・事実と信じることができる。それが法則であれば自分で確かめることもできる。

　この信念は自分の経験を信じる限り、又聞きで知った物事に対する信念よりも強い。このため、純粋に経験にもとづく事実の説明・解釈は、他の要素が入った説明・解釈に比べると、誰もが受容できる可能性・共有性・公共性が格段に高い。

　このような形で共有できた（できる）経験の解釈・法則が、経験を表す言葉、数の概念とこれにもとづく数学理論（四則演算・数式・図形〈丸や四角などの幾何学上の図形〉など）と、これらにもとづいた多分野にわたる科学法則・科学理論である。論理規則も特に習わなくても共有されている。これは「$a < b, b < c$ ならば $a < c$」などの論理規則は数の性質でもあるため、私たちは数に親しみながらそれとなく経験的に論理規則が習得できたからと考えられる。

　逆に、誰もが経験できるわけではない要素が入った理論類については、人がその理論を信じようとすれば、理論の提唱者か理論そのものを丸ごと信じるしかない。たとえある人がそのような理論を信じたとしても、他の人もその理論を信じるとの確信はもてない。このような理論が長続きするのは、その理論に社会的役割があるか、経験できない物事に関心を寄せる人間心理に根差しているからだろう。

共有可能な経験を表す言葉

　先に経験を表す言葉の成因を説明したが、その説明は主な言語にほぼ当てはまるものである。

　そして、このような経験を表す言葉の言語圏を越えた一対一対応は奇跡的に生じたものではない。人々の経験・観察できる物事、および人々がもつ物事に対する識別の様式は、言語圏を越えて世界的にほぼ共通している。このためにこのような一対一対応が成立すると考えられる。そしてこの関係があるから、異なる言語であっても、単語単位で逐次翻訳できるのである。

　これとは異なり、単語の名・ラベルである文字表記、発音に対しては、それを決定づける共通的な法則がなかったため、古くからそれぞれの言語圏ごとに成り行きに任せて、または社会的な約束事として定まってきた。

　つづいて、言葉の意味・表現の幅を説明したが、これも各言語に共通的で言語圏が変わってもあまり変わらないと考えてよいだろう。

　以上のことは、言語圏が異なっても、人々が経験を表す言葉により共通的に理解し合えること、そして科学理論に経験を表す言葉を用いても、その理論が人々に共有され得ることを担保している言葉の重要な法則的性質である。

科学法則とは発生確率の高い因果関係である

　科学法則は原因と結果の関係・因果関係を述べている。

　しかし人々の因果関係の推理の順序は、①ある物事aに関心を抱いてそれを結果とみなす、②次にその原因bを特定しようとしている。このことからもわかるように、ある結果aに対して必ずしも特定の原因bが発見できるわけではない。可能性としての原因bが列挙できたとしても、その数が多くなるほど法則として理解し難くなってゆく。

　科学法則が「正しい」と考えられる理由は、「原因bは高い蓋然性・確率で、結果aに結びついている」と考え得る根拠が示されて、それを世界で共有できるからだと考えられる。

　ただし、恐竜の化石やバージェス頁岩の動物群のように、最初に共有できる「発見」が生じた場合、科学者の役割は発見を科学的に理論づけることとなる。

叙述の種類
　以上の説明は次のようにまとめられる。
〔**叙述の事実的側面からの区別**〕
　　・観察・経験した物事の叙述＝事実・ファクト。中でも世界的に共有できる叙述は真実といえよう。
　　・それ以外の叙述＝創作・虚構・小説・思想・社会規範など
〔**叙述の法則的側面からの区別**〕
　　・個別的な事実の叙述
　　・一般的または繰り返し可能と考えて解釈した物事の叙述＝法則・理論
〔**理論・法則の科学的側面からの区別**〕
　　・世界的に共有できるもの＝共通する経験を表す言葉・科学・数学・
　　・それ以外の理論・法則＝非科学的理論・創作・社会規範
　　　社会規範にはその社会の価値観が含まれているが、価値観は科学的に一律に決定し難いために無条件に科学的とはいえない。
　科学はすべての理論の中から「世界的に共有できる」との条件によって選ばれた理論群である。条件からはずれた理論は、科学的に誤っているか、正誤の判断がつかない未知の理論である。
　また、このような科学理論群によると、個別的な事実の叙述にさかのぼって、「科学法則に当てはまらない事実の叙述は、（共有可能な発見でない限り）事実ではなく創作である」と判断することができる。

科学理論の成立要件
　科学理論が新たに成立する過程を考えてみると、基本的に次のステップを必要とする。そしてこのステップは、既存の科学理論や経験的な法則も実質的に経てきたものと考えることもできるため、科学理論の成立要件といえるだろう。
　　ⅰ　法則化・理論化を目指す物事を共有できる方法で観察・測定する。
　　ⅱ　その結果を共有できる方法で法則・体系として叙述して公開する。
　　ⅲ　これらの理論の成立過程と理論が世界に知られ、それが世界的に共有される（共有され得る）。
　ⅰ項の理論の対象は、共通的に観察できるものならば、力、人の性格など目に直接見えないものでもよい。ⅱ項の共有できる説明には、経験を表

す言葉・数学（数式・図形・論理）、他の既存の科学理論が使用できる。

　他の既存の科学理論が使用できる理由は、既存の科学理論はすでに世界で共有されているため、新たな理論の共有性の妨げにはならないからである。

　なお、既存の科学理論と整合しない新たな共有可能な理論が生れた場合は、既存の科学理論について見直しが必要となる。このような形で発生した科学論争は歴史上いくつかあって、その多くは解決したが、残された問題は科学的に究明がつづけられている。

　このような、科学理論どうしの関係があるから、個別的な科学理論であっても、科学全体で支えられていると考えることができる。

　科学理論が世界で共有されるためには、通常それが記述された形で公開されて、それが私たち、または私たちを代表する科学者たちの間で認められるとの過程が必要で、これが理論が共有される実質的に唯一の方法といえるだろう。公開された理論に致命的な問題がみつかった場合には、否定されたり忘れ去られたりして共有されない。

科学理論の有効範囲・理論域

　自然科学には、動物学や植物学があるが、植物学の理論にもとづいて動物を考えることはほとんどできない。動物学の理論にもとづいて植物を考えることもほとんどできない。また両方の理論を組み合わせても、動物や植物以外のことを考えることはほとんどできない。

　また、すべての人々の営みの根底には人々の心理があるといっても、心理学にもとづいてすべての人々の営みを理論化しようとしても複雑すぎて困難である。そこで経済については主に「経済とは〜である」との形の理論で考えざるをえない。これが経済学である。

　このような理由で人の営みをさまざまな切り口から捉えて、文学、法学、歴史学などの分野ごとの理論群が生れている。もちろん、科学理論には可視的とは限らないが「観察できる物事」との大前提がある。

　これらの理由により、
　　　・科学理論には限界があり有効範囲・理論域がある。
　　　・科学理論は多くの専門分野に分かれた形で多数ある。
との科学理論の構造が生れている。ただし幸いなことに、理論の多さにかかわらず、そのすべての理論が誰もが共有可能であることで、理論はお互いに矛盾しないとの科学の性質が保たれている（実態として例外的な理論

があったとしても、これは人の営みとしてやむを得ないことではある)。
　以上によると科学理論の特徴として、
　　　・世界的に共有された(され得る)経験・観察を純粋に経験にもとづく方法で法則的に説明したものである。
　　　・法則・理論が世界的に共有されている(され得る)。
　　　・法則・理論の有効範囲が限られており、理論上未知となる領域がある。
などがあげられる。
　ちなみに、数学にも理論域がある。
　数・大きさの概念を習得すると、次々と自足的に四則演算や定理が次々と得られるのだから、そのような純粋な数に関する理論が得られる範囲を数学の理論域と考え得る。
　具体的にいえば、数式、図形、論理、数学的時空間類であり、これについては第5話で説明する。科学理論における数学の使用については、説明のために数学を利用したもので、数学理論の拡張ではないと解釈できる。私たちも日常的に長さを測ったりお金を数えたりしている。これも同様に数学の利用である。
　このような解釈によると、数学は絶対的ともいえる共有性が保たれることは第5話で説明する。

形式を表す理論とそれ以外の理論との結合

　言葉は大きさ・程度などの型式を表す言葉とそれ以外の言葉があることを説明したが、理論も言葉と同様に「形式のみを表す理論」とそれ以外の理論に分けることができる。たとえば「四辺形の面積は縦と横の長さの積となる」との数学理論は古くからあった形式のみを表す理論である。
　近代科学として成立した物理学と化学も、専ら数学を理論の方法に使用している。このため、私たちが考える理論の多くは、二種の科学理論が結合された形となっている。次にそのような理論を二種の理論に切り分けてみよう。
　「手を火に近づけると暖かい」との法則は、全体として経験できる事実を表した科学法則といえるが、これは次の二つの法則が結合されている。
〔物理学〕 火は熱を伝える赤外線を放出している。
　火の近くの物は赤外線を受けて加熱される。

〔感覚の理論〕 手が加熱されると暖かさ熱さを感じる。

　赤外線に関する物理学の法則は数式・図形などの形式だけで定義されている。温度も測定できる。だが「暖かい」という感覚は言葉でしか表現できないため、物理学の理論域を越えている。

　赤外線が発見されたことで、火で生じた熱の伝達や物の加熱の仕組みについての疑問の多くが解消されて、伝熱の理論は大いに進歩した。

　ところが、感覚との関係でいえば、加熱源が火から赤外線に変わったとしても、暖かいとの感覚の発生する仕組みが解明された訳ではない。

　「強く叩かれると痛い」との理論は常識的に思えるがこれも、

〔物理学〕 強く叩かれると身体に衝撃力が働く。
〔感覚の理論〕 身体に衝撃力を受けると痛さを感じる。

と分けることができて、やはり感覚の理論は物理学では説明できない。

　心理学・哲学では「クオリア」と呼ばれる「感覚そのもの」が、他の人と共通的かが議論されている。

　感覚は五感ともいわれているが、その種類は五感に限っても視覚における色や明るさの違い、聴覚における音色や音の広がり感、など限りがない。五感以外にも平衡感、爽快感、不快感などがある。

　感覚は自分の身体の感覚しか感じることができない。これらの多彩な感覚を他の人と正確に共有しようとしても、正確に伝える方法が見いだせない。ある程度は言葉で伝わるとしても、自分と他の人の感覚が一致しているか否かはわからない。同じコーヒーを飲んでも味の感想が違うことから、個人差のあることがわかる。

　感覚の伝達には、神経系を伝わる電気信号が関与していることがわかっているが、同じように思われる電気信号からさまざまな感覚・クオリアが生まれる理由ついてはほとんど何もわかっていない。

　ただし、そのような中にあっても、物の外形・位置などに関わる視覚、触覚については型式を表す理論によって共有されていることから、例外的に共有された感覚となっている。

　心理学では錯視・錯覚を起こす図形があることから、図形も正しく識別できないとの説があるが、それは一面的な見方である。なぜならば、図形を正しく識別することができなければ、正しい図形と錯覚する図形を識別する理論が成立しないことは理の当然である。ゆえに、錯視・錯覚でもっ

て図形は正しく識別できないと一般的にいうことはできない。

科学的思考法——最も経験的で共有できる思考法

　私たちは半ば無意識的に科学の理論域を考慮してそれを補完しながら物事を考えている。その例を示そう。

- 「木をこすると発火する」という理論も、「木は種から成長する」という理論も、科学的に正しい理論である。ところが、前の理論から後の理論は導けない。なぜかというと、二つの理論の理論域が離れているからである。けれども私たちは、この二つの理論を合わせて木の性質と考えている。
- 通常の百科事典では「神」について、キリスト教の神に限らずさまざまな神についての説明がある。私たちはこれが神の実態だろうと了解する。
- 天気予報は科学的に得た予測だが、確率的に表されているため確定できない。そこで私たちは経験的に、「今日の予報の雨の確率は50％だが、空が急に暗くなってきたので雨が降るだろう」などと予測する。
- 癌の原因は科学的に解明されていないものもある。そこで私たちは癌を予防するために、解明された原因を避けて、さらに疑わしいとされる原因も、なるべく避ようと考える。
- Ａ氏の好みは直接聞いたことはないが、Ａ氏と楽しく酒を飲んだことがある。だからＡ氏への贈り物は酒にすれば間違いないだろう。これはＡ氏の観察にもとづいた科学的思考である。

　科学理論をあまり知らない人もいる。知っている人でもこれらの考え方は専門的な科学理論だけでは得難い。いずれにしても、これらの思考法は個人の経験と関連科学理論を総合的に組み合わせて、科学理論に反さない範囲で結論を得た点で共通している。

　何らかの判断が必要なとき、（物事を誠実に考える人は）関係しそうな経験や科学理論を思い出せなければ、未知、未経験、不確実なものと考えて補完的に対処するだろう。この経験と科学理論を重視した現実的な思考法は、科学的思考といっていいだろう。科学的思考は誰にでもできて公共的である。

　科学的思考で重要なポイントは、既存の科学において未知なものは未知

として、不確実なものは経験的、確率的に考えて科学理論を補完することである。これはあくまでも補完であり、科学的思考したものを科学理論としようとすれば、先に説明した理論を共有するための方法・手続きが必要となる。

「存在は絶対的である」との叙述は科学的ではないが、「存在は絶対的であるとの哲学が存在する」との叙述は科学的事実である。このように、科学的思考にもとづくと、科学の理論域を越えた科学的ではない理論類は、引用の形で科学的に解説することができる。

百科事典はその実例である。科学的思考にもとづいた宗教や哲学に対する批判書もすでに数多く見受けられる。法治国家においても、政治家はともかくとして、裁判官たちは法律と科学的思考を大いに活用しているはずである。

科学理論群で構成されたネットワーク

個々の科学理論には理論の有効範囲・理論域があり、同系列の理論群が「専門」といわれている学問の領域を形成している。

科学理論群はすべて公開されており、新たに発表された理論が系列にかかわらず既存の科学理論と矛盾していると、既存の理論も含めて徹底的に議論されるため、結果的に理論全体として共有できる理論だけが生き残ってゆく。

この結果、個々の科学理論は全体として整合的な科学理論のネットワークの構成員となる。

ネットワーク上にない理論については、個々の科学理論を参考にしながら考え出すことが必要で、この方法は「科学的思考法」といえよう。科学的思考法は科学理論を補完するものだが、重要な科学的思考法は人々に認められて共有されて新たな科学理論となり、これにより科学理論の理論域が広がる可能性もある。

科学的思考において大切なことは、科学や経験でわからない部分はあくまでわからない・未知として、どうしても結論が欲しい場合は確率・公算などで考えることだろう。

思い出して見ると、私たちも外出時に雨傘を携帯するか否かの判断を、天気予報や空模様から下している。これは専門的な天気予報だけには頼らない典型的な科学的思考といえるだろう。

科学は観察された事実を優先するために、新たな発見により既存の科学理論の基礎が見直されることもある。その実例を二つ説明しよう。
- ウィルスは発見された当初には生物か非生物かで論争があったが、生体の中でのみ生体のように繁殖ができるが、生体の外では活動できないとの性質が解明されて、生物と非生物の中間的な存在であることがで結着がついた。
- 19世紀には、光は粒子の性質と波の性質を併せもつことがわかり、光は粒子か波かについて論争があった。しかしその後の多くの実験・測定により、今日では光は粒子または波の一方の性質だけでは説明しきれないゆえ、双方の性質を併せもつものとされている。

　このように、科学は観測結果を優先しながら、既存の科学理論との折り合いを求めて、理論全体の整合的なネットワークを確保する営みでもある。

不規則性・あいまいさと科学理論
　科学は観察した事柄を理論化したものだが、理論づけられない理由を解明できればそれも一つの科学理論となり得るだろう。
　そのよい例は言葉の成り立ちがある。
　言葉は言語が違っていても言葉の意味の括りにおいて共通性があり、そのため翻訳可能であると説明した。これは科学理論となり得るだろう。
　では、言語が異なると名・ラベルが異なる。この点はいつまでも科学的に理論づけられないのだろうか。
　それはあり得ない。言語ごとに恣意的に個々の社会の影響を受けて言葉の名・ラベルが成立したと推測される。この推測は共有できるゆえに科学理論となり得るだろう。
　言葉の名・ラベルと同様に、地域ごとに恣意的・無計画的に成立したものに、長さ・重さなどの計量単位がある。長さは古くから世界的に数値で表されていたが、日本では尺、米国ではフィートというように単位が異なっていた。長さ・重さなどの単位も個々の社会の中で個別的に定まったのだろう。
　しかしながら、単位の違いがこのように説明できて、測定値も互いに換算することもできるのだから、全体として長さの測定は科学的である。
　今日では、国際的な計量単位であるメートル法が普及した。メートル法は計測量を国際的な共通語にしたといえるだろう。

人の感覚・感情にはあいまいさが残る。それを言葉で表現してもあいまいさが残る。このため感覚・感情を表す理論、感覚・感情に影響された人間の行動を表す理論の正確さ・蓋然性には限界があるだろう。
　しかしながら、人の感じ方考え方の基本的な法則は、人や人の社会が大幅に変わらない限り変わらないだろう。
　一般的に言葉にもとづいた科学理論は、人や社会の変化・言葉の表す物事そのものの長期的な移り変わりに伴い、変化して行く可能性がある。
　そのような中にあっても、物の数・長さ・形状・位置関係などの物の型式は世界中で人々の知性により普遍的に認められつづけると推理できるため、数学を中心とした型式を表す理論の基本は変わらないだろう。

科学の利用とその善悪
　科学理論が存続している大きな理由は、それが経験に沿ったものであるゆえに、応用の可能性をもっており、現に様々に応用されて役立っているからだろう。
　科学理論とは経験できる事実に関する法則的な叙述の集まりであるため、人がその理論を利用して事実を構成している物事に直接的に働きかけることができる。
　経験も活用できる。しかし経験は明示的に法則や理論として記述されていないため、その利用は限られる。間違った解釈もあるだろう。
　この点、科学は共有されることでこれらの問題はほぼ解消される。
　科学には力学法則や電磁気の法則などの経験的には求め難い高度な理論も含まれている。これら理論は天才的な人々による特別な観察と推理により発見された。
　電磁気に関する理論が発見されて間もなく、発電の技術、電気でアーク灯や電灯を点灯する技術が開発された。また電波が発見されてラジオやTVの発明へとつながっていった。
　ある科学上の発見は偶然もたらされることが多く、その発見が私たちの生活に利便性をもたらすか、危害をもたらすかについても、発見の時点では見当がつかないことが多い。そのようなわけで、科学の利用技術は発見者ではなく、その利用に関心のある別の人により発明されることが多い。
　近代科学技術の発達で私たちは経済面を中心としてさまざまな恩恵を受けているが、

・大規模な産業が生まれて公害が生み出された。
　　・原子論と相対性理論により、核爆弾のように人類にとてつもない害悪をもたらす応用の道も開かれた。
　　・生産・流通技術の発達で大きくなった経済規模に押されて大きくなった社会では、個人的に触れ合う機会が減り、私たちはこのような社会に疎外感・閉塞感をもつに至った。

などの弊害ももたらされた。

　これに関連した有名な逸話がある。

　アルフレット - ノーベル（1833-1896）は、当時土木工事に用いられていた火薬による事故を防ぐために、取り扱いがより安全なダイナマイトを発明した。ところがこの発明は、彼の意に反して戦争目的の爆薬製造に用いられて、多くの犠牲者を出す結果を招いた。ノーベルはこの事態を憂慮して遺志により、ダイナマイトで得た巨万の富をスウェーデン国立アカデミーに寄贈した。これがノーベル賞の興りである。

　ダイナマイトは科学的な発明品である。そしてその発明を役立てるのも悪用するのも発明を利用する人たちの倫理観次第ということになる。

　ちなみに、マッチもライターも便利な科学の産物・文明の利器ではあるが、放火に用いると悪事を働く凶器となる。

　科学には、たとえ負の側面があったとしても、一度共有された発見・発明は取り消すことはできない。また、一度もたらされた科学の恩恵は捨て難いと考える人は多い。

　このような理由で、科学の負の側面の抑制は一つの社会だけではおぼつかないため、国際協調で科学の利用を規制する必要があるだろう。ところが、今日の喫緊の課題となっている核兵器の削減や環境問題についても、国際協調は不十分である。科学の利用の全体的な規制についての国際協調は、今のところは残念ながら夢物語といわざるを得ない。

　第4話の科学の説明の締めくくりとして、それまでの人々の自然観・生命観を根本的に変えた進化論を取り上げて見よう。

進化論とその意味

　「生物は自然淘汰を繰り返しながら進化する」との「進化論・evolution theory」は1852年にチャールズ - ダーウィン（1809-1882）により発表された。進化論は後に、突然変異などの新たな理論で補強された。

進化論はそれまでのさまざまな生物の、観察・比較・分類を主な仕事とした生物学に、時間軸に沿った生物の発生・変異という新たな視点をもたらした画期的な理論となった。
　それまで聖書に書かれた神による世界の創造、人間の創造を信じていた西洋世界にとって、世界観・生命観を根本的に変えた進化論はなかなか受容しがたい理論だったようだ。
　米国南部諸州では反進化論法という法律ができて、進化論を学校で教えることが禁じられた。1925年にテネシー州でこの法律に反して進化論を教えたとして、高校教師スコープスが逮捕され有罪となった。この裁判は「スコープス裁判」として知られている。テネシー州の反進化論法は1967年まで存続した。
　今日では、生命を育んだ地球の自然環境そのものが長期的に大きく変動しつづけており、これによって生命が淘汰されてきたことが知られている。
　このことから自然における生命の発生、その変異は自然のなすがままであると考えられる。より強く生きようとの目的をもって突然変異が起きるわけではない。次々と偶発する突然変異の中で、たまたまその変異が変動する環境の中でより強く生存できる効果を発揮すれば、その変異を受け継いだ個体が結果的に繁栄すると考えられる。
　進化論は動物に対する人間の絶対的優位性に疑問を突きつけた。英語のevolutionに、日本語の「進化」のもつポジティブな価値観がどれほど伴うかは私にはよくわからないが、もしポジティブな価値観を伴うとすれば、進化論は「物事は進化する。人間は最も進化を遂げた生物である」との、伝統的な西洋の価値観を引き継いでいるということになる。

論理学、言語学、哲学について

論理学について

　観察できない物事・概念であっても、言語と論理を駆使すれば考察は可能である。
　言語と論理により、成立している、または成立する可能性のある一般的な思考方法・理路を究明する試みが「論理学・logic」といえる。
　論理学の基本的な理論について概説しよう。

真偽の判定の対象となり得る「〜は〜である」の形の文を「命題・proposition」という。

A、Bを命題とすると、AとBの論理関係は次のようなものがある。（　）内は論理式を表す。

- AとBは等しい（$A=B$ または $A \leftrightarrow B$）、
- AおよびB（$A \wedge B$）
- AまたはB（$A \vee B$）
- AならばB（$A \rightarrow B$）、またはAはBに含まれる（$A \subset B$）
- AはBではない（$A \neq B$）

これらとは異なり、AはAである（$A = A$）、との論理は形の上では正しいが、新たな意味をもたらさないので、「同語反復・tautology」といわれている。

ただし、数学の場合は、$a + b = c$のように＝で結ばれた論理は多用されており、同語反復とはいわない。

AはAではない（$A \neq A$）、との論理については、これにつづく論理関係は成り立たないため、「矛盾・contradiction」として排除される。

さらに、次のような二つの論理を組み合わせた推論規則も知られている。

- AはBであるかBでないかのどちらかである（排中律）
  実例として「山田氏はラーメンが好きか、好きではないかのどちらかである」がある。ただしこの場合、好きか嫌いかに二分することで「好きでも嫌いでもない」は無視されて、実態とは異なる。しかし、古典的な論理学では排中律は重要な役割を演じている。
- AならばB、かつBならばCならば、AならばCである（推移律）
  実例として「人は動物である。動物は生きものである。したがって人は生きものである」が挙げられる。

今日の論理学は概ね「演繹的論理・deduction・形式的論理」、「帰納的論理・induction・認識論的論理」、「様相論理・modallogic」に分けることができる。

演繹的論理はある前提条件、通常は「公理」といわれる普遍的命題・前提のない仮定から論理規則にしたがって個別的命題を導き出す方法で、数学・幾何学の証明がその典型例とされている。

帰納的論理は個々の物事から一般的な命題・法則を導く方法で、導かれた結論は絶対的に正しいとは限らない。蓋然的であるという。

物事は、可能的か、現実的か、必然的か、などの見地・蓋然性から論じることもできる。これを論じる理論を様相論理学という。

それぞれの論理を経験的・科学的に考えてみよう。

言葉にはそれぞれの成因があり、経験的に得られるものから発達してきたこと、人間が共有できる識別の方法として言葉が成り立っていることを説明した。また、論理の骨組みである論理規則についても、共有された数学から得られる数の関係から得られることを説明した。

すなわち人間の感じ方考え方は、人間の心身と経験にもとづく思考のみで成り立っており、そこには公理も天与の規則も必要とはしない。

歴史はこれとは異なった。言葉や論理規則を天与のものとみなした、心理学、哲学、論理学などの理論の枠組みがほぼ変わらずに近代まで続き、近代に集合論、数学基礎論などがこれに加わった。そしてこれらに関連した複雑多岐な理論、主義・主張が生み出されてきた。

しかしこれらの理論には決定版はない。これは、これらの理論が経験という理論の基盤を外して論じているからだと考えられる。

言語学について

近代には、「経験論」の流れの中から「理論は現象にもとづく」との「現象学」と、「言語は天与のものではなく、人々の営みの結果である」との前提にもとづく「言語学」が生まれた。

これらの考え方は本書に近いが、思考の骨組みをなす数学と論理規則は、「経験からは得られない」つまり「天与のもの」とされたままであった。

フェルディナン・ソシュール（1857-1913）は今日の「言語学」「構造主義」の先駆けとされている。彼の理論は『一般言語学講義』と題して没後出版された。そこでは言語の構造面からの分析がさまざまになされている。

しかしながら、本書で説明した「言語の経験的な成り立ちと使用法」との切り口が重視されていないため、その理論は複雑なものとなっており、科学としての共有性に疑問が残る。

論理学の例のように、物事の成り立ちの本質を外してしまうと、さまざまな「帯に短し、たすきに長し」となる理論が得られて、焦点の定まった理論は得難くなる。

哲学——言葉と論理による思索について

哲学のテーマは幅広いが、ここでは哲学を方法・理路・論理面から考えてみよう。すると、哲学とは経験的・日常的な思考にとらわれずに言語と論

理により物事を思索する試みといえよう。

このような思索の方法は可能である。しかし、このような方法は共有性の低いさまざまな理論を生み出す可能性がある。例えは良くないが、言葉と論理の使用法のゲーム、あるいは言葉と論理の使用技術で種（経験）を隠したマジックのようにもなり得るだろう。

実態として、哲学には主義・主張が乱立しており、これが唯一正しいという結論はあまり見られない。これは哲学が経験という思考の本筋を外して正しさを見失っているためではないだろうか。

数学にも未発見の数学理論・定理はまだまだあると想像できるが、発見された定理は共有できる。この点で哲学と数学は全く異なる。

以下にいくつかの具体的なキーワードによって、その哲学的な意味と、経験的・科学的な意味を比較して行こう。

〔神〕

共通的に観察できない「神」の存在証明は、中世スコラ哲学の重要なテーマとなっていた。

共通的に経験できない神であっても、一例として、「神は全知全能の人格者である」と経験的に習得した言葉を用いて定義できる。すると、「そのような神は存在するか」との問題を提起することができる。

しかし、全知全能の具体的中身を論じ始めると共有できないさまざまな説があり得る。このため、神についての科学的な説明としては「人々が想像した人間を超越した全知全能の力をもつ隠れた存在」としかいえないだろう。

〔存在・実在〕

「存在」との言葉の意味を知ろうとして辞書を引けば、まず経験的に用いられている「〜が有る」との述語となる意味が説明されていて、次に特に哲学的に用いられる物事と一体的な性質としての「実在」の意味が説明されている。

このことから存在の意味として、「経験・観察できる事柄」との経験的意味が先にあったと考えられる。「人も自然も存在する」などの用法では、経験的で共有できる意味をもつ。しかし、「神は存在する」と表現しても、神は共通的に体験・観察できないため、その意味は経験に裏付けられたものではなく、共有できない。これは後に存在の意味が哲学的・宗教的に拡張されて、この表現が生まれたためだろう。

ちなみに科学者は「存在」という言葉をあまり用いない。「経験・観察できる物事＝存在する」と考えて、存在にそれ以上の意味をもたせていないからだろう。

　しかし、私たちは観察できる物をふつう「観察できる」とはいわないで、「ある・存在する」という。この理由は、「観察できる物も私も共通的に存在する」との感じ方考え方が私たちの経験として身についているからだろう。

　「見えない物は存在するか否か」との疑問は、典型的な哲学上の疑問である。科学的な回答を得ようとすれば、見えない原因を調査してその結果を答えればよい。原因が不明ならば、その回答は「わからない」ということになる。

　「自分の考えは存在するか否か」との疑問も「存在」という言葉の用い方の問題である。人間の考えは科学的には脳の状態・活動である。それを存在するというか否かを議論しても、脳の状態・活動が解明できるわけではなく、不毛な議論となるだろう。

　今日でも数式 $a+b=c$ が成立することを「解 c が存在する」というが、これは「数式 $a+b$ により数 c が求められる」と解釈すればよい。この表現は西洋で数が実在的に考えられてきた影響かも知れない。

〔善・善のイデア・正義〕

　善・正義とは人間社会に利益をもたらす行いで、悪とは人間社会に害をもたらす行いののことと想定することはできる。しかしこれを具体的に考えてゆくと、人々は何に幸せを感じるか、安楽死は許されるか、などの一律的な解決が困難な問題が次々と思い起されて共有できる結論は得難い。

　このため、善や悪の意味はおおよその概念として共有できるにとどまるだろう。

　　プラトンの唱えた「イデア」は、日本では哲学用語と考えられているが、これは日本にイデアが哲学用語として伝わったからで、プラトンの用いたギリシャ語のイデアの原義は「見られたもの、姿、形」である。

〔主観↔客観〕

　「主観」の意味はいくつかあるが、ここでは「一切の認識・思考などは人の心の働きで成り立つゆえに主観であり、認識される真理も主観的である」との主張に含まれた主観を考える。

　一切の認識・思考などが、心身の働きで成り立っていることは疑う余地がない。しかしながら、共有された経験を表す言葉・数学・科学理論は世

界的に共有されている。これを客観といわなくして客観の意味は成立しないだろう。これを人の心の動きに当てはめると、主観＝感情・感性、客観＝理性・知性といえそうである。

　そして共有された数学は矛盾がない確定的な理論なのだから「絶対的な真理」ともいえるだろう。

　自然や人間については、多様な観察が可能であって、その全貌が見通せている訳ではないが、今日までに得られたこれらに関する科学理論が包括的に受容できて共有できる点から、客観的で科学的（な存在）といえるだろう。

〔物↔物でないもの、生命↔非生命〕

　哲学では「物と物でないものの違いとは何か」とか「生命と非生命の違いは何か」などもテーマとして取り上げられて、さまざまな説が提唱されてきたが、今日まで確定した結論は見出せていない。

　これらのテーマは、観察にもとづいて科学的に論じることもできるのだが、未だに一律的な理論は得られていない。その理由はこれらの物事は物事への関心の違い・観察方法の違いによって異なった素顔が現われるからである。これについては、第5話で「科学理論の多層的構造」として説明する。

独我論について

　変な夢を見てハッと目覚めたつもりが、さらにそこからの目覚めが生じることで最初の目覚めは夢だったとわかることがある。このことから類推して、覚醒しているはずの今もまだ夢の中ではないかとの疑問が生じる。夢と覚醒状態ではかなり臨場感が違うのだが、覚醒した今よりさらに臨場感のある真の覚醒した状態があるとすると、今も夢の中にいるということになる。

　この見方によると、夢と覚醒状態の違いは相対的である。

　これに加えて、他の人の心の動きはなかなかわかりづらい。他の人の感覚も直接感じることができない。他の人は自分の意識の中に認め得るが、他の人の意識の中に自分が認められていることは、少なくとも自分の感覚で直接的に確認できない。

　これらを合わせて考えると、「この世界はすべて自分の意識の中に現れるものである。外部世界は自分とは独立して対等に存在するわけではない」との「独我論」または「唯心論」といわれている考え方に行き着く。デカルトが哲学の原点と考えた「我思う、ゆえに我あり」との境地も独我論的である。独我論は古くからある哲学上の一つの説だが、否定しようとしても

否定しきれず今日まで語られてきた。

　実は私もかつて独我論が否定できないことが気になっていた。しかしそれは、自分の経験を素直に受け入れることで解決できる。このことを説明しよう。

　よく思い出してみよう。私（たち）は誕生以来、周囲の人々に人間としての感じ方考え方を繰り返し教わってきた経験を持っている。そして教わった言葉によって周囲の人々と感じや考えを伝え合うことができる。そして、周囲の人々とのコミュニケーションにより、一人一人が独自の感じ方考え方をもっていることに気づいた。もし、感じ方考え方が私一人の思いつきだとしたら、なぜ周囲の人々の感じ方考え方に共鳴したり次々と新たな発見があるのだろうか。

　夢についていうならば、夢は現実よりもあいまいで、夢の中の出来事は現実のできごとより記憶があいまいである。覚醒して思い出してみると、夢の中では時間的・空間的に支離滅裂な順序で友人たちが登場したり、過去に経験した出来事が再現されたり、あり得ない出来事が生じたりして、同じく自分の意識の中で科学的・経験的な秩序の中でつづいてきた現実の世界とはこの点で明らかに異なる。

　このようなことを踏まえると、過去から現在に至る私の記憶に残っている事柄は、「すべては私一人の意識の中の世界・夢の世界」にすぎないと考えるよりも、「過去から現在に至る他の人たちは、いま私が感じ考えるように感じ考えてきた。他の人も私のような意識をもっており、この現実の世界を共有している」と考えた方が、はるかに常識的かつ科学的な推理だという考えに到達するだろう。

　人の知性、感覚は、錯覚・錯視を起こすため相対的であることも独我論の根拠とされている。しかし人は説明されれば錯覚・錯視の原因を理解できて、錯覚・錯視を除いたあるべき姿を理解できる。これは人間が錯覚・錯視したものと錯覚・錯視のない状態とを区別する経験で得た知性を備えているからに他ならない。このため、錯覚・錯視が起こるゆえにあるべき姿がわからないと結論することは短絡的すぎる。

　まとめていえば、夢と現実の混同が起こることを理由にして、あるいは錯覚・錯視が起こることを理由にして、現実世界は夢と同じレベルの自分の意識現象にすぎないと結論づけるのは短絡的すぎる考え方であって、常識的な考え方ではない。木を見て森を見ずのたぐいである。

私たちは科学の成り立ちのように、常に全体のバランスを意識して物事を解釈するべきだろう。個々の科学理論は物事の一側面を理論化したものにすぎないが、科学理論群全体はお互いに整合的に支え合ってバランスが取れている。なぜならば、世界で共有できる理論が科学理論であり、共有できるためには、科学理論どうしが互いに整合的で誰にでも理解できる必要があるためである。

　この科学理論の成り立ちと独我論とは根本的に相いれないのである。

　独我論のように過去の経験・他の人々・現実世界を軽視してしまうと、現実世界における協調性や生存競争力を弱めて自らを滅ぼしたり、我こそが神や正義の使者と思い込んでとんでもない反社会的行動を起こす危険性が生じる恐れもあるだろう。

カテゴリー論と四元素論について

　世界をカテゴリーに分ける思考法は、古代ギリシャの時代から理論の原理とされて、哲学の方法としても広く用いられてきた。これは、カテゴリー分けは言葉の一つの成因として親しんできたからだろう。

　たとえば「動物」は、自然を非生命、植物、動物にカテゴリー分けしたものの一つとみなせる。「人間」は動物を、動物の種類でカテゴリー分けしたものの一つと考えられる。さらに「人間」は、男↔女、子供↔大人、白人↔黄色人↔黒人、などにカテゴリー分け・分類することができる。

　古くから生物学はさまざまな生物の、観察・比較・分類を主な仕事としてきたが、先に説明した進化論によって、生物の多様化の過程が理論づけられて、生物の分類はその結果であることが判明した。

　物質についていえば、西洋では近代に至るまで、古代ギリシャのエンペドクレス（B.C.490-430頃）が提唱した「世界は土、水、火、風から成る」との「四元素論」が主流であった。

　四元素論の転機は、17世紀頃から錬金術と称して始まった、物質のもつさまざまな性質の実験・観察・研究により訪れた。四元素説では物体のもつ次のような性質は物質本来の性質とされ、それ以上うまく説明できなかったのである。

　　① 水を冷やすと氷になり、熱すると水蒸気になる。
　　② 物を熱すると燃えて、炎と煙が出る。
　　③ 石は燃えない。

これに対して近代原子論によると、これらの物体の性質を原子や分子の性質や原子や分子どうしの化学反応として次のように一律的に明快に説明できたのである。

　　① 分子運動の強さが熱、温度である。冷やすと水の分子運動は弱まり強く結合し、加熱すると水の分子運動が強まり、分子は自由に飛び回るようになる。
　　② 温度が上がると物体と空気に含まれる酸素との反応が持続的に始まる。これが燃焼現象で、煙はその生成物である。
　　③ 石は酸素とは反応し難い物体である。

「水を冷やすと氷になり、加熱すると水蒸気になる」という水の温度による変化（相変化という）は、昔から誰もが経験的に知っていて共有できるという点で十分に科学的な法則だった。しかしその仕組みは謎であった。これが、原子論、分子論、分子の熱振動モデルで説明できたのである。経験的な科学理論の仕組みが理論づけられて、この理論の信頼性、共有性が大幅に高くなったのである。

　今日では100種余りの原子（物質の構成要素であることから元素ともいう）が知られているが、初期の原子論は実験により発見された物体の性質をうまく説明するために、何種類かの原子を仮説として導入したものであった。その後の様々な実験による多くの発見を説明するために、電子、陽子、中性子から成る多くの種類の原子・元素が理論的に導入されていったのである。

　一方、土、水、火、風の四元素については、経験的・直感的に区別できて、昔はそれを物に即して確かめる術もあまりなかったため、長期間にわたり科学的な理論とみなされていたのだろう。しかし、科学的な実験方法が発達した結果、四元素では実験的に発見された物質の性質の多くを近代原子論のように説明できないことがわかり、近代原子論に科学の座を譲ることになったのである。

第5話 数学、理論、そして科学を考える

数学の成り立ちと性質

物の数、そして数学の習得

　赤子が誕生してしばらくすると、私たちは言葉を教える。

　ある程度言葉の学習が進むと、今度は数・数の数え方を教えるだろう。

　たとえばリンゴを二つ並べて「一つ、二つ」と数えてみせる。またミカンを三つ並べて「一つ、二つ、三つ」と数えてみせる。

　著者の経験をいえば、数を習い始めた頃、リンゴとミカンは外観も手触りも味も異なり、全く共通的な性質が見られないため、リンゴやミカンを共通的に一つ、二つと数えることには抵抗感があった。しかし、繰り返し教えられているうちに、「リンゴ、ミカンに限らず個別的な物は、1、2、3、と数えることができるのだ」と理解するようになった。

　私たちは子供に、ただ1だけではなく、1の次の数が2であること、$1+1=2$ である加算を教える。これは大切なことである。1だけでは数の性質、数の意味は理解できない。数の最も基本的な性質は他の数との間で大小関係が定まることだからである。

　つづいて加算の逆算となる $2-1=1$ などの引き算を教える。

　ある程度、加算、減算がわかるようになると、マイナス・負の数も教わる。負の個数は考えにくいが、これを用いると $1-2+3$ のような計算がわけなくできる。

　次に乗算を加算の繰り返しとして教える。マイナス同士の乗算はプラスとなる。このことには少し抵抗感があるが、これによってマイナスを含む計算が矛盾なくできることで納得できる。ここまでの数は個数概念である整数または自然数といわれる数が用いられる。

　次に乗算の逆算となる割り算を教える。1未満の値については分数また

は小数で表す。以上の4種の計算法を四則演算といい、四則演算を繰り返すと簡単な数から無限に多くの整数や分数を求めることができる。

物の長さにもとづいた数学

　個数と連続的な数値は全く異なる概念にも見えるが、よく考えて見ると、リンゴだって$\frac{1}{2}$、$\frac{1}{3}$、0.5個などと任意に分割することができる。1個のリンゴは1.0000……個と表すこともできる。いろいろと応用問題を解くうちに個数と連続量を同時に表せる数の性質にも慣れていく。

　物の長さは「ものさし」や「巻き尺」を当てて〜cm、さらに細かく〜mmと測れることを学んだ。cmなどを単位といい、数値とペアになる重要な概念である。長さの単位は社会によって異なるが、単位さえ換算すれば長さは共通的に比較できることを学んだ。

　数学理論の中だけで長さの関係を論じようとすれば、ある線分aの長さを1とみなすとよい。すると他の線分bの長さはaの長さとの比、つまり$\frac{b}{a}$との「分数」で表すことができる。このように考えると「長さ」からも数学理論を組み立てることができる。

　個数にしても長さにしても、数の概念、性質はさまざまな物の観察によって習得できる。そして、一度習得された数や長さの概念は、具体物を離れて人の思考の中で数学という数に関する理論を次々と生み出す。そして生み出された数学理論を用いると、「世界の人口は60億人である」のように到底直接観察できない結果をも表すことができる。

物の形と位置関係の理論──幾何学

　リンゴやミカンを示されて「丸い形」と教わった。後にコンパスで円を描き「円・真円」と教わった。糸を引っ張った形や紙の折り目の線は「直線」、三角定規は「三角形」と教わった。さらに、物の位置は自分を中心とすると「前後」、「左右」、「上下」の三方向の組み合わせで表されることを教わった。

　以上の説明の物の形や位置についての定義は、数や長さの概念と同様に、物の種類に関係なく共通的な概念である。そして、これらの図形・位置・距離などの関係は、具体物とは切り離して論じることができる。その面から図形類の理論は数の理論と同様に「形式を表す理論」といえる。

　図形類の理論は直線、円、直角、三角形、などの基本的な図形を要素として、

それらの関係を論じる「幾何学」といわれている理論を生み出した。幾何学はすでに、エジプト文明、バビロニア文明で用いられていたとされている。

17世紀には座標幾何学が発見されて、幾何図形はそれまでの「ユークリッド幾何学」を越えて数式で表すことができるようになり、数学と幾何学は合体したかにみえた。

ところが数学の歴史は異なった方向へと進んだ。これについては、最初に「経験・科学に立ちはだかる既存の理論群」として説明したので、ここでは説明を繰り返さない。

数学は本来的に世界的に共有された数の理論である

古くから世界中で共有されてきた数学とは、数・大きさ・図形のみを表す理論であり、なおかつその理論は整合的で大変有用だから世界で共有されているのだろう。

数も数学用語も異なる言語間でも正確に一対一に対応した言葉をもつ。

たとえば英語では、一は one、分数は fraction、奇数は odd number という。幾何学用語の意味も世界で共有されている。たとえば英語では、直角は right angle、円は circle、直角三角形は right triangle という。英語圏の人と話せば、これらの日本語と英語が正確に対応していることを確認できるだろう。

このことは英語に限ったことではなく、世界の主要な言語について、その言葉で表した数学用語の意味は世界の人々の間で共有されている。このため、たとえば「一たす二は三」との演算については「1 ＋ 2 ＝ 3」との国際的に共有された表記法がある。

数学では数の性質に沿って考えることで、四則演算ができて定理類も得られる。

論理を進めるには「論理規則・推論規則」が必要とされているが、数学的思考において論理規則・推論規則をとくに用いているとの意識はない。これは論理規則・推論規則が数の関係・性質と整合しているため、数の性質を考えると自然に論理規則・推論規則を用いることになるからであろう。

このため、数学は論理規則・推論規則を内包した「内部完結的な理論」と考えることができる（〔別記1〕参照）。

世界で共有されてきたこのような数学に限れば、私たちは数学の原理をとくに意識することなく数学を習得できて、仮に数学的思考に矛盾が生じ

ればそれは自らの思考の誤りで数学の誤りではないと考える。つまり数学は正しいと信じている。

数学の原理を書き出してみる

数学の原理の必要性と原理の性質

　しかしながら、内部完結的で共有された数学理論といっても、その中には無限に大きくなる数、無限につづく小数列、定理だと予想されながらもまだ証明法が発見されていない仮説などの、未解決な問題が付随している。そして、数学の基礎や無限に関する問題は公理論と集合論で解決済みと一般的に考えられている。

　このような状況の中で、「数学は共有された（共有可能な）純粋な数に関する理論である」と主張しようとすれば、数学理論の中から全体を構成するために必要な要素となる理論を選び出して、これを原理とすると、誰によっても今日知られたすべての数学理論が順次構成できることを証明する必要があるだろう。

　そこで、私たちが教わった算術と初歩の数学の内容を順序立てて書き出してみよう。

　　i　1、2、3、……との数の数え方。それと同時に 1 + 1 = 2 などの加算の方法。
　　ii　加算の逆算である減算、加算の繰り返しである乗算、乗算の逆算である割算、分数、そして分数を小数で表す方法。
　　iii　0と負の数値も計算に使用できること。そして、正負の数を乗ずると負の数となり、負の数どうしを乗ずると正の数値となるとすると、以上の四則演算が数の正負に関係なく一律に成立すること。ただし、0による割算のみは例外的に不可能であること。
　　iv　2乗の逆演算である$\sqrt{}$。
　　v　新たな数概念として虚数 i（$\sqrt{-1}$）を認めると、方程式 $x^2 + 1 = 0$ も解けること。

数学理論、数学原理の性質

　以上の順序は西洋での数学理論の拡張の歴史をほぼたどった形となって

いる。このことから数学理論の次の性質がわかる。
- 数学理論は文字通り一から積み上げてゆく思考法で発見・習得できる。
- 発見・習得された理論は得られた順序に関係なく全体として整合的な関係にある。

　論理学では原理 A を理論づけるために、原理 A から得られた理論を用いることを「論点先取の虚偽」といって避けるべき形とされている。しかし、私たちが習得した数学理論は発見や思考の順序前には関係なく、すべての理論が全体として矛盾のない整合的な関係で支え合った形となっている。

　したがって、上の私たちの数学の取得過程に沿って、今日まで共有されてきたどのような数学理論も得られるように、要素的で基本的な数学理論・概念を列挙することで数学の原理が得られることになるだろう。

　さて、話の順序としては、これにつづいて、
- 数学の原理の一例
- 原理から得られる数の性質と、論理規則・推論規則
- 定理、証明などの数学的思考の仕組み

などの話となるのだが、ここでは数学になじみの薄い読者層を考慮して、この部分は〔別記1〕で説明するので、興味のある読者はそちらを読んでいただきたい。

無限を理論づける

経験に一致して共有できる無限の定義

　「無限」は日常生活にはあまりなじみがないが、数学理論に大きな影響を与えてきた。

　$\frac{1}{3}$ を小数表記すると 0.3333……とどこまでも3がつづく。$\sqrt{2}$ を小数表記すると 1.4142……とどこまでも不規則な数字がつづく。この無限小数列に対して直接的に四則演算はできない。けれども元の数の表記法に戻ると、たとえば $\frac{1}{3} + \frac{1}{3} = \frac{2}{3}$、$\sqrt{2} \times \sqrt{2} = 2$ というように四則演算ができる。

　これだけならば、無限小数列の問題とは小数表記固有の問題だからあまり気にすることはない。

しかし、数学には小数表記以外にも同じ論理が繰り返されて無限数列が生じる問題が随所に現れる。これは「再帰的論理・recurrence」といわれている。再帰的論理は終了しないため数学理論がそこで中断されてしまう。
　微分積分法を教わった人は、微分値積分値が再帰的論理で表されることを教わっただろう。冒頭に説明したゼノンの難問は、今日では1次連立方程式で解ける問題だが、この問題にわざわざ微分積分の理論を適用して再帰的論理で表したと解釈できる。
　今日、数学の原理とされている集合論によると、無限数列は完遂できないため微分積分値は厳密ではないとされている。
　しかしながら、無限数列は完遂できないとの見方は、演算には時間が必要で記述には空間が必要であるとの、現実世界での実行の可能性を考慮した見方である。一方、数学理論は、数の概念さえ現実世界にて習得すれば、現実世界とは無関係に純粋な数の理論として自足的に成立する。このため、数学理論の中では現実世界の時間や空間と切り離していくらでも大きい数などを考えることができるのである。
　それゆえに、数学理論は現実世界の時間・空間とは切り離して、再帰的論理は完遂して無限数列は完結する、と考えることができる。そこでこのことを明示するために数学の原理として次を加えよう。

　　　再帰的論理は完遂して無限数列は完結する。その回数・長さを「無限値・∞」と定義する。

　ちなみに「∞」の記号は今日の集合論数学ですでは「どこまでも大きくなるに無限値」を表すとされている。そこで、ここではそれとの混同を避けるために∞との記号を用いることにする。
　この原理によると、0.3333……＋0.3333……＝0.6666……との計算や、1.4142……×1.4142……＝2との計算が数学的に可能であると考えることができるため、小数表記を特別扱いする必要はなくなる。また微分積分値も確定した値となる。円周率πを表す無限小数列、3.14159……についても、「直径1の円の円周の長さ」との定義や円周率πを表す数式による定義をもって確定値と考えることができる。
　無限値、∞は、有限値のように有限の演算によって得られる値ではないため、その演算規則は有限値のものとは異なってくる。微分積分に現れる等比級数という無限数列を用いると、$\frac{b}{\infty}=0$、$\frac{a}{0}=\infty$、$a+\infty=\infty$、$a+\infty$

＝∞、であることなどが簡単に証明できる。無限につづく小数列も等比級数に準じて取り扱うことができる。

また$\frac{0}{0}$、$0 \times \infty$は集合論数学では不定値とされているが、微分値積分値はこの形ではあっても確定した値となることも証明できる。

なお、無限値の定義により得られる数学理論の基礎的な説明、および語り継がれてきた無限についての難問がこれにより解消されることについては、第6話で説明するので興味ある読者はそちらを読んでいただきたい。

数学として共有できる理論とできない理論──数学の理論域

共有可能な数学理論には、**A**整合的につながった数・大きさ・図形に関する理論だけが含まれて、**B**その他の理論や**C**因果関係は含まれない。これにより共有可能な数学は一定の理論域を保持してきた。このことについて説明しよう。

A　整合的な数の理論

私たちは次のように数学の理論を教わった。

> 数の性質に一致した理論、たとえば「1＋2＝3」や「2つの偶数の和は偶数である」は正しい。そうではない理論、たとえば「1＋2＝4」や「2つの偶数の和は奇数である」は誤りである。

このことから、「1＋2＝3」はもちろんのこと、「1＋2＝3は正しい」や「1＋2＝4は誤りである」も正しく共有できるゆえに共有された数学理論である。

次に「背理法」といわれている証明法を「有限値には最大値が定められない」との定理の証明の例で考えて見よう。

> 有限値には最大値が定められると仮定してその数をmとする。ところがmにもとづくと$m+1$なる有限値が求められて、これはmより大きい。これは最大値がmであるとの最初の仮定に反する。したがって有限値には最大値が定められない。

この場合「有限値には最大値が定められる」との仮定が数学理論に含まれることになるが、この仮定は結果的に誤りとして否定されるのだから、背

第5話　数学、理論、そして科学を考える　183

理法全体を数学理論と考えればやはり数学は誤りを含まないということになる。

また計算の検算は逆算してできることも教わった。これらのことから、数学の証明、正しい数学的思考とは私たちが試行錯誤的に考えた理論の中から、正しい理論、わかりやすい理路を選択して行く過程であるといえる。

数学理論はこのようにして選ばれた整合的につながった理論の集まりである。

B　数だけでは理論づけられない理論

たとえば、「7は幸運の数である」との理論は、これを数学理論に含めると次の理由で数学の共有性がなくなるから共有された数学理論ではない。
- 「幸運」は数のみでは説明できない。
- この見方を数学理論全体と関連付けることは困難である。
- 「7は不吉な数だ」または「7は幸福とは関係ない」と考える人や社会があり得るため、これはただ一通りに得られる理論ではない。

これとの比較例として「2の倍数を偶数という」との定義については、
- 偶数は数の演算によって求められる数を分類する定義となっている。
- この定義から「整数から偶数を除いた数を奇数という」などの新たな定義
- 数学理論を構成することが可能。
- 整数・odd number、偶数・even number、などの数学用語の意味は言語の違いを超えてその意味を正確に共有できる。

などの理由で数学理論である。また、「2つの偶数の和は偶数である」との理論も証明可能ゆえに数学の定理である。

C　数学に不必要な因果関係

人は理論を理解しようとすれば、既知の理論から新たに理解しようとする理論へ順序立てて考える。しかし、二つの数学理論は次の例のように整合的・双方向的に100％の正しさでつながっている。
- 私たちは「2＋3ならば5」のように数の関係を一方向から考えるが、逆に「5ならば2＋3」と考えることもできる。5となる数式は他にもあるが、これは整合的な理論の構造から生まれた選択肢であり、時間・因果の方向と考える必要はない。

- 直角三角形にはピタゴラスの定理が成り立つが、逆にピタゴラスの定理が成り立つ三角形は直角三角形であることも証明できる。
- 整数から偶数を取り出すと奇数だけが残るが、そこにまた偶数を加えると整数に戻すことができる。

このため、数学理論に一方向的な因果関係を含めると、さまざまな因果関係があり得て共通性が失われる。そこで、因果関係は人の思考法につきまとう思考順序や学習順序を考慮した一つの解釈であり、数学理論そのものではないと考えると、数学の共有性は確実に保たれる。

以上で定まる理論域を「数学の理論域」ということにする。数学の理論域は本書の勝手な主張ではなく、集合論以前の共有されてきた伝統的な数学では実態として守られてきて、これによって世界的に数学の共有性が維持されてきたのである。

数学の理論域には数に関する理論だけではなく、図形に関する理論も含まれることを次に説明しよう。

平面・立体図形の数学

座標幾何学

図形の理論の学習は、通例として直線や円などのシンプルな図形の関係を論じる「幾何学・geometry」から始まるが、このような幾何学が、以上の物の数の概念にもとづいた数学と本質的に同じ理論であることを説明するために、座標幾何学から説明して行こう。座標幾何学は 1637 年にデカルトが著した『幾何学』により包括的に明らかにされた。

長さの関係を数学で論じたいならば、最初に任意の長さ a をもつ線分 A を長さ 1 と定めればよい。すると他の線分 B の長さ b は線分 A の長さとの比、つまり $\frac{b}{a}$ との「分数」で表すことができるが、a は 1 であるため $\frac{b}{a}$ は b となる。こうして長さが等間隔で刻まれた(刻み得る)直線を「数直線」という。なお、a の長さを 1cm とするか 1 尺とするかは自由に選び得るため、長さの単位は共有された数学理論ではない。

水平に引かれた数直線 X のある点を原点 O として、そこから右方向の距離を正の数値で表すと、左方向への距離は負の値で表せる。

数直線 X と同じ目盛りをもつ数直線 Y を、X の原点で直角に交わるよう

に引く。Yの原点をXの原点に合わせて、そこから上方への距離を正の数値で表し、下方への距離を負の数値で表す。

すると数直線YとYを含む平面XYのどの位置の点Pも直線XとYの距離の組み合わせで決定できる。この方法によるとx、yの関係を表す数式で平面上の図形を表すことができる。この原理を用いたものを「座標幾何学」という。

座標幾何学では$x = a$、$y = b$で定まる点を$P(a、b)$と表す。平面上の直線は1次関数$y = ax + b$または$ax + by = c$で表される。

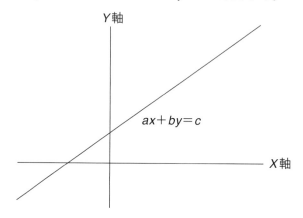

この方法を用いると、異なる点で互いに交わる三本の直線を表す関数と、それぞれの関数のx、yの値を交点から交点の間に限り有効とする条件式によって三角形が描ける。

直角三角形を描くと、2辺の角度とその2辺の長さの比の関係を表す「三角関数」などが定義できる。

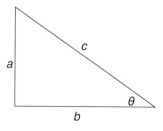

$$\sin \theta = \frac{a}{c} 、 \cos \theta = \frac{b}{c} 、 \tan \theta = \frac{a}{b}$$

直角三角形によるとピタゴラスの定理が導かれて、傾斜した線分の長さもピタゴラスの定理により求められる。

また、$y = \sqrt{a^2-x^2}$、つまり $a^2 = x^2 + y^2$ は原点を中心とした半径 a の円を表す。

　当然ながらユークリッド幾何学の理論のすべてが座標幾何学で理論づけ可能である。このことを説明しよう。
　ユークリッド幾何学は「定規、コンパス操作で作図可能な図形」のみを対象としているため、描き得る線の種類は線分と直線、円周、円周の一部である円弧に限定されている。
　座標幾何学によると、傾きが a で、Y 軸上の b 点を通る直線は関数
$$y = ax + b$$
の値域として定義されて、点 P $(a、b)$ を中心とした半径 r の円は、関数
$$(x - a)^2 + (y - b)^2 = r^2$$
の値域として定義される。
　これらの線の交点も、これらの関数を連立方程式として解けば求められる。円弧や線分は、円や直線を表す関数の変数の値域を制限すれば得られる。この方法で幾何学の定理を証明することもできる。ユークリッド幾何学の公理系も座標幾何学で定義することができる（興味のある人は第6話を見ていただきたい）。
　これは図形から数学理論を得ようとしたユークリッド幾何学とは逆向きのアプローチである。けれども数学理論は可逆的であるため、双方の理論は整合的である。そして座標幾何学は、近代科学理論で使用される形式的な表現において大きな役割を果たすことになった。
　ただし、座標幾何学は図形を用いた幾何学に比べると難点もある。
　幾何学では図形をコンパスと定規で自由に移動したり回転したりできることになっている。一方、座標幾何学では座標上の方程式で表された図形の平行移動や、90°や180°の回転については、方程式を比較的シンプルに変形して表すことができるが、図形を任意の角度で回転させようとすると、図形を表す関数に sin や cos などの三角関数が入ってきて複雑化してゆき、直感的ではなくなってしまう。
　これに比べると図形・定規・コンパスにもとづくユークリッド幾何学は、現実世界の物の移動を直接的になぞらえるため、実用的でかつ直感的・図形的な思考力が養える。このため今後ともすたれないだろう。

数学的平面・空間には歪はない

　数学理論は内部完結的であるため、理論がどこまでもお互いに整合することをもって矛盾がないと考えることができる。

　これと同様に、座標軸を等間隔の目盛りをもつ曲がりのない直線（これを線形直線という）と考えて、直交した2本の線形直線が作る座標平面上の理論にも、直交した3本の線形直線が作る3次元座標空間の理論にもどこまでも矛盾が見出せない。これをもって数学的空間には歪がないと考えることができる。

　数学の歴史を紐解くと、19世紀に歪をもった平面で成り立つ非ユークリッド幾何学が発見されて、これを契機として図形の歪や数学の正しさが相対化されていった。この歪の相対的な見方には「空間の歪は無歪の空間を基準として論じることができる」との視点が欠落している。

　非ユークリッド幾何学は、「無限」に関係づけられたユークリッド幾何学の「平行線公理」から派生した特殊な幾何学である。興味のある人は第6話を見ていただきたい。

3次元空間の習得と成り立ち

　子供の頃、私は目の前の空間には何もないと思っていた。ところがある時、「目には見えないが空気というものがあって、それが動いて風になるのだよ」と教えられた。手を振ると風を切る感じがして、なるほどと思った。

　さらに「空間には高さ、幅、奥行というものがあって、これで大きさや位置が測れるのだよ」と教えられた。なるほど、いわれてみればその通りである。学校では3次元座標というものを学び、座標と方程式を用いると直線、平面図形、立体図形が構成できることを学んだ。

　空間はなぜ3次元なのだろうか。

　わかりやすい例として、一つの立方体Aを上下、左右、前後方向にそれぞれ2等分してできた8個の立方体を考えるとよい。

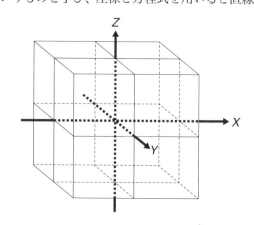

立方体 A を巨大空間と考えると、この空間は3つの平面で8等分されている。また3つの平面は直交した3本の直線で交わっている。この直線を座標軸 X、Y、Z と考えると、この空間に位置する点は3つの数値の組 $P(x、y、z)$ で表され、図形は関数 $f(x、y、x)$ で表されるのである。
　これによると物の形や位置関係を物の種類には関係なく、数学的に表すことができる。
　私たちは丸、四角、長い、短いなどの図形や形式を表す言葉の意味を共有できるが、その理由はこのような共有できる図形や位置の理論が背後にあるからだろう。
　そして図形の理論は私たちの視覚と数学理論が複合して成立しているのである。
　引きつづいて、時間軸を加えて物の動き変化を論じる数学的時空間について考えて見よう。

数学的時空間の成り立ち

時間とは何か
　私は時間概念を当然のように習得した。これは誰もが経験したことだろう。
　私を取り巻く出来事は自ずと移り変わってゆく。現在の出来事は自然に過去の記憶となってゆく。私たちの意識の中で時間概念が生まれることについては、誰もがそうであるように、次々と古くなってゆく経験の記憶の連なりにもとづいていると推理できる。
　体感できる時間の進み方は一定とは思えない。私の記憶によると子供の頃の1日は現在の1日よりもずいぶん長く感じたものである。今も何かに夢中になると、時間は瞬く間に過ぎてゆく。熟睡した後でも体感的睡眠時間が短く感じられる。
　しかしながら、人々は昔から寝食のタイミングを太陽の動きに合わせて生活し、その生活を太陽の動きが作り出す一日周期で繰り返している。
　一日は等間隔に24等分されて1時間が決められた。そのような時間を計る時計が発明された。カレンダーを見ると毎日が等間隔で並んでいる。四季は約365日で循環して1年となる。学校に通い始めると1年ごとに学年が上がる。教室に掲示された歴史年表を見ると、過去の出来事は等間隔の

年という周期で順序づけられて並べられている。

　これらの経験を重ねることで、誰もが共有できる物理的に定まる時間概念・物理的時間が習得される。取り残された体感時間は個人的なものと考えてあまり気にしなくなる。

　さらに私たちは物理的時間はほぼ等速で進んでいるとの常識を共有するに至った。等速の時間概念には等間隔に時間が目盛られた数直線を当てはめることができる。

　一日を24時間とすると、半日は12時間、二日は48時間であると、私たちは何の疑問も抱かずに数学理論を適用して考える。こうして物理的時間は、私たちの心の中に数学的時間を生み出して、私たちは1本の共有された時間軸で時間を考える習慣がついた。

　今日では物理的な時計も改良されて、太陽の動き・地球の自転の狂いが測定できるまでになった。物理的時間は共有可能である。しかしながら物理事象どうしを比較する限りでは物理事象の等速性は相対的で、何が絶対的に等速かは分からない。それに比べると、数学的時間は私たちの心の中に「等速的時間の理想モデル」として共有されていて時間の理論を支えているのだから、絶対的に等速で正確な時間と考えてよい。

　以上が、体感時間、物理的時間、数学的時間の科学的な位置づけであろう。

時間の正体

　先に「次々と古くなってゆく経験の記憶の連なりにもとづいて私たちの意識の中で時間概念が生まれる」と説明した。経験・記憶・意識は時間概念の要素である。

　哲学では古くからこれにとどまることなく様々に時間の正体は探索されてきた。また物理的時間は物理現象を観察・測定することで科学的にいろいろと論じることができる。これに対して、数学的時間は人の心の中にある時間の理想モデル・究極モデルであって、数学で表すことはできてもそれ自身は観察不可能だから、数学的時間をこれ以上論じてもさらなる本質が科学的に解明できるとは期待できない。

　このようなわけで、「時間にはその成因により、体感時間、物理的時間、数学的時間が考えられる」というのが科学的な時間論の結論となるだろう。

時間軸と３次元空間軸の結合

　立体幾何学は時間を止めた空間図形の理論となっているが、これに時間軸を加えると立体の動きを表すことができて、私たちが認識するこの世界の形式的な枠組みとなる。

　では時間軸と３次元の空間軸はなぜ組み合わさっているのだろうか。この世界が存在する理由は、今日の科学では知り得ないのでこれは愚問かも知れない。あるいは空間と時間があって物の動き、変化がわかるのだから、変化や速度が両者を結びつけていると考えることもできるだろう。

　ところが時間軸と３次元の空間軸を結びつける「四元数」といわれている数学理論がすでにハミルトンにより発見されているのである。四元数は数の四則演算から生じる数の構造であるため、最も原理的な時間と空間の関係と考えることができる。

　四元数は発見当初、私たちのもつ時空間の構造に一致するため、大きな注目を浴びたのだが、用途が限られていたせいもありやがて忘れ去られた。ところが最近ではコンピューターグラフィックスの道具として用いられて、再び注目を集め出した。

　私たちは立体幾何学や力学の法則を知らなくても物の動きに違和感を覚えない。これと同様に、私たちは四元数の理論を知らなくても立体の動きに違和感を覚えない。つまり私たちの時空間概念や立体の動きの見方には、四元数の理論が潜在していると考え得るのである。

　次に四元数の説明をしたいのだが、四元数は相当に抽象的な理論である。そこでその説明は［別記２］に回すことにする。興味のある読者はそちらを読んでいただきたい。ここではただ「３次元空間軸は空間に実在するのではなく、時間を数学的時間（軸）とみなすことで、数学理論から必然的に生まれる」と理解していただいて、話を先に進めることにする。

数学は第一原理である

　以上が今日の共有された数学の、指摘されなかった理論や忘れられた理論も含めた全体像である。

　さまざまな数えることのできる物、大きさを比較できる物、そしてそれを観察する知性がそろえば、数学はその知性の中に自ずと生まれるといっても過言ではないだろう。そして数学は、明示的にも潜在的にも私たちの思考の道具となっている。これらの理由で数学は世界中で共有されている。

ところで、「それ自体は他の理論に依存せず、他の理論がそれに由来するような始まりとなる理論」を「第一原理」という。数学理論は自足的で他の理論に依存していない。そして論理推論規則などを生み出した。ゆえにここまでの数学は第一原理に該当するといっても異論はないだろう。

　数学は私たちのもつ時空間や後述する確率の概念を成り立たせているが、時空間や確率は数学理論そのものではなく、数学理論に沿った私たちの考え方であるため、「数学的時空間」や「数学的確率」であり、数学そのものは私たちのもつ時空間や確率の概念に制約されることはないと考えられる。数学はこのほかにも共有できる物の形式的な面を表す多くの言葉、理論の裏づけとなっている。

　次に数学を活用した科学理論である近代物理学と化学について説明する。

近代物理学と化学の成り立ち

定量的な速度の表現の始まり

　17世紀になって、近代物理学の発見への環境が急速に整い始めた。

　ガリレイらにより、今日使われている「速度」の概念が提唱された。それまでは物の運動については、古代ギリシャのアリストテレスによる「静止したもの」と「運動するもの」との分類を原理とする見方が長くつづいてきたのである。

　速度の概念の成り立ちには時計が欠かせない。ガリレイは正確とはいえない時計を工夫して、物体の「速度」を測定した。その結果、物体の落下速度は一定ではなく、時間に比例して増加することを発見した。

　実用的な機械式時計は、その後ほどなく発明された。これによって速度概念の普及条件が整ったのである。

　当時の我が国を振り返ってみても、江戸時代の時刻は日出〜日没、日没〜日出の時間をそれぞれ6分割した不定時法であって、季節によって昼夜の時間の長さが変わっていたのだから、正確な速度の概念とは無縁だったと思われる。

　包括的な数学的時空間・座標は17世紀にデカルトによって提唱された。

　数学的時空間を表す座標を用いて、X軸上を動く物体の速度を表してみよう。X軸上の時刻 t_1 における物体の位置を位置 x_1、時刻 t_2 における物体

の位置を位置 x_2 とすると、

$$\text{速度}\, v = \frac{x_2 - x_1}{t_2 - t_1}$$

となる。

　物の長さ・重さについては、古くから数値とシンプルな数式で論じられていたが、このような代数式・関数を用いて物の速度が論じられるようになったのは、当時としては画期的な出来事だったのだろう。

　この理論の座標の原点を地上に固定すると、速度は「対地速度」となる。ニュートン力学では、座標の原点を何に固定するかが問題となるが、その問題は未だに解決されていない。

ニュートン力学

　天体観測に欠かせない実用的な望遠鏡も 17 世紀に現れた。17 世紀後半にはケプラーらにより望遠鏡による天体の動きの観測が行われるようになって、観測データから天体の動きを論ずる議論が盛んになっていた。このようにして「ニュートン力学」誕生の外的環境は整っていったのである。

　そのような中でニュートンは、天体の動きも地上の物の落下も、物体が共通的にもつ質量と万有引力が影響していると考えて、地上で物体の落下実験などを行い、両者を統合する力学法則を考え出した。

　ニュートンは生家の庭にあったリンゴの木からリンゴが落下するのを見て万有引力を発見したといわれているが、このエピソードの真偽のほどは定かではない。

　　今日「ニュートン力学」といわれている理論を記述した『プリンキピア・the Principia』は 1687 年にニュートンにより著された。『プリンキピア』には「自然哲学の数学的原理」との副題がついている。「物理学」という言葉がない理由は、ニュートン力学が認められるまでは宇宙は物理学の対象ではなく、「自然」に分類されていたからだろう。

　では、『プリンキピア』の核心部分をニュートンの説明にある程度忠実に説明しよう。ただしニュートンは、数学的な法則類を主に言葉で記述した。これは、当時は代数式がまだあまり普及していなかったためと考えられる。そこでここではニュートンの記述法にこだわらず、法則類は時空間座標上の代数式でわかりやすく表してみよう。説明をシンプルにするため、計測の単位で異なってくる比例係数は省略する。

物質の密度を d、体積を q、質量を m、物体の速度を v、運動量を w、速度の変化率（加速度）を a、物体に加わる力を f とする。ただし v、a、f は座標空間で方向も定まったものとする。

定義Ⅰ　質量 $m = d \times q$
定義Ⅱ　運動量 $w = v \times m$
定義Ⅲ　w は物体の運動を保持しようとする抵抗力・慣性力である。
定義Ⅳ〜Ⅷは省略する。
法則Ⅰ　物体の速度 v は加えられた力によって状態を変えられない限り一定である。
法則Ⅱ　速度 v の変化を a とすると力 $f = a \times m$
法則Ⅲ　二つの物体間に働く力の一つを f とすると他の物体に働く力は $-f$ である。
万有引力の法則　二つの物体の距離を r とすると二つの物体間には次の引力 f が働く。

$$f = \frac{m_1 \times m_2}{r_2}$$

以上がニュートン力学の骨子である。

定義Ⅰ〜Ⅲと運動法則Ⅰ〜Ⅲは当時ほぼ知られていたものであるため、それだけではニュートン力学に新規性はない。

ニュートンはこの定義・法則類に自ら発想した「万有引力の法則」を加えることで、当時すでに明らかになっていた天体の運動の速さや方向に関する「ケプラーの3法則」が成立することを数学的に証明したのである。

これによって、地上の物体の動きも天体の動きも包括的に物理学・力学として論じられるようになった。これが当時は予想もつかなかったニュートン力学の新規性である。

なお、その証明には、これも自ら構想した幾何的な方法が用いられた。幾何的といってもその方法はその後、科学の数学的方法を支える微分積分学として発展した重要な考え方である。

ニュートン力学の科学としての正しさ

ニュートン力学の諸法則もその元となったケプラーの3法則も数式や図形で表すことができる。しかし物体が数式や図形通りに運動することは数

学のように証明できない。法則や理論から得られる値を理論値というが、測定値と理論値との間には通常いくらかのズレ・誤差がある。ニュートンはこれを測定技術上の問題と考えていたふしがあるが、今日では測定誤差は確率論で論じられている。また、相対性原理によるズレも発見されている。

しかしながら、
- 測定値は高い精度でこの法則から得られる理論値に一致する。
- この力学法則から新たに多くの物体の挙動を説明した理論が生まれた。

との理由でニュートン力学は科学として正しいとの見方が共有されることになった。

代数式で表された法則と同様に、「物体の質量」「力」「引力」などのニュートン力学で新たに定義された用語についても、それが厳密に理論の対象（物体・天体の動き）に一致しているか否かを確認する方法はない。しかし、これらの用語についても理論全体の整合性から正しいと考えられている。

ただし、これらの正しさは科学理論としての正しさであって絶対的ではない。仮により妥当で共有可能な理論が発見されれば、その理論がより科学的な理論ということになる。

ニュートン力学の時間

実は原典には、上の3定義の後ろ、3運動法則の前に、I時間、II空間、III場所、IV運動から成る注釈がある。このうち、時間と空間についての注釈を転記してニュートンの考え方を精査してみよう。

 I 絶対的で真の数学的な時間は、その本性・natureにより、外部の何物にも関係なく一様に流れてゆく。相対的、外面的、一般的な時間は精度にかかわらず流れてゆく。時刻、年月日などである。

ニュートンは数学的時間を絶対的で真の時間と考えた。もう一つのニュートンのいう相対的、外面的、一般的な時間とは、本書のいう物理的時間に該当すると考えられる。

次に空間についてのニュートンの注釈を転記する。

 II 絶対的空間はその本性により、外部の何物にも関係なく常に等しくかつ静止しつづける。相対的空間は、絶対的空間に対して等速運動する物体の位置を原点として定まる空間であり、通常は静止した空間と同様とみなされている。

ニュートンの他の説明を合わせて考えると、ニュートンは数学座標空間を空間の構造と考えて、それを用いようとした。ところが宇宙には座標の原点を固定できないことに気づいた。そこで彼は理論の成り立つ条件を先のように考えてみたのだろう。
　ニュートン力学は本来的に系外からの力の加わらない静止座標系でなければ成立しない。ただし、物体は自然に等速運動をつづけるのだから、等速運動する座標系でもニュートン力学は成立する。
　こう考えると「絶対的静止空間」と「等速移動空間」は宇宙において座標を用いた力学法則を成り立たせるためにニュートンが導入した便宜的概念であるといえる。
　ニュートン力学の成立する座標空間をニュートン力学にもとづいて考えると、
　　　　　加減速・回転せず系外からの引力もない座標空間
ということになり、これは今日では「慣性系・慣性座標系」といわれている。慣性系は「ニュートン力学の成立する座標系」と自らの理論で条件づけたに等しく、実宇宙内に発見されることが期待できない理想座標空間モデルといえよう。
　この問題は座標を用いて数学理論外部の宇宙の出来事を表そうとして顕在化したのである。

ニュートン力学は地動説か
　ニュートン力学が地動説といわれている理由を考えてみよう。
　ニュートンの力学法則から得られる運動量保存の法則によると、無重力の空間に浮かんでいる2物体が互いに力を及ぼし合ってもその重心は変わらず静止または等速運動を維持するため、2物体の動きは2つの物体の重心を原点とした運動方程式でシンプルに表すことができる。
　ニュートン力学が地動説と解釈できる理由は、太陽の質量が地球に比べて圧倒的に大きいため、静止または等速運動している両者の重心の位置が太陽内部となるからだ。つまり、太陽と地球のどちらが動きどちらが静止しているかということは相対的な問題なのである。
　運動量保存の法則は無重力の空間に浮かんだ物体が多数となっても成立する。そしてこれは慣性系でもあるため、慣性系とは理論上の理想座標系であることがわかる。

科学理論の表現法の言葉から数学への転換

未だに科学史家たちは、「それまでの科学は言葉で説明されていた。ところがニュートン力学では数式で表されることになった。数学が理論の叙述に役立つのはなぜだろう」との疑問を呈しており、この理論の道具の転換を「パラダイム転換」などといわれることになった。

共有された数学の成り立ちにもとづくと、その理由は簡単に説明できる。

数学や図形の理論も科学理論と同じく共有された経験から得られた。そして物理学も科学も、基本的に物の性質を数式と幾何図形で説明して理論づけている。このため、世界の人々が理論を共有できるのである。

ニュートン力学の真の革新性とは、見えざる万有引力を想定することにより、地上の物体と宇宙に存在する天体に共通する力学を完成した点にあるだろう。

歴史の順序に従うと、力学につづいて近代科学の母体となった近代原子論が台頭し始めるのだが、話の都合上次にニュートン力学を凌駕したとされる相対性理論を取り上げよう。

電波と光の性質の発見

光の性質も古くから物理学の対象となっていて、ニュートンの研究も知られている。電気と磁気の関係についても19世紀にはいくつかの法則が発見されていた。

1864年にジェームズ-マクスウェル（1831-1879）により、磁場の変化に伴って電波（電磁波）が発生すること、そして電磁波の伝わる速度は、発生源の速度とは無関係に一定の値となることを表した方程式が発表された。その後これはよりわかりやすい形に改められて「マクスウェルの方程式」といわれている。

マクスウェルの方程式は当時得られていた電気と磁気の法則類について、電気と磁気の相互変換が生じても、その空間に含まれたエネルギー全体は変わらないと考えて、エネルギーバランスを一連の数式で表したものである。

このため、マクスウェルの方程式は、運動方程式の電磁気版ともいえるが、方程式によって従来知られていなかった電磁波の存在を予測できたことは、この方程式の電磁気モデルが相当忠実に自然を表している証拠とみなせるだろう。

この方程式が発表されて間もなく、磁場の変化にともなって電磁波が発生することが実測された。さらに、赤外線、可視光、紫外線、X線といわれるものは同じ電磁波であって、後のものほど波長が短くなることが判明した。これによって、電磁方程式の正しさが実証された。

　問題は電磁波・光の速度である。当時、宇宙は光の伝達の媒体となる絶対的に静止したエーテルで満たされているとの説が有力であった。このエーテル仮説によると、観測点がエーテルに対して異なる速度をもつと光の速度も変わるはずである。これを実証するために、地球の宇宙に対する動きを利用して異なる条件での光速が測定された。

　ところが意外なことに、宇宙での光の速度は地球の動きとは無関係に、常に約30万km／秒であることが実測されたのである。これによって静止したエーテルは否定された。

光の不思議な性質

　ある位置 P から見て、点 A が速度 va をもっていたとする。さらに、A から見て点 B が速度 vb をもっていたとする。すると元の位置 P から見ると点 B は $va+vb$ の速度をもっていることになる。このように数学的時空間では異なる速度の間には加算・減算の関係が成立する。

　ところが光速は同じ「速度」といっても物体の速度とは次の点で全く異なる。

- ・点 P、点 A、点 B、いずれで測っても光速は変わらない。
- ・速度にはさまざまな大きさがあり得るが真空中の光速は一定である。
- ・光速は超高速で物体が到達できない。

　このため、光は本質的に物体ではないと考えられる。このような光に物体の速度を適用することに問題があるのかも知れないが、人間はこれに代わる概念を持ちあわせてはいない。

　光は1秒で地球を7周半回る速度をもつため、光が発してから到達するまでの時間の遅れは、地球上の日常生活では全く気づかない。しかし、宇宙は桁違いに広大であるため、光が1年がかりで到達する距離を「1光年」として、現在の宇宙で観測できる最遠方の星雲は138億光年の彼方にあるとされている。

　次の相対性理論によると、光速の影響は物理事象全般に及ぶということになる。

相対性理論とその数学的時空間の関係

　天体観測には、光・電磁波が用いられている。この光の性質も加味した力学・物の運動の法則については、アインシュタインにより「真空中の光速一定」を原理とした相対性理論が現れた。相対性理論によると、

- 物体どうしの速度（相対的速度）が異なると物体どうしの長さ、時計の進む速度(物理的時間)は異なる(この関係は「ローレンツ変換」といわれて数学的時空間内部の方程式で表される)。
- 加速度が加わると物理的時間は遅れる。
- エネルギー e、質量 m、光速 c の間には $e = m \times c^2$ なる関係が成立する。

などが明らかとなった。

　今日では数学的時空間にローレンツ変換を施した相対論の時空間は、「4次元ミンコフスキー空間」とも呼ばれて、より正しい時空間とされている。しかし、この考え方には理論の仕組みに対する次の重要な視点が欠落している。

 i 私たちの時空間の認識、経験は数学的時空間に由来しており、数学的時空間軸に歪がないことは数学の整合性で担保されている。そして相対性理論はこの数学的時空間を用いて理論化されている。

 ii 一方、真空中の光速が光源の速度によらず一定であることは、物理的な測定とその数学的解釈によって明らかになった。これは数学理論のように純粋に数学上で証明されたものではない。体感時間がそうであるように、物理的な時間が一定速度で進まないことは不思議ではないだろう。

 iii 物体の相対速度が0のとき、相対性理論の時空間は数学的時空間と変わらない。

 iv 光速はあまりにも大きいため、ローレンツ変換は体験困難である。

したがって、

- 数学的時空間は相対性理論の時空間よりも原理的な時空間である。
- 相対性理論の時空間は時計の進む速度と物の長さを光を媒体として比較した、数学的時空間とは全く異なる物理的時空間である。

と考えた方が妥当で科学的だろう。

　このようなことから、相対性理論は数学的時空間を否定したものではない。よく考えてみれば、宇宙に数学的時空間が内在しているわけではない

ので、人の関心のもち方によってさまざまな宇宙像が描けるとしても不思議ではない。

　最近では「重力波」の発見により、重力も相対性原理にもとづく物理的時空間に関係していることがわかったのだが、将来的に光速以上に原理的な物理事象が発見されないとは断定できないため、相対性理論の時空間は物理的に恒久的な時空間であるとは断定できない。

　未だに大きな謎が取り残されている。

　「真空中の速度一定」との光の性質により、位置の定まるガスのようなエーテルの存在は否定されたのだが、真空空間は「無」ではなく、エネルギーをもつことのできる光や重力の媒体であることには変わりがない。マクスウェルの方程式もエネルギーをもつ媒体を想定して成立している。

　ある法則を原理とみなしてしまうと、その法則の成り立ちに対する探求が疎かになりがちである。これを防ぐため、すでに行われつつあると聞くが、光速一定の法則を成り立たせている真空の性質を、さらに探索することが望ましいだろう。

科学的根拠の薄弱なビッグバン

　近年に至り巨大望遠鏡による観測により、遠い宇宙に無数の星雲があることがわかってきた。そのことから、天の川は私たちの太陽が属する「銀河系」という星雲であることがわかり、銀河系の外観やその消長を他の星雲の観測から類推できるようになった。

　遠くの星雲ほど、赤色遷移といって固有の光の波長が長くなることも観測され、宇宙は膨張しつつあると解釈されるようになった。この結果をふまえて、1946年、ガモフは「ビッグバン」といわれている「宇宙は点状のものから爆発的に始まった」との説を発表した。

　その後、現存する宇宙が高温状態から生まれたであろう痕跡なども宇宙で発見されて、ビッグバンは広く支持されるに至った。

　今日では宇宙観測の技術が進んで、星雲はほぼ光速に近い速度で遠ざかっているとされる138億光年の彼方の星雲が観測できるようになった。これに合わせビッグバンはほぼ138億年前に生じたとされている。

　しかしながら、宇宙の誕生と、星雲・恒星の誕生との間には決定的な違いが指摘できる。

　星雲は外観を観察できるが、私たちはこの宇宙の中に位置しているため、

宇宙を外部から観察でない。さらに、宇宙に外縁があることもわかっていないため、宇宙全体を論じることはできない、という点である。

今日の相対性理論と宇宙における位置の相対性にもとづきさらに説明しよう。仮に宇宙が均等に膨張しているとすると、地球から光の速度の99.99％の速度で遠ざかる天体までが観察されたとしても、その天体から観測できたとすると、新たに光の速度の99.99％の速度で遠ざかる天体までが観測されることになる。このように考えると、138億光年という距離は今日の宇宙観測技術の限界を表しているにすぎない、この距離は技術の向上と共に大きくなる、結局宇宙の外縁は発見できない、ということになる。

身の回りの物を観察すると、見える物は大きさ・外形をもつとの考え方は常識的で、科学的である。しかし宇宙の外縁があることを裏づける証拠は何もないし、仮に外縁があるとすると、その外側にはなにがあるかとの解決できない循環論理も生じるため、宇宙にはその常識が通用しないと考える方が科学的である。

宇宙観測により、天体の誕生や消滅についてさまざまなことがわかってきた。物質が自らの重力で崩壊するブラックホールも観察されている。これらはこの宇宙内部の現象として観察されているため、十分に科学的である。

原子の合成についても星雲の消長に伴う現象としても観測されている。観測されている「ビッグバンの痕跡」についても、そちらの可能性もあるだろう。

現状では「無から有が生じる」との考えに等しいビッグバンについては、現在の物理学の諸理論と整合的につながりそうにない。

先に説明した通り、今日では「真空の空間」とは何か、本当に「無」なのか、との問題を解明するために真空の性質が物理的に探索され始めている。この探索が新たな科学的で原理的な理論の発見につながるかもしれない。

数学的・図形的・形式的な原子論にもとづく近代科学

近代科学を支えている近代原子論に置き換わるまで、物質を構成する原子とは古代ギリシャに生まれた「世界は土、火、水、空気から成る」との四元素説が代表的なものであった。

中世には金を生み出す目的でさまざまな物質を実験的に反応させる「錬金術」といわれる試みが始まったが、四元素説は全く役には立たず金も得られなかった。今振り返ってみると、四元素説から始まった錬金術は、物

質の構造や変化そのものを詳細に観察・考察して得た理論ではなかったからである。

　18世紀の終わり頃から、物質の構造や化学反応についても、実験・測定などの方法が重視されて改良され、初期の原子モデルもどんどん実態を説明できるものへと改良されて、19世紀の終わりごろには今日の原子論の骨子となっている次のような近代原子論が完成した。

- 物質の構成単位は最も軽い水素の質量を1として、ほぼ1刻みに増えてゆく多種類の「原子」である。
- 原子は質量のある原子核と、その周りを取り巻くほとんど質量のない電子から成る。
- 原子核はほぼ同じ質量の中性子と陽子から成る。
- 原子は陽子と同数の負電荷をもつ電子が取り巻いて、電荷的に中性を保っている。この「陽子―電子」のペア数で原子の種類・性質が異なってくる。
- ほとんどの物質は、原子どうしが規則的に結合した分子という要素から成る。

このような原子・分子モデルによって、さまざまな物質の性質について一律的な説明が可能となった。次はその例である。

- 燃焼や金属のサビの発生などは化学反応であり、化学反応は原子同士の結合や離脱による分子の組み換えであり、原子同士の結合や離脱は原子の最外殻にある電子同士の相互作用である。
- 温度は原子や分子の振動によりもたらされる。同じ物質であっても温度が上昇するにつれて原子・分子の振動が大きくなるので、相対的に原子間の結合力が弱くなり、物質は固体→液体→気体と相変化する。気体分子も温度が上昇するにつれて動きが活発になり、膨張しようとする。このような性質の多くは力学的なモデルで説明されている。

　今日では原子の種類についても水素原子の1番から100番以上の原子が発見されている。水素原子との質量比を質量数というが、質量数も200以上のものが知られている。

　原子はその小ささゆえに通常の顕微鏡では見えないが、最近の高性能の電子顕微鏡によると、比較的大きい原子や分子が観察できるようになった。

　そして、化学理論は生活に役立つ新たな化学製品を次々と生み出してお

り、今や原子論、分子論にもとづく科学は、力学法則とともに近代科学の礎となっている。

原子や分子のモデルは、図形、数式、個数の論理を用いて表されている。酸素、水、気体、液体、化学反応、燃焼などの化学用語も、元をたどれば図形、数式、個数などの形式的な定義とこれらの用語の整合的な関係のネットワークで支えられている。

なお、原子や分子の性質の多くも数式・図形モデルで説明されているため、物理学と化学との明確な区別はできない。

物理・化学の有効範囲・理論域

近代物理学・化学において、観測、測定で得られるデータ類のほぼすべては数値や図形で表されている。それを説明する理論には主に、数値、方程式、分類、確率概念、が用いられている。その理由は、これらは形式的な表現であるため、①目視の可能性を超えて、どのように大きい量や長さ、どのように小さい量、近い距離をも表し得て、②私たちが確実に共有できる理論づけの方法だからである。

理論化に当たって、新たに物理用語が導入されることもあるが、このような物理用語は理論の中で明快に定義されるため、その意味は言語の違いに影響されない。

このような方法で、大は「銀河系」や「ブラックホール」、小は「原子」や「素粒子」などと多くの物理用語が定義された。

ニュートン力学以来の近代物理学は、実質的に形式的な表現に限られているため、「形式的な表現に限る」との近代物理学の理論域が存在している。そして、医学や生物学はこのような物理学で直接的に理論づけができないため、「医学や生物学の理論は近代物理学の理論域外にある」といえる。

このような科学理論の成り立ちにもとづくと、従来の科学の理論域を広げる新たな理論が成り立つ条件は次の二つの場合に限られる。

　ⅰ　既知の理論では説明できない共有可能な発見 X があった。
　ⅱ　従来の科学理論に矛盾しないか、矛盾しても従来の科学理論以上に共有可能な仮説 X が発見された。

近代物理学・化学の理論は、図形や数式など形式を表す理論で構成されているため、人の感覚、感情などを表すことはできない。このことを説明しよう。

物理学により、光の波長と色の関係が解明された。そして人の目が波長550nmの光を赤く感じとることがわかった。さらに今日では人の網膜の表面には赤緑青の三色それぞれに感じる多数の三種類の視神経細胞が分布しており、それぞれの色が視神経系で合成されてさまざまな色を感じていることもわかっている。

　しかしこのような、網膜や視神経系の物理的な構造が究極的にわかったとしても、波長550nmの光がなぜ赤く感じ取れるかについてはわからない。

　このことは第3話のクオリアに関する「ハードプロブレム」の項で説明したが、科学的に大切な考え方だから説明を繰り返そう。

　理論は対象となる物事に内在するものではない。ある物事を科学的に理論づけようとすれば、①物事をよく観察、測定して、②物事を説明する仮説を立てて、③その仮説が物事に当てはまることを検証する必要がある。

　つまり、物理状態から感覚そのものを構成する理論のためにまず必要なものは、「測定された物理量や測定可能と思われる物理量を感覚そのものへ変換（または構成）する仮説」である。今日の物理理論の主な道具立ては、数式・図形・確率分布であり、これにもとづいてもこのような仮説を発想することができない。これは今日の物理学・科学の理論域の成因となっている。

　物理学と化学の理論域は混じり合っているが、化学理論についても同様の理論域がある。

　化学により、すっぱい酢や甘い砂糖の分子構造が解明された。そして舌にはそれらの分子からすっぱさや甘さを感じ取る味覚神経があることもわかった。しかし、味覚神経がすっぱさや甘さを感じ取れる理由についてはわからない。その理由は、分子構造は形式的であるため、分子構造と味覚を理論的に結びつけるための仮説を発想することができないためである。

　物理・化学理論そのものからは理論の対象である物理・化学現象を生み出すことができない。それと同様に、言葉で感覚についてある程度語ることはできても、言葉で、言葉の対象である感覚そのものを生み出して実感することはできない。この意味で感覚そのものは科学理論の理論域外にあるといえる。

物理・化学理論と感覚の理論との結合

　既存の物理・化学理論には、人の感覚との関係に言及したものもある。

近代物理・化学の理論域を考慮すると、これらの理論は物理・化学の理論と心理学のカテゴリーとなる感覚の理論が結合していることになる。このことは第3話で説明したが、さらに具体例で説明しよう。

「リトマス試験紙を酸性の液に浸すと赤く変色する」との化学の理論は次のように分けられる。

〔物理学と化学の理論〕リトマス試験紙に塗布された薬品は、中性では光を一様に反射するが、酸性の液と反応すると、波長550nmの光を選択的に反射する物質に変化する。

〔感覚の理論〕一様な波長の光は白っぽく感じるが、波長550nmの光は赤く感じる。

この感覚の理論は、高い確率で経験的に人々に共有されていると信じ得るが、波長550nmの光と赤色とを直接関係づける理論については、今日でも誰もが納得できる理論は得られていない。

「赤絵具と青絵具を混ぜると紫色に見える」との物理の理論は次のように分けられる。

〔物理学〕絵具とはその種類により、ある波の光だけを選択的に反射する物体である。二種類の絵具を混ぜると、それぞれの絵具に応じた二つの波長の光が反射される。

〔感覚の理論〕目は光の波長に応じてある色を感じる。光に二つの波長が混ざっていると色も混ざって感じる。このため、赤色の光と青色の光が混ざると新たな色である紫色を感じる。

そして今日でも、誰もが納得できる光の波長に対応した色の感覚が生じる仕組みを解明した理論はない。

「人はバイオリンの音色を美しいと感じる」との理論はすべて〔感覚の理論〕である。これに関連した理論として、物理学では、空気中を伝わる音の高さ強さなどが数式を交えて理論づけられている。その一分野である「音響学」では、音を測定して人の聴覚や、人が美しいと感じる音の条件などが測定されている。

しかし、それらはすべて被験者から聞き取った感覚と音の物理的性質の関係を表しているため、音や音楽を聴いて美しいという感覚そのものが生じる理由はわかっていない。どのような音楽を聴いて美しいと感じるかは、心理学、美学、音楽研究の領域となる。

人に加わる物理的化学的刺激と人の感覚との関係を得る方法としては、

「官能検査」という方法がある。

　たとえば、様々な濃度の砂糖水を用意して、幾人もの被験者にその水を味わってもらい、被験者はどの程度の甘さを感じたかを段階表示などで自己申告する。これによっても他の人の感覚そのものはわからないが、感覚の個人差はかなりわかる。官能検査は化学分析では検出できない微量の臭気成分の検査などにも用いられている。

多層的で整合的な科学理論群のネットワーク
　科学は観察にもとづくが、同じ物事であっても物事に対する関心・観察方法の違いにより物事は異なった素顔を見せるので、その理論は必然的に変わってくる。同じ科学用語であってもその意味・概念はそれにしたがって変わってくる。それでもそのような理論はお互いに矛盾しているわけではない。いくつかの例を説明しよう。

〔人〕
　人は動物の分類学では「ホモサピエンス」という一つの「種」を構成するとの理論が確立している。それとともに、人は医学、薬学、生理学、心理学、社会学、経済学、美学、文学、史学などの多くの分野で、それぞれの関心にもとづいて多面的に観察され解析されている。人はそれらを総合したものである。

〔生命・生物〕
　生物と非生物の区別は経験的にほぼ可能だが、最新の生命科学では一応、遺伝子・DNAをもち自己増殖可能なバクテリアは生命であり、DNAをもたず他の生命体の中でしか自己増殖できないウィルスは非生命とみなしているようで、この区別は確固としものとはいえない。ある。また、DNAにはウィルスが組み込まれてきたとの説もある。ウィルスの発生やこのDNAへの組み込みは、自然界にも起こる重合反応という化学反応の延長線上にあるのかもしれない。

　これに関連するが、太古の地球であたかも一過性の現象として生命が誕生したように考えて、その条件を論じた理論があるが、科学的に考えると生命が発生する環境と育つ環境はとくに変わらないだろう。生命が育つ今日の地球においても人知れずウィルス、バクテリアから哺乳類の変種まで、続々と新たな生命が誕生しているはずである。

　生命は価値観の尺度で考えられることが多い。人間が社会生活をしてゆ

く上で、人工中絶、尊厳死、死刑などの可否は問題となる。人間の食して良い動物についての規範は、古くから宗教や社会毎にほぼ定められており、そのため異なる宗教や社会の間で対立することがある。

これらのことは「科学に背かない」との条件である程度の幅で了解した方が対立は減るだろう。

〔物・物体〕

物・物体は物理学の主題とされているが、物体も観察方法により異なった素顔が見えてくる。したがって物理学によっても物はシンプルに定義できずに多重的な理論で多重的に定義されている。

ニュートン力学で扱われる物とは、物の質、大きさには関係なく、「質量、引力をもち、位置のわかる物体」である。これは質量のみをもつ点で「質点」ともいわれている。

近代物理学・化学で扱われる物の構造は「原子核と電子が組み合わさった多種類の原子」と「原子どうしが結合した分子」である。近代科学で得られたこのような物のミクロな素顔・構造は、十分科学的に完結した理論群を構成しており、今日の私たちの間で共有され活用されている。

では質量、引力、原子、分子が、物の究極の成り立ちかというとそうではなく、今日の物理学では高度化された観察技術で、原子や分子の構造である素粒子をさらに追及する研究がその途上にある。

物理学者たちは「物体とは質量をもつもの」と考えているようで、新たに素粒子が発見されると、まずそれが質量を有するか否かに関心が集まる。

しかし、「質量＝物」と定めると矛盾が生じる。光（光子）は質量をもつ。ところが相対性原理によると、物体は光速になると質量が無限値となるため、光速の物体は考えられない。しかし、光は光速で運動している。したがって光は物体であり物体でもない中間的な性質をもっていることになる。また、相対性理論によると質量はエネルギーに変えることができる。

そして物体のミクロな構造を探求して行くと、物体の確率的な素顔が現れて行く手を阻まれる。

このように物の究極の構造は探求するにつれて複雑さを増している。しかし、一方では常識的な物体に対する力学の法則や、物の原子構造にもとづく化学理論群は、妥当で共有された科学理論となっている。科学理論は人、生命、物体などという基本概念を核として、並行的・階層的・分野別に理論化されつつある。

そして、理論はそれが究極の理論、最終理論とみなせない限り、人々は今後も探求をつづけるだろう。
　念のために説明すると、哲学の理論も一つの物事を多層的に論じている。ただし、哲学は観察にとらわれずに物事を論じている。この結果さまざまな理論が実態として言いっ放しで終わっている。これとは異なり科学は観察の結果の解釈であるため、観察が求心力として働いて共有できる理論へとまとまってゆく。

確率論による事象の解釈

日常生活に溶け込んだ確率論

　ランダムで混沌とした事柄の多いこの世界の未来はもちろんのこと、過去・現在の事柄であっても、科学的に理論づけが困難な事柄は多くある。科学的思考のできる人は、まだ実現していない未来の説明に対してはもちろんのこと、過去・現在の出来事であってもその知見や叙述にはどの程度の蓋然性・正しさがあるかに常に注意しているだろう。

　確率論の数学的な成り立ちについては、［別記3］を参考にしていただきたい。

　確率論と統計的推測を用いた事象の解釈も仮説ではあるが、適切に用いると妥当で共有できる結果が得られるため、ランダムな事象から科学的な理論を得るためのツールとして使用されている。たとえば、根拠なく「明日の天気は雨だ」といっても誰も信用しないが、科学的な観測と確率論により「明日の天気は90％の確率で雨だ」と予報すれば、雨が降るか降らないかのランダムさそのものは解消されないものの、多くの人は予報を活用して「90％の確率で雨ならば傘を持っていこう」と考えるだろう。

　社会学、心理学などでは、対象の性質上数式で表した理論は少ないが、理論で定義される言葉について科学的な信頼性を得るために確率的に検討されることがよくある。

　たとえば、現在の景気は「良い―どちらともいえない―悪い」や、時の内閣を「支持する―どちらともいえない―支持しない」などと分けて、新聞社などが多くの人に対してアンケート調査を行い、これを統計的に整理して発表する手法は確率論・統計学を用いて科学性を担保しようとする手

法である。

次に連続的な確率分布が活躍している物理・化学を説明しよう。

気体分子のランダムな動きが作り出す気体の性質

固体は加熱すると、液体そして気体に変化する。気体は加熱すると、どんどん膨張する。気体は圧縮すると、圧力が高まり温度が上昇する。

物質を構成する分子は小さすぎて、一つ一つの動きは測定できなが、このような物質の性質として次のような確率的なモデルを考えるとすべてがうまく説明できることがわかった。

- 固体物質は温度が上昇すると分子が熱振動を初めて分子同士の結合がゆるみ柔らかくなる。
- さらに温度が上昇すると分子同士の結合がさらにゆるんで分子がランダムに動き始める。これが液体である。
- さらに温度が上昇すると分子同士が離れてランダムに飛び始める。これが気体である。
- 気体の分子の速度はある確率分布をしており、温度が上昇すると分子の平均速度も上昇する。
- 気体の圧力とは飛び回る気体分子が容器に衝突して及ぼす力である。

これによって水に浮いた花粉がランダムに動き回る「ブラウン運動」の原因なども説明できるようになった。

熱力学とエントロピー

19世紀には蒸気機関が発明されて産業革命がおこった。「熱力学」は蒸気機関の熱効率、つまり「なされた仕事量／消費されたエネルギー」を理論づけるとの目的で生れた。熱力学の基礎理論は一定質量の気体の「圧力×体積」が温度に比例するとの「理想気体」を用いて理論づけられている。理想気体は先の気体の数学的モデルからも得られる。

ルドルフ‐クラウジウス（1822-1888）は熱力学の原理を2つの法則にまとめた。

熱力学の第1法則は、あるエネルギー的に閉鎖した系で成立する次の「エネルギー保存の法則」である。

系に与えられた熱エネルギーは、外部への仕事量と失われた熱エネ

ルギーの和に等しい。
　第2法則は、ある温度的に閉鎖された系の内部に温度差がある気体などが置かれた状態で成立する次の「エントロピー増加の法則」である。
　　　　熱量は自然に高温側から低温側に移ってゆく。
　エントロピーとは温度差のある2種の気体などの混ざる度合いをいう。そして温度差のある2種の気体が混ざり合いながら、気体全体が一定温度の平衡状態に変化してゆくことを、「エントロピーが増加する」という（今日、エントロピーという数学的概念は、さまざまな物や情報の状態を表わす概念としても利用されている）。

エントロピーの増加は時間の方向を定めるか

　通常の物理理論は時間を双方向的な数学的時間を用いて理論づけるため、理論は時間に対して双方向的となる。たとえば地球の公転、自転の向きを変えても力学の法則は成立する。その中でエントロピー増加の法則は「時間の進行方向を1方向に定める物理理論である」との見方があるが、これは次のように局所的な見方ともいえる。
　　　　人工の関与しない平衡状態の系あるいは自然状態からランダムに選ばれた系において、エントロピーの変化はランダムで時間の方向性とは関係ない。
　　　　このようなランダムな変化の中で初期状態としてエントロピーの小さい温度差の大きい系を選んでみる。すると、その系は将来に向かってエントロピーが増加する確率が高いのは当然である。
　　　　エントロピー増加の法則は、初期状態として、エントロピーの小さい系を合目的的に選択したから成立するのである。これは「手で持ち上げた石を放すと落下する」という法則と大同小異である。
　私たちの身近には湯と水の混合などエントロピーが増加する現象が数多くある。しかし宇宙に目を向けると恒星の消長などの測り知れない規模の物質・エネルギーの輪廻が観測される。これらの現象でもエントロピーは増加しつづけていると理論づけられているわけではない。つまり、エントロピー増加の法則は身近な対象の観察にもとづいた局所的な法則といえそうである。
　一般的に理論は何らかの関心・目的により作り出されるため、少なからず合目的的性格をもつ。その中でも、熱力学は特に、「熱機関の熱効率を理

論づける」との目的に沿って熱機関で生じる人工的な条件を理論づけたものである。このため、特に合目的的性格が強く、その理論の有効範囲には注意が必要である。

　結局、数学および形式的な物理理論では、時間の方向は原理的に決定できないとの見方は否定できない。

量子力学

　20世紀の初めには物理学の領域となる電子、光子、素粒子などのミクロな対象について、時間、位置の確定的な測定ができず、確率的にしか測定値が得られないことが知られていた。

　1927年、ヴェルナー–ハイゼンベルク（1901–1979）はこれを原理だと主張した。結局「測定できないものはできない」ということになって、これは「不確定性原理」として科学的に認められた。この原理を含む理論は「量子論・量子力学」といわれている。

　近代原子論が提唱された当初、原子核・電子は球状であり太陽とその回りの軌道上を公転する惑星のように考えられていた。それが量子力学により、電子は軌道を形成する雲のような存在となった。原子核の位置にも不確定さはある。

　ところで、幅広い確率分布で表される電子の位置や速度は、次の理由で因果関係があいまいになる。

　あり得ない話だが、サイコロ投げにおいて、すべての目が同時に$\frac{1}{6}$ずつ出ることが観測されたとすると、これはサイコロを投げる前に予測した確率そのものであり、測定により結果が得られたことにならないからである。

　確率分布は、ランダムに起きる現象の順序が定まる仕組が解明できないために考案された概念であることを思い返していただきたい。

　なお、ミクロな測定値が確定しない理由として、物理現象を物理的に測定するという原理的な限界とも考えられる。しかし、科学的根拠なく「この限界を超えて、物体の位置は絶対的に確定している」と考えることは科学的ではない。数や図形が確定できるのは、それが物体ではなく純粋な理論だからであることを思い起していただきたい。

［別記１］数学の原理と性質

数学の原理の一例

　以下の原理では、個々の原理を順序立てて説明するが、これはただ単に同時に説明できないからであって、私たちの頭の中では以下のすべての原理が同時的に働いて、様々な数に関する理論を考えることができる。

　以下の原理の説明は、日本語とアラビア数字などの数学の国際表記法による。数学は国際的に共有されているため他国語に正確に翻訳できて、世界の誰であっても初歩の数学を習得した人ならばこの説明を原理として了解できると期待できる。

- i 数は物の個数・長さ、つまり大きさを表す（これは数の由来の説明であり、数学理論そのものではない）。
- ii 数は様々な大きさ・値をとり得る。値には影響されない数の性質、数どうしの関係については数値を a、b、c などと表記して表すことができる。
- iii 1は大きさの基準となる数である。
- iv 数は加算が可能で、これにより、$1+1=2$、$2+1=3$、……と次々と大きい数が得られる。
- v $a+b=c$ となる c が求められる。c は a と b により一意的に定まり、解という。
- vi 数は減算が可能で、$1-1=0$、$0-1=-1$、……と次々と小さい数が得られる。
- vii $a-b=c$ となる解 c が一意的求められる。このとき $b-a=-c$ となる。
- viii 0より大きい数を正、小さい数を負という。
- ix $a-a=0$
- x 0に、a を b 回加算する演算を一括して $a\times b=c$ と表し、乗算・掛算という。このとき、a、b の符号が同じ場合は c は正となり、a、b の符号が異なるとき、c は負となる。
- xi 1を a 等分する割算が可能で、この解を $\frac{1}{a}$ と表す。ただし、$a=0$ を除く。これと、iv〜x の原理により、どのような分数も得ることができる。

以上につづいて、私たちはさらに次の方法を教わった。

- 分数から帯分数 ($3\frac{1}{4}$ などの形)、分数を小数 (0.25 などの形) に書き換える方法。
- 小数どうしの四則演算法。

これらの方法は数の性質にもとづいて得られる。したがって、小数と分数とは記数法の違いとみなせるため、原理とみなす必要はない。

以上の四則演算の原理により、整数、分数、小数、正、0、負のどのような数値も得られる。数値どうしの大小関係も得られる。

無理数と無限に関して過去に指摘された問題点については後述しよう。

さらに、方程式 $x^2 + 1 = 0$ などの解となる虚数は、数学理論をより完全なものとするための、新たな数の概念として原理に含める。

xii　$\sqrt{-1}$ を虚数単位 i と定義する。任意の大きさの虚数は従来の数(実の数という) a を用いて $i \times a$ と表し、a を虚数の大きさという。$i \times a + b$ となる数を複素数といい、複素数にも四則演算が定義できる。

次の（代数）方程式と関数も数学ではよく用いられる理論の形である。

xiii　たとえば $x^2 + ax + b = 0$ が成立する x の値を求める場合、この式を方程式という。一般的に未知数 x_1、x_2、……の数と同数の方程式があれば未知数の値は求めることができる。

xiv　式 $y = ax + b$ などを一般的に $y = f(x)$ と表記して関数という。関数の種類にもよるが、その定義の範囲で、任意の y に対してある x が定まり、任意の x に対してある y が定まる。この性質を用いると座標上で図形が表せる。

これらの理論から $\sqrt{2}$ などの無理数も得られる。

定義、定理、証明

私たちは数の性質や数学の定理 A から、新たな数学の定理 B が、証明という方法で導かれることを学んだ。数学の証明とは数の関係・性質にもとづいた数学的思考のステップを積み重ねて A と B をつなぐことである。

証明の例として、上の基本的な定理「$a + b = c$ となる解 c が一意的に求められる」を証明してみよう。これには、「もし解が c 以外にあると仮定すると矛盾が生じる」との「背理法」と「両辺に同じ演算操作を行っても等

式は変わらず成立する」との等式の性質を用いる。

　　解が c と d の二つ求められると仮定すると、次の２式が成立する。
　　　　$a + b = c$ ………（１）
　　　　$a + b = d$ ………（２）
　　（１）式と（２）式の左辺どうし、右辺どうしを引き算する。
　　　　$a + b - (a + b) = c - d$
　　　　$0 = c - d$
　　　　$d = c$ ………（３）
　　（３）式は最初の仮定と矛盾する。
　　　　よって、$a + b = c$ となる解 c は一意的に定まる。〔証明終了〕

　この証明から推測できることは、数学の証明とは形式的に正しい・整合的な関係をよりわかりやすく説明することであることがわかる。

　数学上の発見とは数の性質の中から特に興味のある法則を予測して、既知の数の性質・定理からその法則に至るわかりやすい道筋を見出す行いである。

　定理の証明の例としてもう一つ、「２の倍数を偶数という」との定義から、「２つの偶数を足すと必ず偶数になる」という定理が導かれることを証明してみよう。

　　偶数は２の倍数であるため、２つの偶数はそれぞれ $2a$、$2b$ と表せる。ただし、a、b はある整数である。したがってその和は、
　　　　$2a + 2b = 2(a + b)$
　　と表せる。故に２つの偶数の和は２の倍数となり偶数である。
　　　　　　　　　　　　　　　　　　　　　　　　　〔証明終了〕

　元の理論に対する直接的な命名や区別を定義といい、元の理論から直接的には得られない理論を定理といい、定理に至る理論的説明を証明と考えればよい。説明が必要か否かは相対的な面もあるため定義と定理の区別も相対的な面がある。

数の基本的性質

　先の i～xi の原理によると演算によると、A 有限値のどのような整数・分数も得ることができて、B すべての数は次のような基本的性質をもつことになる。

　　① 全順序性：数 a、b に対して $a = b$、$a < b$、$a > b$ のいずれかが成

立する。
② 推移法則：$a \leq b$ かつ $b \leq c$ ならば $a \leq c$
③ 順序と算法：$a \leq b$ ならば $a + c \leq b + c$
④ 四則演算：数 a と b の間には、$\frac{a}{0}$ の場合を除き四則演算が可能である。
⑤ 0 の存在：$a + 0 = a$、$a \times 0 = 0$
⑥ 1 の存在：$a \times 1 = a$、$\frac{a}{1} = a$
⑦ 加算の可換法則：$a + b = b + a$
⑧ 加算の結合法則：$(a + b) + c = a + (b + c)$
　　　…………

　これらの数の性質はすべて先の i～xi の原理から生ずる有限値の性質と考え得る。その正しさは先の原理と背理法を使えば簡単に証明できる。
　ではなぜこのような「数の基本的性質」が注目されているかといえば、今日の集合論では「四則演算に先立って数・数集合が存在する」と考えて、次に「そのような個々の数は四則演算が整合的に成立するための性質をもつ」と考えて、そのような条件を満たす個々の数の性質をリストアップしたからである。
　なお、集合論のいう数の公理的な性質には「無理数」と「実数の稠密性と連続性」も含まれているが、これについては第6話2章の無限論で、公理と考える必要のないことを説明する。

数の性質・関係に含まれている論理規則・推論規則
　論理学の教科書の始めには「論理規則・推論規則」というものの説明が出てくる（たとえば、日本数学会 巻頭表 14, 393）。しかし、上に説明した数学的推理法は数学の原理から得られる数の性質にしたがったものであるため、論理規則、推論規則はとくに知っておく必要はない。これらの規則は数の性質に沿って考えようとすると思考法として自然に生じる規則といえる。
●論理規則と論理記号
　　全称記号：すべての a に対して：$\forall a$
　　存在記号：a は成立する：$\exists a$
　　命題論理と記号
　　　　a と b とは同等：$a = b$

　　　　a ではない：$\neg a$
　　　　a および b：$a \wedge b$
　　　　a または b：$a \vee b$
　　　　a ならば b：$a \rightarrow b$
　　　　……

●推論規則

1．排中律：$a \rightarrow (b \vee \neg b)$

　　これに重なる数の性質には、
　　　　・2は3または3ではないかのどちらかである。
　　　　・1＋2は3または3ではないかのどちらかである。
などがある。

2．推移律：$\{(a \rightarrow b) \wedge (b \rightarrow c)\} \rightarrow (a \rightarrow c)$

　　これに重なる数の性質には、
　　　　1ならば2より小さい、2ならば3より小さい。すると1ならば3より小さい。
などがある。

3．反射律：$\{(a \rightarrow b) \wedge (b \rightarrow a)\} \rightarrow (a = b)$

　　これに重なる数学理論には、
　　　　直角三角形にはピタゴラスの定理が成立する。ピタゴラスの定理が成立すれば直角三角形である。すると、直角三角形とピタゴラスの定理が成立する三角形は等しい。
などがある。

　数学的推理はこうような数の性質にもとづいており、論理・推論規則を新たな原理として外から加える必要がないため、数学理論は全体として一系の完備した理論系であるといえる。

数学の無矛盾性

　集合論では数学の無矛盾性が問題となっている。そこで共有されてきた伝統的な数学における完全性・無矛盾性を考えてみよう。
　共有されてきた数学では理論を有限値に限ると再帰的論理と無限数列が現れるたびに、このような理論は完結せず数学は不完全と考えられてきたふしがある。この不完全さについては先の無限値の定義により解消されることになる。

残る矛盾の発生原因の一つとして、私たちの計算や数学的推理の誤りが考えられる。
　私たちは数学の定理の証明を考えるときに数の性質から得られない推理は除外するから、結果的に数学の定理のすべては互いに整合的で矛盾は含まれていないといえる。複雑な定理の証明については、多くの専門家により正しさが確認されている。証明の道筋が非常に複雑となり、未だに正しが確認できないグレーの定理も知られているが、このような例外は人の営みとしてあってもやむを得ないだろう。
　では、さかのぼって数の演算からは矛盾が生じないのだろうか。
　もし数の演算に矛盾が含まれているとすると、数のさまざまな演算を繰り返すうちに $0=1$ や $a \neq a$ などの結果が生じる可能性がある。逆に正しい演算を繰り返したにも関わらず、$0=1$ や $a \neq a$ などの結果が得られたとすると数の演算に矛盾が含まれていることが証明されたことになる。
　しかしながら有限値の個々の四則演算は整合的で可逆的であるため、逆算によって検算可能で矛盾・再現できない演算が忍び込む余地はない。したがってこのような四則演算を有限回繰り返しても矛盾は発生しないと断定することができる。
　無限回の演算の場合にも無限値の定義により整合的な帰結が得られる。

　これは余談になるが、集合論のように数全体との概念にこだわって四則演算の無矛盾性の証明を考えて見よう。
　まず最初に、数を 0、1、2 に限り四則演算を 1 回に限ると、これらの数の組み合わせとなるすべての演算を実行して無矛盾であることが確認できる。
　数の範囲を 0〜3、0〜4 と 1 つずつ広げてゆき、可能な演算が無矛盾であることは確認できる。数の組み合わせの数だけ演算の種類はあるから、数の範囲が広がるにつれて、演算を実行・検算して確認することは急激に困難になってゆく。しかし、
　　・数が増えても、ある値から矛盾が生じる原因が発生するとは考えられない。
　　・時間・空間から切り離された純数学理論では、このような演算の実行・検算はどこまでも可能である。
と考えることができるため、有限値、有限回数の演算からは矛盾が生じな

いと考えてよいだろう。

　これに関して次の「数学的帰納法」といわれている方法が知られている。ある数nに関するある理論$T(n)$があったとして、
　　i　数1に対する理論$T(1)$が成立する。
　　ii　数nに対する理論$T(n)$が成立すれば数$n+1$に対する理論$T(n+1)$が成立する。

iとiiの条件が証明できれば、iiの条件を繰り返して適用することで、理論Tは$n=2$、3、……、とnが有限値である限り成立することになる。

　四則演算の証明の場合、0からnまでの数に対する演算の種類はnが増加するにつれて膨大になるが、nを一定とすると理論的にnに対する演算全体を順序づけて、すべてを列挙できる。またこれが得られれば、$n+1$に対する演算もたとえば、$(n+1) \times (n+1) = n^2 + 2n + 1$などと$n$で表された演算として、理論的にすべてを列挙することは可能である。純数学理論において、ボリュームが大きすぎるとの理由でこの可能性は否定されることはない。

　このように考えると、nの増加に伴って演算に矛盾が入ってくる余地は全くないことがわかる。したがって有限値どうしの四則演算は無矛盾であると結論される。

[別記2] 四元数

座標内の動きを数の演算で表す

今までの数直線を実数軸ということにする。

実数軸上の値 a に -1 を乗ずると a は $-a$ となるため、-1 を乗ずる操作は実数軸上の点 a を原点 0 の周りに $180°$ 回転する操作と同等となる。

実数軸上の値 a に虚数 i を2回乗ずると a は $-a$ となり、さらに2回乗ずると $-a$ は a に戻る。このことから a に虚数 i を1回乗ずると a は原点の周りを $90°$ 回転すると考えることができる。この性質を利用すると、実数軸 X に虚数軸 Y が直交する平面が考えられる。これは「複素平面」といわれている。

複素平面では実数軸の長さ x と虚数軸の長さ y で定まる複素平面上の位置 $P(x, y)$ は、$x + iy$ と表すことができる。これは「複素数」といわれている。複素数・複素数の関数で表された点や図形の平行移動 s は、移動量を表す複素数を加算すればよい。回転は回転量に合わせて虚数を掛ければよい。$90°$ の倍数ではない回転の計算は三角関数が入ってきて複雑となるが原理は変わらない。

複素平面によれば、このように2次元平面上の図形の理論が一つの複素数で表すことができるのである。もちろん虚数と三角関数との関係も得られる。

よく「負の数どうしを乗ずるとなぜ正の数になるのか」との疑問を聞くが、その理由はただシンプルにそのように定めると四則演算を繰り返しても矛盾が生じないからである。実の数と複素数についてこの関係は次の「乗積表・multification table」で示すことができる。

実数の符号の乗積表

元の成分	1	−1
乗ずる成分 1	1	−1
−1	−1	1

複素数の乗積表

元の成分	1	i
乗ずる成分 1	1	i
i	i	-1

　ところが1つの実数成分と2つの虚数成分（1、i、j）からなる数では数体が構成できない。なぜならば、どのような成分に1を乗じても不変で、同一虚数成分どうしの積は-1であることから、下の乗積表の大部分は定まるが、＊印にどのような成分を入れても一系の乗算が整合的に完結しないからである。

1実数2虚数の乗積表

元の成分	1	i	j
乗ずる成分 1	1	i	j
i	i	-1	＊
j	j	＊	-1

四元数

　ハミルトンは複素平面の拡張を試行錯誤した結果、実数軸に直交する虚数軸を3本とした演算の理論が成立することを発見した。これを「四元数・quaternions」（の理論）という。
　次に四元数の乗積表を次に示す。

四元数の乗積表

元の成分	1	i	j	k
右から乗ずる成分 1	1	i	j	k
i	i	-1	$-k$	j
j	j	k	-1	$-i$
k	k	$-j$	i	-1

　この乗積表から次の性質が読み取られる。
$$i^2 = j^2 = k^2 = ijk = -1$$

さらに、2つの異なる虚数成分の積は第3の虚数成分となるが、掛け合わせる順序を反転すると、その符号は反転する（表中で右から乗ずると断った意味である）。

$$ij = k、jk = i、ki = j$$
$$ji = -k、kj = -i、ik = -j$$

実数に同一虚数成分を2乗すると実数の符号が反転することから、実数軸は各虚数軸と直交していると考えてよい。また、2つの虚数成分を乗じると第3の虚数成分になるから、それぞれの虚数軸は直交していると考えてよい。つまり、四元数の4本の軸はすべて他の3本の軸に理論的に直交している。

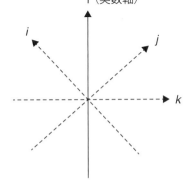

互いに直交する1本の実数軸と3本の虚数軸からなる四元数の構造
（2次元平面図のこの紙面上では正確に表示できない）

この空間内の位置 P は、実数軸の長さを t、虚数軸 i、j、k、のそれぞれの長さを x、y、z、とすると、

$$P = t + ix + jx + kz$$

と表すことができる。

四元数についても四元数・四元数の関数で表された点や図形の平行移動は、移動量を表す四元数を加算すればよい。回転は回転量に合わせた3方向の虚数を掛ければよい。90°の倍数ではない回転の計算は複雑となるが原理は変わらない。

シンプルな実数の演算規則にもとづいて整合的な演算が可能な実数と3つの虚数の理論が成立するのである。またこのような実数との演算は虚数軸が1本と3本の場合に限られて、それ以外の本数では演算が整合的に成

第5話　数学、理論、そして科学を考える　221

り立たないことが確認されている。

　さらに四元数の構造は、私たちのもつ時空間の構造である時間軸と3次元空間軸に一致しているため、四元数は私たちのもつ立体の平行移動や回転の動きを、一つの演算で表すことができるのである。

　このことから、次の可能性が指摘できる。

- ・四元数は少なくとも、私たちの習得した時間と3次元空間の概念が数学的に整合していることを担保している。
- ・さらに積極的に、私たちのもつ時空間概念は時間を実数軸とみなすことで、3次元空間が数学的に必然的な帰結である四元数の構造に沿って生じたと考えられる。
- ・複素平面は四元数の構造の一断面である。

四元数の盛衰

　四元数が発見された当初は、それは私たちのもつ時空間概念を表す画期的な理論と見られて、こぞって応用研究がなされ、学会で発表されたと伝わっている。

　しかしながら四元数は、その原理上四次元の座標空間しか表現できない。これに対して物理学者たちは、もっと多次元を表せる数学理論を望んだ。そして、これに対応するものとして「ベクトル解析」という理論が考案されて、やがて四元数はすたれていった。多次元の対象の動きは、対象を多次元に分けてその相互関係を関数で規定できれば可能となる。

　しかし、四元数の演算はベクトル解析よりも一律的でシンプルであるため、コンピューター向きである。四元数は永く忘れられていたのだが、今日のコンピューターグラフィックス・CGで使用され始めて再び脚光を浴びるようになった。

［付録3］ 確率論の成り立ち

確率──実現する可能性の大きさ

　数の計算や数学理論には絶対的な正しさがあり得るが、私たちが日常的に語る物事や科学は、数学的に証明できないという意味でその正しさは絶対的ではなく、多かれ少なかれ蓋然性をもつ。理論の蓋然性は確率という数値で表すことができれば、共有の可能性が高くなり科学的になるだろう。
　純粋な確率概念は、コインやサイコロ投げの概念・モデルから得られる。
　私たちはコインを投げてどちらの面が出るかを予測しようとしても、コインの動きにかかわる条件が複雑すぎて予測できず、「ランダムに出る」としかいえない。しかし、

　　　これから投げるコインのどちらの面が出るかはわからないが、コインの形状が表裏で対称的だとすると、表裏の出る割合は同程度に確からしく、その比率はそれぞれ $\frac{1}{2}$ である。

と常識的に考えられる。
　ではこの数学モデルによるコイン投げを積み重ねてみよう。

二項分布──離散的な確率分布

　コインを1回投げると表裏の出る確率は $\frac{1}{2}:\frac{1}{2}$ である。これを1:1と表してもよい。2回目のコイン投げにおいても、1回目のコイン投げの結果にかかわらず表裏の出る回数は $\frac{1}{2}:\frac{1}{2}$ である。したがって2回投げると、表表、表裏、裏表、裏裏との4種の「順列」の結果がそれぞれ $\frac{1}{4}$ の確率で発生する。これを表裏の発生順序を区別せず、整数の比で表すと、表表:表裏:裏裏＝1:2:1となる。このように集計したものを「組合わせ数」という。投げ回数を重ねてゆくと次の「二項分布」といわれている数表が得られる。

コイン投げの順列数と組合せ数

投げ回数 n	組合せ数	順列数
1	1　1	2
2	1　2　1	4
3	1　3　3　1	8
4	1　4　6　4　1	16
5	1　5　10　10　5　1	32
・	・・・・・・・	・・

二項分布の形は中央が高く左右対称に広がる釣鐘状である。つまり表裏の比率が1：1となる確率が最も高く、すべてが表または裏となる確率が最も低い。この数表を用いるとn回のコイン投げでm回表の出る確率などを求めることができる。

　たとえば3回のコイン投げにおいて2回表の出る確率は投げ回数3の右から2番目の数3を、順列数8で割った$\frac{3}{8}$となる。

　n回のコイン投げに対して可能な順列の数は2^n個となり、このときの分布の幅・組合わせ数は$n+1$となる。このため、回数が増えるにつれて中央が高くなり、無限回∞では中央に収束する。

　裏表のように場合の数が数え得る確率は「離散的な確率」といい、その分布は「離散的な確率分布」という。

　このような確率概念はブレーズ - パスカル（1623-1662）により最初に提唱された。

連続的な確率分布

　全周に0°から360°の角度目盛りのついたルーレット盤があったとすると、それを回転させて止まる位置については「ランダムな位置に止まる」としかいえない。しかし、

　このルーレット盤の作りが一様だとすると、このルーレット版は0°から360°の連続的な角度に一様の確からしさで止まるだろう。

　と、私たちは常識的に予想できる。

　このように考えて得られる値（止まる角度）は連続的だから、このような確率を連続的な確率といい、その分布を「連続的な確率分布」という。

　ルーレット盤の全周を2等分すればそれぞれの区間に止まる確率は$\frac{1}{2}$と考えられるから、離散的な確率と連続的な確率分布の間には理論上のつながりがある。

　先の二項分布においても、回数が増えると数表が膨大になり実用的ではなくなる。そこで「正規分布」といわれている連続的な釣鐘状の関数が二項分布に代えて用いられている。正規分布はカルル - ガウス（1777-1855）によって提唱されたもので「ガウス分布」ともいわれている。

　このような基本的・数学的な考え方にもとづくと、物事の確率的な解釈を可能とするさまざまな理論が数学的に得られる。この理論群を「確率論」という。

私たちはたとえば、日本人の好みについて、アンケート調査により実態を知ろうとする。このとき、数学的にデータを処理して平均値を求めたり、データの数やバラツキからその値が実態を表している確率を求めたりする。これを「統計学」という。

　確率論も統計学も確率の基本概念と数学が世界で共有されているがゆえに共有されている理論である。そして、確率論・統計学には因果関係が不明瞭な事象を確率でわかりやすく説明するとの重要な役割が課せられている。

　しかし現実に起こっている複雑な事象は数学ではないため、数学上の確率モデルに一致しているか否かは証明できる問題ではない。

　このような中で、確率論や統計学が複雑な事象を解釈する有効な方法であると人々に認められる方法とは、

　　　・確率論の仕組みと限界を良く知った上での適切な確率論の適用。
　　　・それによって、実態をうまく説明できる確率論や統計学を用いた理論を実績として積み上げてゆくこと。

と考えられる。

　この最近の応用例としてビッグデータの活用があるが、かつては当たる確率の低かった天気予報も、確率論などの科学的手法を多面的に用いることで、徐々に信頼できるものになってきている。

第6話 無限の謎への挑戦3章

　無限は経験的に知り得ない異界の概念のはずだが、理論の中に思いがけず顔をのぞかせる。それゆえに古くから人々の興味をそそってきた。無限は西洋では神の領域ともみなされて中世スコラ哲学の対象でもあった。

　第6話は、三つの章に分けて述べることとした。1章では歴史的な無限観の数学的側面を今一度概観する。2章では本書で提唱している共有された数学と一体となる無限について、さらに数学的に検討する。その後、過去に論じられた無限の謎の解明、ユークリッド幾何学の公理の解釈、無限との関係、非ユークリッド幾何学の根拠について考える。3章では今日の理論の原理とされている集合論とその無限観について、理論が成立した社会的背景を交えながら説明することにする。

　無限や数学にあまり興味の湧かない読者はこの第6話を飛ばしてもらっても差し支えはない。

1章　無限をめぐる難問の歴史

ゼノンの難問――理論が限りなくつづくゆえの難問

　紀元前500年ごろ、古代ギリシャのエレア派ゼノンによる、無限に関する難問「アキレスは去る人に追いつけない」、が現れた。

　　　アキレスは去る人を追っている。アキレスが追い始めた時、去る人はある位置1にいる。アキレスがその位置へ到達した時、去る人は次の位置2にいる。この理論は限りなく繰り返されて終了しないため、アキレスは去る人に追いつくことができない。

　ゼノンはこれをもって、「運動するものは仮象である」と結論したといわれている。

この難問はアリストテレスの著した『自然学』の中で紹介されている。アリストテレスはまた物事を「現実態」と「可能態」との側面で分類して、「動くもの」は「可能態」であるとした。今やほぼ捨てられたこのカテゴリー分けはこの難問の影響があったのだろう。

　ただし、アリストテレスはとくに理由を説明することなく、ゼノンの主張とは異なり「アキレスは去る人に追いつける」と説明している。理論よりも実態を重視したのだろう。

　17世紀に確立した座標幾何学を用いると、この理論は次の図によって説明できる。

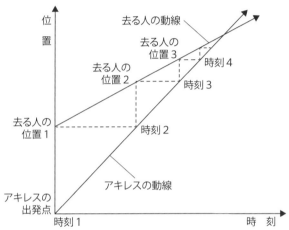

　アキレスと去る人の動線は座標上に直線で表されて、アキレスはその交点で追いつく。交点の位置は連立1次方程式を解いて求めることができる。
　一方、ゼノンの理論で分割された時間は図の破線の水平部で表される。
　破線の長さは公比1未満の等比級数となり、追いつくまでの時間はその合計となることがわかる。しかし、階段状の破線を構成する、限りなくつづく「再帰的論理・recurrence」の方に注目すると、算術では合計し尽くせないこの破線の合計の長さが一定といえるのかがやはり問題として残る。

無限小理論の展開

　ゼノンの生み出した無限数列は限りなくつづくため、その到達すべき値 a が他の有限的な数式で表されたり、実態として見えていたとしても a には到達できないように見える。ここから無限数列の表す値と a との差である「(正の0ではない) 無限小・infinitesimal」の概念が生れた。

無限大、無限小、極限の概念は無限大を表す記号「∞」とともに1655年にジョン・ウォリス（1616-1703）の著書『無限小算術』で導入された。その後、マルキ・ロピタル（1661-1704）、ジョージ・バークリー（1685-1753）、レオンハルト・オイラー（1707-1783）、ジョセフ・ラグランジュ（1736-1813）など多くの数学者たちにより、今日「解析学」「無限小解析」「超準解析」「数理論理学」などといわれている無限小・連続性に関する理論が続々と生れた。

小数表記および微分積分で生じた難問

　西洋では16世紀末に1未満の値を分数ではなく小数で表記する記数法が知られた。小数は分数に比べて、大きさの比較や算術面で格段の利便性をもたらし普及していった。小数が知られる以前、数値は整数＋分数の形で書かれていた。

　ニュートンが1687年に発表した『プリンキピア』においても、そこでの数値の記述のほとんどはまだ $12\frac{1}{4}$ のように整数＋分数の形となっている。英語では小数点以下の部分を今でもfractional part・分数部というのはその名残だろう（ちなみに小数表記はdecimal representationという）。

　話を無限論に戻すと、有限値に限られた数学では、$\frac{1}{3}=0.333……$ のように循環小数が生じる。循環小数はどこまでもつづくため、その帰結については無限小理論に任されたのであろう。

　また、古くから正方形の1辺の長さと対角線の長さの比などは分数で記述できない「無理量」となることが知られていたが、小数表記をすると $\sqrt{2}=1.41421356……$ と何桁をとっても循環しない無限小数列で表され、このように表記される「無理数」は、確定値といえるか否かとの新たな難問も生じた。

　この無理数の問題に加えて、17世紀末にニュートンやゴットフリート・ライプニッツ（1646-1716）により、無限数列を用いた微分積分の方法が発見されて、無限数列の値についてのより明確な理論が望まれた。

コーシーとワイエルシュトラスによる極限（値）理論

　有限値を扱う数学から生じる無限数列の性質について、1822年、オーギュスティン・コーシー（1789-1857）は今日の極限（値）理論の原点となる、共有されてきた伝統的な数学上の再帰的論理で得られる、無限数列の値に

関する理論を発表した。

　コーシーは無限数列 a_1、a_2、a_3、……が一定値に到達するとみなせることを「収束する」といい、その値を収束値または極限値と名づけて、その収束条件を明確にした。一方、一定値に到達するとみなせない数列は「発散する」と区分した。今日、無限数列が収束する条件は「コーシー条件」、この条件を満たす無限数列は「コーシー列」といわれている。

　さらにカルル‐ワイエルシュトラス（1815-1897）はコーシーの理論にもとづいて、無限大に発散する値の定義を次のように表した。

　　　　任意の（大きい）数 n_0 に対して、$n_0 < n$ となる数 n

　この定義で n を定めたと仮定しても、その n も任意の数 n_0 となり得るため、$n < n$ となり矛盾が起こる。したがって、この定義による無限大は限りなく大きくなる有限値と解釈できる。そしてこれを「∞」と表した。

　ワイエルシュトラスはコーシー条件を次のように表わした。

　　　　任意の（小さい）正の数 ε に対して、$n_0 < n < m$ であれば必ず
$$|a_n - a_m| < \varepsilon$$
　　　　となる、ある一定の n_0 が得られるならば、無限数列 a_1、a_2、a_3、……の値は一定値に収束する。

　さらに次のようにも表した。
$$\lim_{n \to \infty} |a_n - a_m| \to 0 \quad (ただし、n < m)$$
　　　　であるならば無限数列 $a_1, a_2, a_3,$ ……の値は極限値に収束する。

極限値の確定性の問題

　ここで、極限値の確定性について検討する。

　コーシー列である等比数列、
$$ar^0, ar^1, ar^2, ……, ar^n, ……（ただし 0 < r < 1）$$
や、その和の数列、
$$ar^0、ar^0 + ar^1、ar^0 + ar^1 + ar^2、……、\frac{a(1 - r^{n-1})}{(1 - r)}、……$$
を例にとれば明らかなとおり、n が有限値である限り、n の増加に伴いこれらの数列の値は変化しつづけて、
$$|a_n - a_m| = \varepsilon_{nm} \quad (ただし n < m)$$
は 0 とはならない。つまり極限値は確定せず厳密ではない。

　一方、n、m が共に（仮にあったとして）確定的に無限大となり得るならば、

$|a_n - a_m| = 0$ となる可能性がある。このように、再帰的論理で構成される無限数列 a_1、a_2、a_3、……の長さ∞は、どこまでも有限値なのか確定的に無限大の値となり得るのかが極限値の確定性を左右することになる。

つまり以上の理論によっても、再帰的論理がどこまでもつづく限りそれは真の一定値とはみなし難いとの問題点はそのまま残されたことになる。

これに加えて、数を理論とは独立した存在とみなすことで生じた難問も知られている。次にこれについて説明しよう。

アルキメデスの公理

数は正の値に限っても限りなく小さいものがあるし、限りなく大きいものもある。紀元前200年ごろに現れた次の「アルキメデスの公理」はこの不思議さをいい表したものである。

  大小2つの量があるとき、どのような少量であっても何倍かすると大の量を超える。

これを今日の数学の形で書くと、

  a、b を正の数とすれば、a をどのように小さく b をどのように大きくとっても $b < n \times a$ となる自然数 n が存在する。

この問題については「数は理論に先立って存在するものではなく、演算によりどこまでも得られるものである」と考えると、この数の性質の不思議さは解消するだろう。

数直線上に数はどのように存在するのか──実数の稠密性と連続性

直線上の位置・線分の長さは連続的な大きさを表す「実数・real number」で表すことができる。実数には分数で表される「有理数・rational number」と、分数では表すことのできない「無理数・irrational number」というものがあることが古くから知られていた。

実数には、今日では「有理数の稠密性」といわれている次の性質がある。

  どのように接近した2数 a、b であっても、その間に第3の数 c が定義できる。

これによるとさらに、

  異なる2数の間を連続的に埋めようとすると無限個の数が必要となる。ところが定義できる数は有限個である。

との実数の不思議な性質にも到達する。

有理数と同様に無理数も無限個考え得る。そして有理数と無理数が組み合わされて「実数の連続性」が確保されている。ここから「数直線上に有理数と無理数はどのように配置されているのだろうか」との疑問が湧きあがる。

　数の定義・演算に先立って数・数値が存在すると考えると、これらの疑問は起こるべくして起こったものであり、実数のこの矛盾的な性質が古くから哲学者・数学者を悩ましつづけてきた。

数直線の切断、そして集合論へ
　リカルド‐デーデキント（1831-1916）は数直線上の実数の配置を説明する方法として、
　　・有理数、無理数にかかわらず数直線は任意の点aで切断できる。
　　・この切断により有理数、無理数にかかわらず数直線上の数は、必ずaより小さい側かaより大きい側の線分に属することになる。切断点aの数はどちらか一方の線分に属する。
との今日「デーデキント切断・Dedekind cut」といわれているモデルを提唱した。

　これにもとづいて、今日の数学では切断点の数はどちらかの線分に属するとされており、0からつづく数直線を1の点で切断して、数1が0からの線分に属するときは、この線分は「0から1の閉区間を作る」といい、数1が属さない直線は「1で開いた区間を作る」という。

0から1の閉区間を作る線分
1で開いた区間を作る直線

　しかし、1は1つの数というよりも数直線の長さ・位置を表す数値と考えると、切断により1の位置で終わる線分と、1の位置で始まる線分が同時に生じたとしても矛盾ではないだろう。

　結局、以上の歴史的に議論されてきた数に関する不思議さは、数を独立的・実体的な概念とみなすことで生じるのであって、数値を定める演算などの定義により数は生じると考えれば疑問は解消できることがわかる。

　「理論に先立って数直線上に実数が隙間なく存在するわけではない」、「連続量を表せる実数において、有理数と無理数の違いは定義の方法の違いに

すぎない」と考えると、本来的にこのような問題は生じないことは引きつづき説明して行く。

　一方、歴史に沿って説明すると、先のコーシーによる無限大（∞）の定義は、「限りなく大きくなり得る確定しない有限値」と解釈できるため、極限値も確定しない。このことは当時の共有された数学において大きな問題となった。数直線上の有理数と無理数の問題と共に、この極限値の問題が無限集合を原理とする今日の集合論への流れを加速したといえる。

　集合論については後に説明するが、集合論は無限をめぐる問題に本質的解決を与えるものではなく、かえって共有されてきた数学に混乱を招いたとも考えられる。そこで本書では、共有されてきた有限値の数学上で無限大を整合的に取り扱える理論を検討したい。

2章　共有された数学における無限論

無限値の定義の妥当性・整合性

　第5話で説明した通り、時間・空間概念は人が自らの認識の場の構造を数学的・形式的に解釈したものだろう。数学は物事の形式面を表す理論として成立したものだが、一度成立した数学理論は自足的に成立するため、その理論は整合的である限り、物・時間・空間にとらわれる必要はないであろう。

　こう考えると、再帰的論理は完結すると考えることもできる。ゼノンの難問に代表される既存の無限論は、完結している理論の対象（事象・図形など）の解釈に、わざわざ時間空間を伴って進むとみなした再帰的論理を持ち込んで、理論が完結しないために理論の対象も完結しないと考えたのである。

　このような反省に立って本書では、次の無限値の定義を提唱する。

　　　　再帰的論理の再帰回数を無限回・無限値・∞とする。

　つまり有限値は無限値に到達できるのである。

　この定義は有限値を扱う数学と矛盾しないのみならず、この定義は本来完遂するはずの再帰的論理を明示的に完遂させて、数学理論の再帰的論理による断点が解消されて理論がシームレスになると考え得る。

　この無限値を記号では∞と記することにする（「無限大」との用語とその記号∞については、集合論の数学による定義が今日定着しており、混同をさけるためにこれは用いない）。

　この定義によると、無限数列を生み出す再帰的論理が完遂して無限数列の長さが明確に無限長となり、収束する極限値や無限小数列の実数の値が確定値となる。

無限値の定義により確定する極限値

　時間に制約された私たちは、数学理論の中で循環小数が生じるとこれを中断せざるを得ないが、これとは異なり有限値を扱う数学にこの定義を原理として追加すると、数学内部の再帰的論理は数学外部からの関与にたよることなく、無限回でこれを完遂して、後続する理論へつながることが明示的となる。このため、この定義は数学の理論の断点を解消して数学を自己

完結的にする効果も有する。

なお、再帰的論理の再帰回数には数値列 1 < 2 < 3 < …… が対応するため、無限回と無限値とは同一である。

次に、ワイエルシュトラスによる極限値理論とこの無限値の定義を組み合わせてみる。すると、彼の理論では∞と表した次々と否定される自然数の増加数列 $n_0 < n_1 < n_2 <$ …… を生む再帰的論理は、無限回で完遂して有限値は否定しつくされたと考え得て、∞をこの帰結として得られる無限値∞に置き換えることができる。このため無限数列の最後の項の順位を∞番目、その長さを∞長と表すことができる。

ワイエルシュトラスの理論に戻って、コーシー列 a_1、a_2、a_3、……を定める式

$$\lim_{n \to \infty} |a_n - a_m| \to 0 \ (ただし、n < m)$$

の n、m は、この定義によると共に∞となり、

$$|a_n - a_m| = \varepsilon_{nm} \ (ただし n < m)$$

は 0 となるため、極限値は確定値となると理論づけられる。

これによると、コーシー列である無限小数列の極限値はそれが有理数、無理数にかかわらず確定値を表すことになる。またゼノンの難問においても、アキレスが先行者に追いつく時間や位置を表す等比数列の和の数列はコーシー列となるため、得られる極限値は確定値となる。

この無限値の定義から生まれる数学理論をさらに検討しよう。

「極限の値」と無限数列どうしの演算「極限演算型」

無限数列の値

このような数学の基軸となる理論の1つは確定値である極限の値である。無限値の定義によると、再帰的論理で構成された無限数列の∞長での値の可能性として、

  i 一定の有限値（集合論の数学では「非可算の実数である極限値」とみなされた値）

  ii 無限値、∞（集合論の数学では「発散値」、「限りなく大きくなる有限値」、「無限大∞」とみなされた値）

　　　　iii　その他（「不定値」という）

が考えられる。ⅰの一定の有限値、ⅱの∞を合わせて、以後「極限の値」または「L」と表わすことにする。以下の検討で、今日「不定値」とされているいくつかの数列はⅰ、ⅱに該当することになる。それ以外の（真の）不定値となる数列もある。

極限演算型の定義

　では、今日の集合論の数学では、$a+\infty$、$\frac{\infty}{\infty}$、$\frac{0}{0}$などの演算は、概念的で一定の値が得られないとされている。新たな無限値∞についても、直接的に四則演算ができるわけではない。そこで無限値∞に関する演算理論を考えて見よう。

　これは微分積分の考え方を応用すると可能となる。

　微分係数$\frac{da}{db}$はコーシー列$\frac{a_1}{b_1}$、$\frac{a_2}{b_2}$、$\frac{a_3}{b_3}$、……の極限の値であり、分子、分母の位置にある２つの数列a_1、a_2、a_3、…、b_1、b_2、b_3、……はともに０に収束するコーシー列となっている。そこで、この２つの無限数列の関係を「極限演算型」と定義しよう。

　同様に積分値$\int f(x)\,dx$について考えると極限演算型$0\times\infty$となる演算であることがわかる。

　このことから、従来の理論では$\frac{0}{0}$も$0\times\infty$も不定値とされているのだが、極限の値をもつ二つの無限数列どうしの演算を選ぶと、さまざまな確定値となることがわかる。

　確定値aと∞との加算についてもaを無限数列a、a、a、……とみなすと、二つの無限数列どうしの加算として定義できて、極限演算型$a+\infty$（$=\infty$）が得られる。

　この極限演算型を一般的に定義しよう。
　　　極限の値L_1、L_2をもつ２つの無限数列a_1、a_2、a_3、……、b_1、b_2、b_3、……どうしの演算を、
　　　$a_1 ▪ b_1, a_2 ▪ b_2, a_3 ▪ b_3$、……（▪は、＋、－、×、／のいずれかの演算子）
　　　と定め、これを「極限演算型 $L_1 ▪ L_2$」と表す。

　その解とは、上の演算により求められる第３の無限数列の極限の値L_3である。

なお、無限数列の種類はいくらでも考えられるが、この理論で対象とする無限数列については、

0 および正の値域の単調増加数列および単調減少数列。

に絞る（「単調」とは数列が長くなるにつれてその値が増加または減少の1方向のみに変化することを表す）。これには自然数列、1、2、3、……、無限小数列、初項および公比が正の等比数列とその和の数列、などが該当する。

無限数列の極限の値 L の分類の判定には、コーシー条件および次の定理を用いる。

〔定理〕任意の（大きい）値 p に対して q（ただし $q > p$）となる単調増加数列の L は ∞ である。

〔証明〕定理中の q に対する条件は、q に対する ∞ の構成要件を満たしている（コーシー列の否定ともなっている）。さらに単調増加数列であるため、この数列は ∞ 長において ∞ となる。

以上の準備により、さまざまな極限演算型に対応する解が得られる。

個々の結果は省略するが、得られた結果全体は、次のA、B、Cの分類にもとづいて説明することができる。

極限演算型に対応する解

A　$L_1 \cdot L_2$ がたとえば 2×3 のように、有限値の四則演算が有効な値域に重なる場合。これは2つの単調列が共にコーシー列の場合であり、この極限演算型もコーシー列となる。極限演算型とその解の関係は $L_1 \cdot L_2 = L_3$ と一意的に表せる。これは有限値 L_1、L_2 に対する直接的な四則演算、たとえば $2 \times 3 = 6$ のように、表記も解も一致する。

B　$L_1 \cdot L_2$ が $\frac{0}{0}$、$\infty \times 0$、$\infty - \infty$、$\frac{\infty}{\infty}$ となる演算の場合。L_1、演算子、L_2 を定めても、L_1、L_2 を与える単調列の違いにより極限演算型の解が異なり、有限値となるときもさまざまな値がある。したがってこの極限演算型の解はさまざまにある。

C　$L_1 \cdot L_2$ がA、B以外の場合。L_1、演算子、L_2 を定めると極限演算型の解は0または ∞ のどちらかに一意的に定まる。つまり、極限演算型は一意的な解をもつ（ただし $a - \infty$（a は0または有限値）の場合は、$-\infty$ が得られる）。

この中には、従来計算不能とされていた$\frac{a}{0}$は実は∞であるとの演算も含まれる。

この結果はさらに次のようにまとめることができる。
  i Bの場合に限り極限演算型の解は決定できないが、これは解が不定値となるためではなく、さまざまな解をもつ極限演算型が、同一型の極限演算型に集約されるためである。
  ii Cの場合は極限演算型で一意的に定まる解を表している。極限演算型は有限値の演算を極限の値を含む演算へ拡張したものとみなすことができる。有限値の演算と重なるAの結果を考慮すると、理論の中で「極限演算型」と断る必要もない。

以上のことから、極限演算型とその解の関係は、数学上の定理と考えることができる。ただし、「単調数列どうしの演算において」との制約条件はある。

極限演算型の応用

無限数列の種類については、コーシーの理論が発表されて以降、多種多様なものが指摘された。このため、以上の演算規則が適用できる数列は限定的といわざるを得ない。それにもかかわらず、この演算規則によると、有限値と∞との関係について多くの理論を得ることができる。このことを説明してゆこう。

無限数列の定義の違いによる有限長と無限長
極限演算型によると、無限数列をどこまでもつづく有限長に止まるものと∞長に拡張できるものにふるい分けることができる。次にこの理論を説明する。

無限数列a_1、a_2、a_3、……を定めるには、
  i n番目の項の定義a_n
  ii $n-1$番目の次の項はn番目の項であるとのn番目の項の連鎖の定義

の2つの定義を要する。そこでこれらの定義の∞番目の項での有効性を、

極限演算型にもとづいて検討する。

数列の連鎖の定義は、∞番目の項では、

∞－1番目の次の項は∞番目である。

となり、さらに∞＋1番目の項も∞番目となる。このことは、数列の連鎖の定義は∞番目でもって完遂して、「次の項」や「前の項」という関係は解消したと解釈できる。

次に∞番目の項の定義$a_∞$の有効性を検討する。

たとえばn番目の項の定義がn^2であれば、∞番目の項の値は∞×∞＝∞となるため項の定義は有効である。一般的にいうと、∞番目の項を極限演算型のみで表し得る無限数列は∞番目長において極限の値をもつ。ところが∞番目の項を定義するために極限演算型以外の理論が必要な無限数列もあり得る。このような数列は、∞番目の項が定義できない、との理由でその数列長さは（どこまでもつづく）有限となろう。

無限数列の区分の例

次にいくつかの具体例により、以上の原理により無限数列がどこまでも有限か無限値になるかを区別できることを説明する。

〔無限数列の無限番目の値〕

無限値の定義によると、∞桁の自然数の値は∞であり、小数点以下∞桁の小数の値は一定の有限値である。ところが、自然数や小数列の10進数表記列を求める理論には、極限演算型以外の有限値に関する理論が必要であるため、∞桁の自然数や小数の∞桁目に対しては、この理論が有効に働かない。このため、無限値の自然数の10進数表記列、ならびに小数の∞桁目の値を理論で求めることはできない。

このような理由で、自然数と小数の数値表記列は有限長である。これは矛盾ではなく、無限数列に必要な連鎖の定義と項の定義の違いにもとづいた整合的な理論である。

なお、循環小数については、この理論とは別に、

コーシー列d、d、d、……の極限の値はdである。したがって、循環小数$0.ddd$……の∞桁目の値はdである。

との、∞桁目の値を直接的に決定する理論が得られる。これは極限の値はそれを定義する無限数列に依存して定まることを示すもので、並立する理論である。

〔無限分数列は無理数をも表す〕

　極限演算型が $\frac{\infty}{\infty}$ である演算列 $\frac{a_1}{b_1}$、$\frac{a_2}{b_2}$、$\frac{a_3}{b_3}$、……であって、a_n, b_n が共に整数の場合、これを「無限分数列」ということにする。分母分子が有限の値の無限分数列には、分数では無理数は表わせないとの証明が可能であるため、有限の値の無限分数列は有理数列である。

　ところがこの証明は分母分子の少なくとも一つを∞とおくと有効に働かない。したがって、この証明は無限分数列の極限の値を有理数と無理数に区別するものではない。このため、極限の値は無理数となる可能性もある。

〔無限値の素数はあるか〕

　「どのように大きい素数を仮定しても、それよりもさらに大きい素数がある」との証明（一例として Boyer 115）は、素数の値に対して∞の構成要件を満たしているかに見える。ところが素数の値を∞とおくと、この証明は有効に働かない。また、具体的な数値があっての素数と考えると、∞を素数とみなすわけにはいかない。

　このため、理論上限りなく大きい素数が求められるものの、その値や個数はどこまでも有限値と考えた方が理に適っている。

　有限値に関する証明は原則的に有限値に対して有効であるが、以上の理論によってさらに、その証明が無限値∞に拡張可能か否かが判断できることになる。

　また、ある条件を満たせば、どのような種類の数列の極限の値も無限値∞となるため、無限値∞を単独に取り出して、元の数列を整数、偶数、実数などと特定することはできない。

　無限値∞はさまざまな無限数列に共通した極限の値となるが、それは∞に到達し得た有限値の理論を映す1枚の共通の鏡であると考えると、何ら矛盾した概念ではないと了解できるだろう。

実数の性質、無限個概念、および無限値を含む数学のまとめ

実数の稠密性と連続性

　実数の中に無理数が含まれていることは「実数の連続性」といわれている。これについては、先に∞桁の小数は無理数をも表すことを説明した。無限

分数列についても次のように無限小数列と1対1対応するコーシー列を構成できるため、無理数を表すことができる。

　　たとえば、無理数$\sqrt{2}$を表す無限小数列1.4、1.41、1.414、……は、無限分数列$\frac{14}{10^1}$、$\frac{141}{10^2}$、$\frac{1414}{10^3}$、……$\frac{\infty}{\infty}$と∞長まで対応する。したがってこの無限分数列の極限の値は無限小数列と同じく$\sqrt{2}$である。

先に数直線の説明で触れたが、数には有理数と無理数があるため、数直線を有理数だけで埋め尽くすことは不可能とされている。これについては、次のようにコーシー列を構成することのできる実数の構成的性質によって可能であると説明できる。

　　隣り合う2つの実数の数値差とは、n桁の10進数小数の場合は1×10^{-n}であり、1をn等分した分数の場合は$\frac{1}{n}$である。いずれの数値差についてもnに関してコーシー列を構成することができて、これらの無限数列の極限の値はいずれも0となるため、すきまは埋められる。

このため、

　　（1列の）無限小数列、無限分数列で得られる数値を実数値という。

と定めると、未発見の超越数も含めてどのような実数値もこの数学の理論域に含まれると考え得ることになる。

無限個の集合

ところで、この無限値の定義によると、有限の数が表し得る、順序、大きさなどの概念は、∞番目、∞値などに拡大される。しかし、先に説明した隣り合う2つの実数の数値差が0となることでもって、

　　nが∞番目において隣り合う実数の数値差は同値または同一である。これにより∞個個の実数からなる稠密で連続的な数直線が構成された。

と結論づけることはできない。

なぜならば「隣り合う数」とは数値差が0ではない数の間で成り立つ関係であって、「数値差が0の隣り合う数」とは数学理論に必要な「数に関する理論の整合性」を越えているからである。

　　∞個の並列的な数の関係について整合的な理論が得られないことは、

　　　ⅰ　∞の定義は有限値の定義とは全く異なる。

ii　∞を一定の値と定めて得られた理論は、整合的ではあるが従来
　　　　　の理論がカバーしていなかった新たな原理にもとづいている。
との理由による。

　このため、「∞番目までの無限数列には∞個の項が含まれる」と考えて、これを無限集合とみなしても、以上の理論にもとづくと無限集合にもとづいて整合的な理論を得ることはできない。つまり集合論における無限集合についての理論は、これとは異なる原理にもとづいているといえる。

どこまでも整合的な数学理論

　無限値の定義を含めた数学理論についてまとめてみよう。ここまでに得られたこの数学上の無限数列や実数の性質に関する理論は、全体として有限値を扱う数学と整合的である。

　有限値を扱う共有された数学には、無限数列、再帰的論理で理論が進まなくなるという欠陥があったのだが、無限値の定義により、この欠陥が消滅したのである。

　この無限値の定義は、有限値に限られていた数学理論をさらに自己完結的な数学に導き、無限値∞の取り扱い方を誤らない限り矛盾は発生しないことが確認された。

　共有された数学における無限値の話はこれで終わるが、次に参考として、ここまでの説明から漏れた不定値となる無限数列の性質や過去に語られた無限についての謎が、この無限値により解明できることを説明する。

無限をめぐる謎を解き明かす

ガリレイの無限論

　最初に共有された数学にもとづいたガリレイの無限論を紹介する。ガリレイは、著書『新科学対話』の中で「無限の数とその平方数（2乗した数）の、どちらの方が多いか」という問題を取り上げて、
　　　平方数は根（元の数）とちょうど同じだけあり、またすべての数は
　　　根であるから、平方数は自然数とおなじだけある。
と説明しながらも、これにつづけて、
　　　すべての数の総体は無限であり、「等しい」、「多い」、「少ない」とい

う属性はただ有限量にのみあって、無限量にはない、としかいい得ませんん。

と結論した。

共有された数学によると、自然数と平方数が1対1対応することについては、自然数列が有限値 n である限り、これに対応する平方数 n_2 が有限値の演算で求め得るとの、どこまでもつづく有限値の整合的な関係として説明できる。次に本書の無限値の定義と極限値理論によると、自然数列が∞となればその平方数も∞×∞＝∞となるとのガリレイの結論と一致する理論が得られる。

無限ホテルの謎

このガリレイの話に限らず、異なる無限数列どうしが1対1対応することは謎めいて語られている。この中から一つ、ヒルベルトがよく語ったというエピソードをとりあげる。

　限りなく多くの部屋をもつホテルがある。そのホテルは常に満室である。しかしそのホテルは常に新しい客を受け入れることができる。新しい客がくると、第1室の客は第2室に移ってもらい、第2室の客は第3室に移ってもらい、との部屋の移動を限りなく繰り返せばよいからである。

無限値によると、これについては次のように解釈できる。

「限りなく多くの部屋」の数を有限値だとみなすと、この話は有限値の限りなく大きくなり得る性質として説明がつく。それでも最後のつじつまが合わないと考えるならば、部屋の数を無限値∞と考えればよい。するとこの話は∞に有限値を加えても常に∞であることで説明がつく。

不定値となる数列

不定値となる無限数列の極限の値の概念は一律に理論づけられないためにこれまでの説明から除外してきたが、無限値によると、これについても個別的に理論にもとづく解釈ができる。

　無限数列、
$$1-1+1-1+1-1+1\cdots\cdots$$
　については、

$$(1-1)+(1-1)+(1-1)\cdots\cdots$$

とくると極限値が 0 となり、

$$1-(1-1)-(1-1)\cdots\cdots$$

とくると極限値が 1 となるとの不思議な性質がある。

これについては無限値によると、

> 上の数列の値は奇数番目では 1、偶数番目では 0 となる。∞番目は偶数番か奇数番かを決定できないため、上の数列の極限の値（極限値）は決定できない。

との理論が成立する。

ランプは点灯しているか

次のトムソンの議論はこれと類似している。

> スイッチ付きのランプがあり、そのスイッチを押すと、ランプが点灯しているときは消え、消えているときは点くとする。今、最初の時点でランプは消えており、30 秒後には点灯され、その 15 秒後にはまた消え、これが無限に続くとする。最初の時点から丁度 1 分経ったとき、このランプは点灯しているであろうか、消えているであろうか。我々はそれに答えることはできないが、答えがなければならないように感じる。

これについては、

> ランプもスイッチも機械だから、速い周期のオン・オフには耐えられず故障する。したがって答えはでない。

というのが正解である。けれども、強引に無限値の数学理論を当てはめてみると、

> ランプはスイッチを押す回数が奇数番目で点灯して、偶数番目で消える。一方、1 分が経過するとスイッチを押す間隔となっている等比級数の項数は∞回に達する。∞回は偶数回か奇数回かを決定できないゆえにランプの状態は決定できない。

との理論で、決定が不可能であることを説明できる。

無限数列の逆読み

次に、ウィトゲンシュタインが講演会で話したという謎をとりあげる。

> 向こうから歩いてくる人がいて、その人は「……5、1、4、1、3—

第 6 話　無限の謎への挑戦 3 章　243

——あぁ終わった」と呟いていた。何をしているのかと尋ねたら、πの小数展開の最後の部分を今ようやく数え終えたところだ、と云うのである。彼は、永遠の過去からずっといつも変わらぬ速度でそれを数え上げてきたらしい——。

彼のいうπの小数展開の最後の部分とは、πの最初の部分の逆読みだから、彼は無限数列を逆にたどってきたことを表している。これも不思議な話である。時間が有限だとすると、もちろんこのようなことは起こり得ないが、無限値によると、時間が無限だとしてもこのようなことは起こり得ないことが次のように説明できる。

　無限数列は先頭部から構成可能だが、最後部となる∞番目からは次の理由により構成できない。
　i　πの∞番目の数値は定義できない。
　ii　有限の最後の項が決まらないために、πの∞番目の項から有限の数列部につなぐことができない。

非幾何学的図形

図形に関する無限論には視覚が関係してくる。「非幾何学的図形」といわれている理論の一つを取り上げよう。

　1辺の長さ1の正三角形を考える。底辺の両端をA、Bとすると三角形の斜辺を通りAとBを結ぶ線分の長さは2となる。つぎに底辺を2等分してそれぞれを底辺とする正三角形を考える。すると、三角形の斜辺を通りAとBを結ぶ線分の長さは2のままである。この分割をつづけると三角形は限りなく小さくなり、極限において、底辺の直線と同一視できる。するとAとBを結ぶ線分の長さは1かつ2となる。これは矛盾である。

無限数列の極限の値として求めても、この三角形の高さは0、斜辺の長さは2となる。しかしこれについては、次の理由により数学の理論ではない。

　上の極限の図形の直線の傾斜については斜辺の値が残り、1次関数で定義される直線とは異なる。図形に適用した極限値理論の結果は視覚上の図形に一致する場合が多いが、この理論の立て方は複雑なため一致しない。

　この理論の結果を踏まえて、「直線の長さは不定値である」を原理とする理論を考え出したとしても、それは「整合的な理論が得難い複

雑な理論」ということになる。
　以上のとおり無限値を含む数学は、語り継がれてきた無限をめぐる多くの謎を整合的な理論として解明できるのである。

ユークリッド幾何学の公理系と無限の謎

ユークリッド幾何学の公理系とは
　今日では幾何学は、BC300年ごろ古代ギリシャのユークリッド（エウクレイデス　BC323-285）により、100以上の原理にもとづいて体系づけられた「ユークリッド幾何学」としてよく知られている。原本は『原論』と題されている。
　これに範をとり、20世紀初頭におこり今日までつづく「公理論」によると、ユークリッド幾何学の原理系は、それ以上さかのぼって定義や証明のできない無前提の第一原理であり、「公理系」とされた。
　これが正しいとすると、エジプト文明、バビロニア文明の人たちはもちろんのこと、私たちもユークリッドの提唱した幾何学の公理をほとんど知らずに図形の理論を考えたり利用していたということになる。ピタゴラスの定理もすでに、エジプト文明、バビロニア文明でも知られていたそうだが、そんなことが可能だろうか。このナゾを解くために『原論』の最初の部分を検討してみよう。
　ユークリッドは原理を「定義」、「公準（要請）」、「公理（共通概念）」の3種に分けて記述しており、『原論』の1巻は次の有名な定義で始まる。
　　1．点とは部分をもたないものである。
　　2．線とは幅のない長さである。
　　3．線の端は点である。
　　4．直線とはその上にある点について一様に横たわる線である。
　　5．面とは長さと幅のみをもつものである。
　　　……
　この範囲に限っても、それぞれの原理がそれ以外の前提を必要としない公理とはみなし難い。たとえば1項の「部分」との用語の意味は自明とは思えないし、4項の説明にもとづくと曲線から直線が選び出せるとも考え難い。
　たとえ数学用語であってもその意味は経験にもとづいているため、幾何

学を習得した私たちは上の原理系の意味することはほぼ理解できるが、幾何学を知らない人はほとんど理解できないだろう。このことから（ユークリッド自身の原理系への考え方は何も書き残されていないが）『原論』に記載された100以上に及ぶ原理の一つ一つは無前提の公理ではなく、原理系全体として理論を整合的に組み立てられるように工夫されたものだと思われる。

さらに根本的な矛盾点は、これらの説明は図形に関するものであるにもかかわらず、部分をもたない点や幅のない線は目視できないことである。

座標幾何学にもとづくと、『原論』の原理系は原則的に数学上の数値と座標で定義可能である。これを先の1〜5の定義で実証しよう。

1．点とは部分をもたないものである。⇒ XY 座標上の1つの点 $p(x,y)$ は部分をもたない点を表す。
2．線とは幅のない長さである。⇒関数 $y = ax + b$ は幅のない線を表す。
3．線の端は点である。⇒線を表す関数の値域を制限すると線に端点が生じて、端点は一定の数値である。
4．直線とはその上にある点について一様に横たわる線である。⇒関数 $y = ax + b$ は直線を表す。
5．面とは長さと幅のみをもつものである。⇒ XYZ 軸で定まる空間において XY 軸で定まる平面 xy は xy の値域により平面の長さと幅は定義できる。また平面 xy は Z 方向の厚さを有しない。

数による思考は必ずしも可視的である必要がないため、点には面積は不要であるし、線には幅が不要である。このことから、1〜5の定義はあいまいさのあるユークリッドの定義に代わる、座標幾何学による図形の正確な定義といえる。

これ以上の説明は省略するが、この後につづくユークリッド幾何学の原理類も座標幾何学にもとづいて定義・証明が可能である。

ユークリッドの平行線公理と非ユークリッド幾何学

ユークリッド幾何学『原論』には次のような「平行線公理」といわれている定義23がある。

> 平行線とは、同一の平面上にあって、両方向に限りなく延長しても、いずれの方向においても互いに交わらない直線である。

この定義に関連してさらに次の公準（要請）を加えている。

１直線が２直線に交わり同じ側の内角の和を２直角より小さくする
　　ならば、この２直線は限りなく延長されると二直角より小さい角のあ
　　る側において交わること。
　そうして、三角形の内角の和が２直角であることや、直方体の各内角は
直角であることをこれらの公理から証明したのである。

　これらの公理の関係は、他の公理よりも複雑であるため、他の公理から
導けるか否かが18世紀から19世紀にかけて検討された。この検討の結果、
直線と同一平面上にあって直線とは離れた１点を通る平行線について、多
数存在しても１本も存在しなくても、ユークリッド幾何学が成立する曲面
が発見されて、この曲面で成立する幾何学は「非ユークリッド幾何学」と
いわれるようになった。
　ユークリッドはなぜこのような複雑な公理を設けたのだろうか。それに加
えて、後世の関係者はなぜこれに関心をもって、非ユークリッド幾何学が
成立することを大々的に取り上げたのだろうか。

『原論』における「無限」の役割

　ユークリッドは、定義22として直角と直線を用いて正方形や長方形など
を定義している。これを用いると、平行線は「長方形の対辺を平行線という」
と定義可能だろう。無限の長さの平行線であっても、長方形は無限に連ね
ることができるから、この定義で無限の平行線をカバーできるだろう。
　ところが、ユークリッドはこれとは別に、先の無限に関連させた平行線の
定義を定義23として新たに設けたのである。
　これは推測だが、ユークリッドは、「長方形の対辺はどこまでも長く作図
が可能であるゆえに平行線である」との平行線の定義に理論の不確定さを
感じて、さらには当時の論争が好まれた社会において、他者からの異論の
はいる余地が残ることを恐れて、平行線の定義を通して幾何学理論を「無限」
に関係づけることで幾何学理論を絶対化できると考えたのかもしれない。
　ユークリッドが原理と考えた定義に、公準、公理とも名づけたことについ
ては、その理論をゼノン派による反論から守るためとの説もあるが、今もユ
ークリッドの真意はナゾである。
　さらにユークリッドの平行線公理の研究もユークリッドの思想に沿って
研究されたのだろう。その結果として得られた非ユークリッド幾何学が平

行線公理に込めたユークリッドの思いとは逆方向に作用したとすれば、それは歴史の皮肉だろう。

整合的な理論は無歪である

　本書では、座標幾何学は正しい、整合的であるとの考え方をとっている。これに加えて座標幾何学ならびに『原論』の定める直線や平面は無歪と考えるべきである。なぜならば、

　　　ⅰ　「歪」の定義は無歪の理論にもとづいてのみ可能である。
　　　ⅱ　整合的な理論は無歪であるとの考え方によると、どこまでも歪も矛盾も生じない。
　　　ⅲ　この無歪の定義の方法が、私たちの、経験、視覚とも一致したシンプルで共通了解できるただ一通りの方法である。

と考えられるからである。

　非ユークリッド幾何学の発見により、図形の歪にとどまらず理論の整合性も相対化された。そして数学の歴史は本書とは異なり、ヒルベルトが提唱した「公理論」の方向へ進んでいった。これも共有された数学における数の概念や数学的推理法の原理、および再帰的論理の扱い方が明示的でなかったことが影響したのだろう。

　平行線は座標幾何学によっても、ユークリッド幾何学によってもシンプルに定義できることは説明した通りである。。

3章　集合論の無限について

19世紀から20世紀にかけて成立した集合論は共有されてきた伝統的な数学の原理とされて、今日でも数学・哲学界に大きな影響を与えている。そこでこの一連の理論が提唱された順序に沿って、
- 今日の集合論の基礎となっているカントール超限集合について
- 超限集合の存在を証明したとされる非可算無限の証明のトリック
- 集合論と言葉の問題
- 公理的集合論について

の順でその内容と共有された数学との違いを解説してゆく。

カントール超限集合論について

無限集合と有限集合

「無限大」の数や「無限長」の数列は、時間や空間とは切り離し難いこの世界では完成し難い。どのように大きい数 n を考えても $n+1$ はさらに大きいからである。このような無限は古代ギリシャ以来「可能的無限・potential infinity」ともいわれてきた。そして、これに代えて「無限」を完全に理論づけることは数学者・スコラ哲学者の長年の夢でありつづけてきた。

16世紀になると、次々と数を生み出す再帰的論理は完遂できないとしても、「数全体」との概念・理論は成立するとの考え方が現れ始めた。そして自然数などの「全体・totality」をある大きさをもつ無限集合と考えた。この無限は可能的無限に相対する語として「現実的無限・actual infinite」ともいわれている。

集合を前提としたとき、無限集合は次のデーデキントによる無限集合と有限集合とを区別する理論によっても得られる。
> 無限集合とは、その要素の全体と部分とで1対1対応のとり得る集合であり、そうではない集合を有限集合という。

1章で取り上げたガリレイの数集合の1対1対応の話が、この区分のヒン

トになったかもしれない。ただしデーデキントはガリレイが「理論づけられない」と考えた無限量に対する1対1対応について、逆に「対応する」と考えて無限集合の性質としたのである。

なお、1章で説明した通り、共有された数学での無限論によると、数列が無限長になると、数列どうしの1対1対応はガリレイのいうように対応するともしないともいえない。なぜならば数列の∞番目の項も∞＋1番目の項も、共に∞番目であり区別できないからである。

集合の基数

カントールはデーデキントによる無限集合と有限集合との区別に加えて、
> 2つの集合の要素間の1対1対応づけが可能である場合、2つの集合の基数（濃度ともいう）が等しい。

と定義した。これによると、有限の n 個の要素をもつ集合の基数は n である。また、自然数全体と偶数全体は 1─2、2─4、3─6、……と、1対1対応づけ可能であるゆえに、両集合は同一の無限基数（可算無限）をもつことになる。

有理数の順序づけと「可算」

カントールは自然数（正の整数）、有理数（分数で表される数）、代数的数（有理数と共に $\sqrt{2}$ など、代数方程式の解となる無理数をこのように呼ぶ）は1列に順序づけ可能と理論づけた。ここではカントールによる有理数の順序づけを概説する。

> 正で1未満の有理数全体は、分数の分子＋分母の値の小さいものから、分子＋分母の値が同一の分数どうしについては、分数の値の小さいものから順に並べることで1列に順序づけられる。その先頭部は次となる。

分子＋分母の値	3	4	5	6	7	……
有理数	$\frac{1}{2}$	$\frac{1}{3}$	$\frac{1}{4}$, $\frac{2}{3}$	$\frac{1}{5}$	$\frac{1}{6}$, $\frac{2}{5}$, $\frac{3}{4}$, ……	……

> このように1列に順序づけ可能な数は「可算」である。

また、「正で1未満の有理数全体」は有限であるが、整数（自然数）を含む有理数全体は可算無限である。

以上の理論を共有された数学にもとづいて考えて見よう。

分数・有理数の順序づけはもちろん可能である。

最後の有限と可算無限の区別の根拠は共有された数学にはない。カントールは分数・有理数は演算によって得られるゆえに有限値であり、整数は演算によらなくても自立的に存在するゆえに可算無限と考えたのだろうか。

共有された数学では、分数も整数も演算によって得られるゆえにこのような区別はあり得ない。また本書の無限値の定義によると、整数には無限値∞があり得て、分数にも$\frac{\infty}{\infty}$の形があり得るのだから、カントールによる可算と可算無限の区別の考え方は成り立たない。

超限集合

つづいてカントールは「実数を表わす無限小数列の全体は1列に順序づけられない」との非可算無限の証明をおこなった。無限集合概念によらずに非可算無限を証明する方法として「区間縮小法」と「対角線論法」といわれている二つの方法が用いられた。

そして次のような「超限集合論・transfinite set theory」を提唱した。

・1、2、3、……と無限につづき無限に大きくなる自然数列全体は、順序づけ可能な可算無限集合である。
・1列に順序づけられない実数全体は、可算無限集合より大きい非可算無限集合である。
・対角線論法（後述）の結果によると、可算無限の基数をωとすると、ωのベキ集合2^ωはω^ωより大きく、かつ$2^\omega \leq \omega^\omega$であるため、$\omega$を$\omega$乗するごとにより大きい超限集合が得られる。
・有限値nの集合のベキ集合についても2^nとなり、元の集合より大きい。
・そのため、有限集合から超限集合へと大きくなる1、2、3、……、ω、ω^ω、……と表す「基数・cardinal number、濃度ともいう」との理論が成立する。
・またこれら集合の要素は自然数より大きくなるので、自然数とは異なる「順序数・ordinal number」である。

本書の無限値の定義にもとづくと、個数であれ順序であれ数によって表

される大きさの最大値は無限値・∞であり、それ以上大きい数の概念は成立しない。また、カントールの非可算無限の証明には共通的な数学にはないトリックが含まれているため、この証明および超限集合論は成り立たない。次にこれについてやや長くなるが説明しよう。

非可算無限の誤りと証明のトリック

構成的実数列

カントールは「無限につづく小数列の全体は1列に順序づけられない」ことを証明したとされているが、共有されてきた数学にもとづくと次のような実数列を構成することができる。

有限桁の小数を考える。すると第1変数を小数の桁数、第2変数を小数の値とする再帰的論理による次のような順序づけが考えられて、正で1未満の小数は、その値と桁数に関して、次のように一系列にもれなく限りなく順序づけ可能となる。
0.1, 0.2, 0.3, 0.4, 0.5, 0.6, 0.7, 0.8, 0.9,
0.01, 0.02, 0.03, 0.04, ……0.09, 0.10, 0.11, 0.12, ……0.98, 0.99,
0.001, 0.002, 0.003, 0.004, ……0.010, ……0.020, ……0.998, 0.999,
……

最後の桁が0となる小数は、先行する小数と値が重複するが、小数が逐一的にもれなく順序づけられることに変わりはない。これを以後「構成的実数列」ということにする。

この例では1未満の小数としたが、順序づけの第1変数を小数の小数点以上の桁数ならびに小数点以下の桁数、第2変数を小数の値とすると、次のように無制限の値域の小数がもれなく順序づけ可能である。
0.1, 0.2, 0.3, ……0.9, 1.0, 1.1, 1.2, ……9.9,
0.01, 0.02, ……0.10, ……0.99, 1.00, 1.01, ……1.10, ……10.00, 10.01, ……99.99,
0.001, 0.002, ……0.010, ……0.100, ……0.999, 1.000, ……999.000, ……999.999,
……

これについても、最後の桁が0となる実数は先行する実数と値が重複するが、小数が逐一的にもれなく限りなく順序づけられることには変わりがない。
　構成的実数列にはさまざまな桁数の小数が含まれるため、カントールが対角線論法による非可算無限の証明の対象とした「無限に多くの桁の列」とは異なる。しかしながら、構成的実数列の小数の最後の桁以降には0が限りなくつづくとみなすと、構成的実数列のすべてを「無限に多くの桁の列」とみなすことができる。このことは、共有された数学上では「互いに異なる無限に多くの桁の列」は限りなく1列にリストアップ可能であることを示している。
　この構成的実数列は非可算無限の証明の反証例といえるが、非可算無限の実数を前提とすると、これを打ち消す次のような解釈の可能性が残る。
　　　構成的実数列は1列に順序づけられた実数列であるため、非可算無
　　　限の実数全体の順序づけではない。これは有限または可算無限個の
　　　構成的な実数概念、あるいは非可算無限の実数の中から取り出した
　　　有限または可算無限個の実数の順序づけである。
このため、構成的実数列は非可算無限を無条件に否定したことにはならない。
　そこで、共有された数学と無限値の定義によって、カントールによる非可算無限の証明の有効性を検証することにする。

区間縮小法とそのトリック
　仮に実数全体が順序づけられたとしても、実数はその値の大小順には並んでいない。なぜならば隣り合う2つの実数 a, b の値が隣り合うとすると、2数の平均値 $\frac{(a+b)}{2}$ が2つの実数の間に入ることになり、元の実数の順序づけが否定されるからである。このようなことから区間縮小の理論は実数の値以外のファクターで順序づけられた実数を想定して組み立てられている。
〔証明〕
　まず、すべての実数が1列に順序付けられた限りなくつづく数列を仮定する。
$$a_1, a_2, \ldots\ldots, a_n, \ldots\ldots \quad ---(*)$$
最初にこの中の任意の区間（$\alpha\cdots\cdots\beta$）をとる（ただし $\alpha < \beta$）。区間（$\alpha\cdots\cdots\beta$）の内部（境界を除く）に含まれて、数列（*）において最前となる

2つの数をα_1、β_1、ただし$\alpha_1 < \beta_1$とすると、区間（$\alpha_1 \cdots\cdots \beta_1$）が得られる。同様にして数列（*）の数で（$\alpha_1 \cdots\cdots \beta_1$）内部に含まれて、数列（*）において最前となる2つの数α_2、β_2が求められる（ただし$\alpha_2 < \beta_2$）。以下この操作を繰り返す。

このようにして得られた数列は、

$$\alpha_1 < \alpha_2 < \alpha_3 < \cdots\cdots < \beta_3 < \beta_2 < \beta_1$$

との関係をもつ。

このような実数αの増加数列と実数βの減少数列の間には必ずある特定の数δ、すなわち、

$$\delta = \lim_{n \to \infty} \alpha_n$$

が存在するが、〔nはどこまでも有限であるため（本書による注釈）〕このδはすべてのα_nより大となって、結局、すべてのnにつき

$$\delta > \alpha_n$$

が成立する。

〔証明終了〕

カントールの理論によると、数列α_nの長さはどこまでも有限値であり、なおかつ、順序づけから漏れた実数が存在するため、α_nは非可算無限の実数δに到達できないとの結論が得られるのである。

先の2章では、共有された数学とその無限値によると、どのような実数であっても、適切な無限数列によりその値を表すことができることを説明した。

次に、もう1つの非可算無限の証明とされている対角線論法について、証明の有効性を検討しよう。

対角線論法

カントールは「2値の無限に多くの桁の列の全体、M」は1列にリストアップできないことを「対角線論法」といわれている方法でも証明した。

小数は2進数でも表記可能であるため、2値の無限に多くの桁の列に該当する。また、順序づけに関していえば、実数全体を1未満の実数全体と考えても同等である。そこで0から1の実数全体を用いて対角線論法を大綱的に説明しよう。

実数全体が1列に順序付けられると仮定すると矛盾が発生するため、実

数全体は1列には並べられないとの背理法の形をとる。
〔証明〕
　まず、実数全体 A が1列に順序付けられたと仮定して、その先頭部を次のように小数で表す。a_{nm} は、0から9までのある数字である。

$$0.a_{11}a_{12}a_{13}a_{14}\cdots\cdots$$
$$0.a_{21}a_{22}a_{23}a_{24}\cdots\cdots$$
$$0.a_{31}a_{32}a_{33}a_{34}\cdots\cdots$$
$$\cdots\cdots$$

　次に下1桁目は a_{11} と異なり、下2桁目は a_{22} とは異なり、下3桁目は a_{33} と異なり、以下同様に n 桁目は a_{nn} と異なるどこまでもつづく実数を考える。

$$B = 0.b_{11}b_{22}b_{33}b_{44}\cdots\cdots b_{nn}\cdots\cdots$$

　この実数 B と A に含まれる実数を比較すると、A の対角線の位置に相当する n 列目の実数は、その n 桁目の数字 a_{nn} が B の n 桁目の数字 b_{nn} と必ず異なるため、この実数 B は A において順序づけられていない数である。
　これは実数全体 A が1列に順序付けられたとの最初の仮定に矛盾する。したがってすべての実数は1列に順序付けられない。
〔証明終了〕
　次に構成的実数列を用いて、この対角線論法の理論の精査を試みよう。

対角線論法のトリック
　先の「構成的実数列」のすべての小数の最後の桁以降に 000…… を加えて構成的実数列のすべてを「無限に多くの桁の列」とする。このことは、共有された数学では「互いに異なる無限に多くの桁の列」は、無限に1列にリストアップ可能と考え得ることを示している。
　では、これに対角線論法の理論を適用してみるとどうなるかを確認しよう。
　まず、この「無限に多くの桁の列」を先頭から縦列に並べる。

$$0.1\underline{0}000\cdots\cdots$$
$$0.2 0\underline{0}00\cdots\cdots$$
$$0.30\underline{0}00\cdots\cdots$$
$$\cdots\cdots$$

　つづいて、対角線論法の論理にしたがい1番目の実数とは1桁目が、2番目の実数とは2桁目が、n 番目の実数とは n 桁目（上の列の下線をつけた数）が、異なる小数列 B の構成を試みる。ここでは、n 番目の実数の n

桁目の値が0の場合は、その値を1として、0以外の場合は0としよう。するとBとして、下1桁目が0で、それ以降は1となる循環小数列

$$B = 0.011111\cdots\cdots$$

が得られる。

　すなわち、対角線論法により構成される小数列は、この条件によると、$\frac{1}{90}$から循環小数 $0.0111\cdots\cdots$ を得る演算と一致する。このことから、対角線論法は特別に新しい理論・概念を証明しているとはみなせない。

　本書で説明した共有された数学における無限値によると、B の値は無限長∞の1列の数列であり、その値は正確に $\frac{1}{90}$ となる。

　カントールは対角線論法において次の共有された数学にはない考え方を用いていることが判明した。

　　i　自然数の順序づけは可算無限個で完結する。
　　ii　順序付けられた実数列 A は可算無限長で完結する。
　　iii　対角線論法による新たな実数 B の構成論理は可算無限の桁まで有効であり、その数値は実数列 A とは異なる。

　一方、共有された数学の無限値∞によると、

　　i　順序づけられた実数列 A の順番および長さは∞である。
　　ii　しかし、∞番目の実数も、その∞番目の桁の値も定まらない。

との理由でカントールの対角線論法は成立しない。

　以上で、それまで共有されてきた数学にもとづくとされる2つの非可算無限の証明には、それぞれ共有された数学からは得られない理論・概念が用いられているため、共有された数学とは異なる証明であることが確認され、共有された数学は集合論には依存しないことが明らかになった。

　　先に説明したが、カントールの証明が現れた背景には、当時にはすでにデーデキントらにより、「整数全体」などの無限集合概念が数学理論として論じられていたことがあったのだろう。

　では次に、カントールが提唱した素朴な集合概念が引き起こしたパラドックスと、そこから生起した数学基礎論論争を説明する。

集合論と言葉の問題

素朴なカントールの集合論とパラドックス

カントールは著書『超限集合論の基礎に対する寄与』の初めに集合を概略、次のように定めた。

> 「集合」とは、我々の直観または思惟の対象として確定されていて他のものとよく区別できる（複数の）ものを1個の全体に一括したものである。

共有された数学の理論には、非数値の集合は含まれないが、集合論には非数値の集合も含まれる。カントールが提唱した対象を特に制限しない素朴な集合概念からは、パラドックス（言葉の理論で発生する不整合性、矛盾）が生じることが発見された。次に代表的な2つのパラドックスを説明し、共有された数学の立場から解釈してみる。

嘘つきのパラドックス

まず、「嘘つきのパラドックス」といわれている古くから知られたパラドックスを取り上げる。

> あるクレタ人が「クレタ人はみな嘘つきだ」といった。このクレタ人のいったことは正しいか、嘘か。正しいと考えると、このクレタ人も嘘つきであることが否定される。嘘と考えると、このクレタ人は「クレタ人はみな嘘つきではない」といったことになるため、やはりこのクレタ人が嘘つきであることが否定される。どちらと考えても矛盾が発生する。

共有された数学による解釈

共有された数学は、数に関する理論であるためにパラドックスは生じない。

この理論を「理論には整合的な理論域がある」との立場から考えてみると、「A クレタ人の嘘」によって、「B クレタ人は嘘つきだ」という理論は肯定も否定もできない。つまり、B は A に整合的な理論の外部の理論である。B の理論は A にも A の否定にも属さず、何でも併せて考えることのできる人間の思考によって、両者を同列に並べて比較したのである。

数値であっても言葉であっても、整合的な理論を構成しようとすれば、その用法は一定の制限を受ける。パラドックスはこの制約を無視して、別々

の原理からなる理論を 1 つの原理からなる理論とみなすことで発生したとも解釈できるのである。

ラッセルのパラドックス

次の 1902 年にバートランド - ラッセル（1872-1970）により発見されたため、「ラッセルのパラドックス」と名づけられたパラドックスは、後述する数学基礎論論争を引き起こしたことで有名である。

集合は集合の要素になり得る。するとどのような集合もそれ自身を要素として含まない集合（ラッセルの頭文字 R をとり「R 集合」という）と、それ自身を要素として含む集合（「非 R 集合」という）の、どちらかに分類可能だろう。たとえば「花の集合」は、この定義自身は花ではないため R 集合である。また「10 文字の言葉の集合」はこの定義自身が 10 文字の言葉であるため非 R 集合である。

次に、「すべての R 集合を要素とした集合」を集合 X とする。すると集合 X はどちらの集合だろうか。まず集合 X の定義「すべての R 集合を要素とした集合」は X の要素には該当しないゆえに、X は R 集合であるといえる。そこで X を R 集合と仮定する。すると X は X の定義「すべての R 集合を要素とした集合」により、X の要素でなければならない。これは X が非 R 集合であることを意味する。これは矛盾である。

共有された数学による解釈

このパラドックスについては、集合を数集合に限ると数集合はすべて R 集合であって、非 R 集合は定義できない。このため、共有された数学ではこのようなパラドックスは生じない。つまりこのパラドックスは、R 集合も非 R 集合も共に定義できるとする理論系で発生する。

また、集合概念を数以外に広げるとしても、たとえば「10 文字の言葉の集合」の要素には「xx 文字の言葉の集合（ただし、xx は 2 文字で表された数値）」をすべて含み得る。このため、この非 R 集合は 10 文字以外の言葉の集合を含む不確定な集合となって、この不確定さによる困難も予測される。これには言葉の意味が関連してくるが、言葉の意味については必ずしも集合概念で一律的に理論づけられないだろう。

数学基礎論論争

　これらのパラドックスをめぐっては、数学基礎論論争が生起した。
　数学基礎論論争において、ヒルベルト、ラッセルらは集合論を支持したが、これに対して、構成的な数の概念を支持したアンリ‐ポアンカレ（1854-1912）は

　　ⅰ　n が自然数ならば $n+1$ も自然数である。
　　ⅱ　1は自然数である。
　　ⅲ　ⅰとⅱの条件により、再帰的に限りなく大きい自然数 n が定義できる。

との再帰的論理に注目して、

　　　再帰的論理のみが我々を有限から無限に導くツールである。再帰的論理によると、我々は望むだけのステップを飛び越すことができる。

と主張した。
　また、同じ立場をとったルイツェン‐ブラウワー（1881-1966）、ヘルマン‐ワイル（1885-1955）は「連続体は1線分の逐一的な分割により構成される」と主張した。ブラウワーはさらに、共有されてきた数学に用いられてきた排中律などの推論規則の無限集合に対する有効性に疑義を唱えた。

　彼らの主張は本書の「共有された数学とその無限値の定義」に近かったが、大きな支持を得ることができなかった。この理由については次のように考え得る。

　　　彼らの主張は、共有されてきた数学にもとづいているとしても、本書のように共有された数学が、共有された経験にもとづいて、数値のみを対象とした内部完結的な理論であること、これにもとづいた無限値∞の定義が、この数学の完成度を上げる整合的な概念であることを論じてはいない。それゆえに、彼らの主張は広く共有され得なかったのだろう。
　　　これはちょうど、虚数概念が便利だといわれながらも、ガウスによる複素平面を用いた虚数に関する「美しい」とまで賞賛される理論が現れるまで、虚数が数として認められなかった状況に似ている。歴史をさかのぼると、負の数についても似たような状況があった。

　このような中で、絶対的と信じられていた無限そのものを理論の対象とすることと、数学と言葉の理論を統合することへの強い願望が超限集合論

を後押ししたのだろう。

ではつづいて、数学基礎論論争を経て誕生した「公理的集合論」について、本書の見方を交えながら説明する。

公理的集合論について

公理論は当初、「矛盾が生じないこと」が、公理系が成り立つ条件であったが、後に公理系の無矛盾性は証明できないということになった。しかし、集合論への強い願望もあり集合論は1930年ごろ、基本的に「カントール超限集合論」を生かしながらパラドックスを回避するように選ばれた、公理系からなる今日の公理的集合論へと生まれ変わった。

有限および無限集合の定義

公理的集合論によると、最初の自然数に相当する可算無限ωの順序数は概略次のような再帰的論理を用いて定められる。

 i ϕ（空）は集合の要素である。
 ii aが集合の要素であれば、aと$\{a\}$を要素とする集合が存在する（$\{a\}$はaを要素とする集合を意味する）。

この理論により定まる順序数の先頭部は次となる。

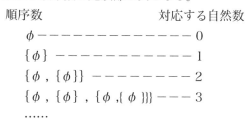

順序数	対応する自然数
ϕ	0
$\{\phi\}$	1
$\{\phi,\{\phi\}\}$	2
$\{\phi,\{\phi\},\{\phi,\{\phi\}\}\}$	3
……	

これにつづいて「集合にはベキ集合が存在する」との公理により、可算無限集合ωのベキ集合として、非可算無限の実数体ω^ω、ω^ωのベキ集合$(\omega^\omega)^\omega$、……のようにして、無限に連なる超限集合列が定義される（と考えられている）。

公理的集合論では、このように定義された集合、ならびに同類の集合のみを理論の対象とすることで矛盾は生じてはいない。

公理的集合論における数学の解釈
　公理的集合論では、数学理論は公理的集合論の上で成立するとされている。数値とその演算については次のように定義される。
- ⅰ　順序数の可算無限集合部分により、自然数・整数の値が定義される。
- ⅱ　分子が分母より小さい整数の組み合わせにより、有限個の真分数が定義される。
- ⅲ　ⅰとⅱとを合せて可算無限の有理数体が構成される。
- ⅳ　有理数のもつ「数の公理的性質（5話参照）」により、四則演算が可能である。
- ⅴ　順序数の非可算無限集合により、実数が定義され、実数の四則演算が公理として定義される。

　このような一連の理論を踏まえて、集合論の数学では最初に理論で用いる数の集合（数体という）を、整数体、有理数体、実数体などと指定して、その集合上で理論を展開する形で記述することが通例となっている。

集合論における矛盾と数学基礎論
　公理的集合論では、後述する不完全性定理により、一般的にある公理系が無矛盾であることは証明できない。それゆえ、ある公理系の下で展開された理論の中で、たとえば関係 $a \neq a$ が生じると、その公理系には矛盾があるということになる。
　公理的集合論の完成により、数学基礎論論争は下火となったが、超限集合の構造・理論域を論じること、現状の公理系とその変種を想定して、それらにおいて矛盾が生じないかどうかを論じることなど、数学基礎論の仕事はつづいている。

極限理論
　カントールの「実数は非可算無限である」との理論を受けて、構成的な実数概念からなる極限値理論には、同時代の数学者らにより次のような非可算無限の実数論による解釈が与えられた。

　　極限値を表す式
$$\lim_{n \to \infty} a_n = a$$

において、極限値 a は非可算無限の実数である。一方、1列の無限数列 a_1、a_2、a_3、……の長さ（項の個数、順位）を表す n および ∞ はどこまでも有限値であるため、1列の無限数列で表された構成的な実数の値は極限値 a と一致しない。

この理論によると ∞ とは、「任意の（大きい）n_0 より大きいすべての数 n」、または「確定したどのような値よりも大きい値」である。

このような解釈にもとづき、1列の無限数列の ∞ 長での値と非可算無限の実数値である極限値との関係や連続的な直線、曲線を覆いつくす実数などを論じる今日「解析学・analysis」といわれている一連の理論が生れた。座標幾何学も「解析幾何学」といわれるようになった。

不完全性定理とその解釈

先に「公理とは単なる仮定である。ただし公理的な数学が成立するためには、矛盾の発生しない公理系が前提となる」とのヒルベルトの公理論を説明したが、これを受けてクルト・ゲーデル（1906-1978）は、1931年にいわゆる「不完全性定理」を発表した。

不完全性定理は、用いる理論記号、推論規則などに異なる素数値を割り当てると、パラドックスを表す論理式 R を表す整数値 r が得られることを証明したものである。

ゲーデルは、この証明の結果を「普通の整数の理論における比較的単純な問題でありながら、公理系から決定することができないようなものさえ存在する」と解説して、さらにこの証明が成立する理論体系の条件として、

    i   証明の理論体系に特に「証明可能な理論式」という概念を定義するに十分な表現手段をもつ。

    ii その理論体系で証明可能な理論式が内容的に正しい。

の2つを挙げた。

共有された数学によると、この証明の理論体系について次のような解釈が可能となる。

    ゲーデルは共有された数学を用いた自らの証明理論により、パラドックスを表す論理式 R に対応する整数値 r を得た。しかしながら、共有された数学にはパラドックスに関する理論は含まれず、上の i、

ⅱの条件も満たしていないため、どのような整数値もパラドックスとは関係づけられない。

ゲーデルは、共有された数学外部となる理論・集合論によって、「整数値 r は論理式 R と同等である。論理式 R はパラドックスとなる」と考えて、「整数の理論にも公理系から決定することができないようなものさえ存在する」と結論づけたのである。

このように考えると、不完全性定理は共有された数学の不完全性を証明したものではなく、

> 共有された数学の整数の理論をツールとして用いても、非数値の集合論の論理から発生するパラドックスを集合論内部で発生させ得ることを証明した。

との解釈ができよう。

伝統的に共有されてきた数学は、純粋な数の理論に限られるため、この矛盾は数学の矛盾ではない。

公理的集合論へのコメント

本書で明らかにした経験的に得られた言葉や数学にもとづくと、公理的集合論は次のように考えられる。

- 公理といえども言葉であるとするならば、言葉にはその意味を形成する経験が必要と考えられる。このため、それ以上前提のない自立した公理というものは考え難い。
- 無限集合の概念は経験の延長線上にあるとしても、無限集合全体は経験的に認識できないため、無限集合にもとづいてその中身を論じることは経験上不可能である。
- 集合概念は素朴に「物の集まり」として経験的に習得される。そう考えると公理的集合論のように「空集合」だけで集合を定義してゆく方法は、経験的な集合とは異なる形骸化した集合といえよう。形骸化した集合が経験的な集合の上位に位置するとは考え難い。これは経験的に得た「存在」という言葉で神の存在を論じることと同じパターンである。

集合論は「人間の知性の柱となっている言葉・数学を絶対的な無限を第一原理として理論づける」との理念から生まれたものだろう。その理念はともかくとして、公理化されることで、その構造が限られたルールで成立す

るゲームの世界と同等となった。

　これが単なるゲームであれば、人々はシンプルに楽しめばよい。しかし、公理的集合論はすべての理論の母体との重要な役割を負っていると考えられているのである。

　そして、「公理的集合論に矛盾が生じないことは証明できない」との結果を得たために、逆に、伝統的に共有されてきた数学にも矛盾が生じないとはいえない、と解釈されることになった。

　これが「すべての理論の正しさは相対的である」との考え方を生み出して、「何でもあり」の理論が世界に蔓延する今日を招いた大きな要因であろう。これは人間の知性のみならず、人間社会にとっても危機的な状況といえるだろう。

　思想が混乱した今日の私たちには、「継承されてきたさまざまな人類の知的遺産の中から、世界で共有できるものに光を当てる」との思考法の原点回帰が求められているのではなかろうか。そしてその中心に位置するものは、伝統的に共有されてきた数学であろう。経験を表す言葉や科学理論の共有性も大切にしたいものである。

参考文献

　最初に問題提起したように、本書の主張している私たち一人一人が経験的に習得した感じ方考え方、これを支えている経験的で共有できる言葉の成り立ち、経験的で共有された数学の成り立ちについて、わかりやすく説明した既出の文献は見出せなかった。しかしながら、共有された経験を表す言葉・数学・幾何学・確率概念・科学・科学的思考は私たちの日常的な考え方の骨組みとなっており、本書もこれにもとづいている。

本書の科学的骨組みとして参考にした辞書類

　このような状況を踏まえて、まず最初に本書骨組みを構成するために参考とした辞典類を記載する。

広辞苑・ブリタニカ国際大百科事典・百科事典マイペディア（2011　カシオ電子辞書版）
ウィキペディア（日本語版・英語版）

分野別の文献

　分野別の文献と本書の主張との距離はさまざまだが、読者諸氏が文献を読まれるならば、文献と本書の主張・自らの経験との距離を実感していただけると思う。

　なお、下記の文献の中でも、中島『哲学の教科書』、林晋・八杉『ゲーデル　不完全性定理』の解説部、Ferreirós『Labyrinth of Thought』、ポアンカレ『科学と仮説』、同『科学と方法』には、現在の哲学と集合論に対する疑問の提起が見られる。

　また、辻『算術、数学、そして理論はなぜ〈正しい〉のか』、同『究極の理論で世界を読み解く』は本書に至る主張を数学を中心として著したものである。

〔心理学〕
田中平八郎編著『現代心理学用語事典』1988　垣内出版
齊藤勇一〔編〕『欲求心理学トピックス１００』1986　誠信書房
渋谷昌三・小野寺敦子『手にとるように心理学がわかる本』2006　かんき出版
鈴木光太郎『オオカミ少女はいなかった』2015　ちくま文庫
髙橋澪子『心の科学史』2016　講談社学術文庫
『マズローの自己実現理論』ウィキペディア　2017

〔哲学〕
プラトン『ソクラテスの弁明・クリトン』BC390ごろ　〔訳〕久保勉　1964　改版岩波文庫
アリストテレス『カテゴリー論』など　BC350ごろ　〔訳〕山本光雄　アリストテレス全集　第1巻　1971　岩波書店
デカルト、R.『方法序説』1637ごろ〔訳〕三宅徳嘉・小池健男　デカルト著作集　I　1973　白水社
カント、I.『純粋理性批判』1787　〔訳〕柴田英雄　1961　岩波文庫
小林道夫『科学哲学』1988　産業図書

竹田清嗣・西研〔編〕『はじめての哲学史』1998　有斐閣アルマ
西田幾多郎『善の研究』1911・1979　岩波文庫
中島義道『哲学の教科書』2001　講談社学術文庫
野家啓一『科学の哲学』2004　日本放送出版協会
野矢茂樹『心という難問　空間・身体・意味』2016　講談社
鈴木貴之『ぼくらが原子の集まりならば、なぜ痛みや悲しみを感じるのだろうか』
　　2015　勁草書房
『フレーゲの言語学』ウィキペディア　2017
　〔数学〕
ユークリッド『原論』BC300ごろ　〔訳・解〕中村幸四郎ら　『ユークリッド原論』追
　　補版　2011　共立出版
デカルト、R.『方法序説・幾何学』1637ごろ　〔訳〕三宅徳嘉・小池健男・原亨吉
　　デカルト著作集　I　1973　白水社
パスカル、B.『物理論文集、数学論文集』1665　〔訳〕原亨吉ら　パスカル全集　第
　　一巻　1959　人文書院
Hamilton, W.『Lectures on Quaternions』1853　Nabu Public Domain Reprints
日本数学会〔編〕『岩波数学辞典』第二版　1954　岩波書店
津田丈夫『不可能の証明』1985　共立出版
Boyer, C.『A History of Mathematics』2nd edition　1991　John Wiley & Sons,
　　Inc. New York
Clapham・Nicolson『Oxford Concise Dictionary of Mathematics』Third Edition
　　2005　Oxford　Univ. Press
寺坂英孝〔編〕『現代数学小辞典』2007　講談社ブルーバックス　講談社
堀源一郎『ハミルトンと四元数』2007　海鳴社
西内啓『統計学が最強の学問である』2013　ダイヤモンド社
ウィルソン、R『四色問題』2013　〔訳〕茂木健一郎　新潮文庫
　〔無限論〕
アリストテレス『自然学』BC350ごろ〔訳〕出隆・岩崎允胤　アリストテレス全集
　　第3巻　1968　岩波書店
ガリレイ、G.『新科学対話』1638　〔訳〕今田武雄、日田節次　1937　岩波書店
野矢茂樹『無限論の教室』1998　講談社現代新書
ムーア、A.『無限』2001〔訳〕石村多門　2012　講談社学術文庫
　〔集合論、数学基礎論〕
デーデキント、R.『連続性と無理数』1872　『数とは何か、何であるべきか』1887　〔訳〕
　　河野伊三郎『数について』1962　岩波文庫
カントール、G.『超限集合論の基礎に対する寄与』1895/7　〔訳〕功力金二郎『カント
　　ル　超限集合論』1996　共立出版社
ヒルベルト、D.『数学の問題』1900　〔訳・解〕一松信　1972　共立出版
ヒルベルト、D.『数学の基礎』1927・『幾何学の基礎』1930〔訳〕寺坂英孝、大西正

男『幾何学の基礎』1970　共立出版

Ewald, W. B.〔編〕『From Kant to Hilbert　A Source Book in the Foundation of Mathematics』1996　Oxford University Press UK

ゲーデル、K.『不完全性定理』1931　〔訳・解〕林晋・八杉満利子『ゲーデル　不完全性定理』2006　岩波文庫

van Heijenoort, J.〔編〕『From Frege to Gödel』1999　iUnivers.com Inc. Lincoln, NE

Ferreirós, J.『Labyrinth of Thought　A History of Set Theory and Its Role in Modern Mathematics』Second revised edition 2007 Birkhauser Verlag AG, Basel, Switzerland

足立恒雄『無限のパラドックス』2000　講談社ブルーバックス　講談社

高木貞治『解析概論』改定第3版　1961　岩波書店

竹内外史『集合とはなにか』2001　講談社ブルーバックス　講談社

ワイル、H『数学と自然科学の哲学』1950〔訳〕菅原正夫・下村寅太郎・森繁雄　1959　岩波書店

〔科学、科学史〕

ガリレイ、G.『新科学対話』1638　〔訳〕今田武雄・日田節次　1937　岩波書店

Newton、I.『The Principia』1687　〔　訳　〕Motte, A.　1848　1955　Prometheus Books N.Y.

ポアンカレ、H.『科学と仮説』1902　〔訳〕河野伊三郎　1959　岩波文庫　岩波書店

ポアンカレ、H.『科学と方法』1908　〔訳〕吉田洋一　1953　岩波文庫　岩波書店．

アインシュタイン、A.『相対性原理』1918　〔訳・解〕内山龍雄　1988　岩波文庫

ガモフ、J.『1、2、3・・・無限大』1961〔訳〕崎川範行　2004　白揚社

島尾永康〔編著〕『科学の歴史』1978　創元社

小山慶太『科学史年表』2003　中央新書　中央公論新社

『バージェス動物群』2017　ウィキペディア

大槻義彦・大場一郎〔編〕『新物理学事典』2009　講談社ブルーバックス　講談社

スティーヴン、W.『科学の発見』2015　〔解〕大栗博司〔訳〕赤根洋子　2016　文芸春秋

辻義行『算術、数学、そして理論はなぜ「正しい」のか』2014　図書新聞

辻義行『究極の理論で世界を読み解く』2015　図書新聞

索 引

ア 行

アインシュタイン　42, 199
アナログ　126
アリストテレス　19, 41, 101, 192, 227
イデア　18, 150, 172
生きがい　44, 83, 84, 98, 99, 106
因果関係　108, 109, 110-112, 153, 158, 183-185, 211, 225
宇宙　16, 41, 43, 71, 111, 122, 124, 129, 193, 196-201, 210
ヴント　19, 101
エーテル　198
ＡＩ　10, 30, 31, 122, 126-132, 134-136
速度　41, 42, 148, 191-194, 197-201, 209, 211

カ 行

カオス　111
科学的思考　16, 17, 25, 35, 36, 37, 44, 163, 164, 208
可算無限　250, 251, 253, 256, 260, 261
価値、一観　19, 31, 32, 34-37, 54, 55, 63, 64, 86, 89, 96, 99, 100, 102-104, 106, 134,147-150, 155, 157, 159, 168, 206
神、一様　16, 18, 21, 23, 24, 33, 42, 52, 53, 55, 56, 58, 67, 69, 152, 163, 168, 171, 175, 226, 263
ガウス　224, 259
ガモフ　68, 200
ガリレイ　23, 41, 192, 241, 242, 249, 250

カント　18
カントール　21, 249, 250-254, 256, 257, 260, 261
共有された（できる）数学　13, 32, 38, 39, 170, 173, 180, 183-185, 191, 232, 233, 241, 242, 248-251, 253, 254, 256-259, 262, 263
極限値　229, 230, 232-234, 243, 244, 261, 262
極限の値　234, 235, 236, 237-240, 242, 243, 244
虚構・フィクション　34, 35, 57, 64, 65, 72, 85, 123, 152, 156, 159
虚数　180, 213, 219-221, 259
近代科学、近代物理学　22, 23, 37, 41-43, 125, 161, 166, 187, 192, 197, 201, 203, 205, 207
経験を表す言葉　12, 13, 15, 33, 36, 116, 157-159, 172, 264
経験論　18, 170
決定論　108, 110, 111, 113
ゲーデル　22, 262, 263
原子論　42, 71, 124, 167, 176, 201-203, 211
言語学　18, 156, 170
現象学　18, 101, 170
光速　43, 198-200, 207
コーシー　228, 229, 232, 234-238, 240
公理、一論　21, 22, 40, 169, 170, 180, 187, 188, 215, 226, 230, 245-248, 260-263

サ 行

再帰的論理　182, 216, 227, 228, 230, 233,234, 241, 248, 249, 252, 259, 260

差別　11, 93, 155
3次元空間　40, 41, 148, 188, 191, 222
座標　22, 23, 40, 41, 187–189, 192–194, 196, 213, 219, 222, 227, 246
座標幾何学　40, 179, 185–187, 227, 246, 248
社会科学　147, 156
社会規範　16, 30, 35, 36, 75, 77, 99, 157, 159
真空（の）空間　200, 201
事実　156, 157, 159, 161, 164–166
幸せ　30, 62, 99, 100, 172
思考経験　26, 27, 31, 34, 51, 81, 82, 97, 105
自然　23, 32, 34, 54, 56–58, 61, 67, 71, 76, 79, 84, 86, 88, 104, 111, 139, 145, 146, 151, 156, 167, 168, 171, 173, 175, 193, 196, 197, 206, 210, 227
自然科学　147, 156, 160
宗教　13, 17, 23, 24, 25, 28, 30, 33, 34, 44, 55, 65–67, 69, 77, 85, 100, 103, 105, 115, 154, 164, 171, 207
時間　→「体感時間、物理的時間、数学的時間」（参照）
真実　11, 12, 55, 69, 72, 159
自我意識　15, 27, 31, 51, 87, 107, 108, 127, 133, 134
自信　50, 59, 61, 75, 82, 85, 90, 97
人格　92, 102, 171
人工　10, 30, 32, 79, 86, 121, 146, 207, 210, 211
人工知能　→「ＡＩ」（参照）
推論規則　13, 38, 169, 179, 181, 192, 215, 216, 259, 262
数学的時間　138, 190, 191, 195, 210
数学的時空間　22, 39, 40, 41, 43, 161, 189, 192, 198, 199
数直線　41, 70, 185, 186, 190, 219, 231, 232, 240
聖書　18, 58, 65, 67, 146, 168
生存本能　26, 59, 80, 89, 99

生得的　102, 103
ゼノンの難問　20, 182, 226, 234
善悪　52–54, 59, 62, 65, 126, 132, 147, 154, 155, 166
相対性理論　42, 43, 167, 197–201, 207
ソクラテス　18, 68
ソシュール　170

タ　行

対角線論法　251, 253, 254, 255, 256
体感時間　70, 138, 190, 199
達成感　30, 55, 61, 62, 83, 84, 86, 96, 99, 105, 106, 112, 118
知性　10, 13, 18, 30, 67, 134, 153, 166, 173, 174, 191, 263, 264
知的不満感・―満足感　11, 12, 62, 72, 78–81, 83, 95, 98, 102, 105
デジタル　128, 138
デカルト　40, 68, 69, 192
デーデキント　231, 249, 250, 256
哲学用語　117, 150, 172
電磁気　166, 197

ナ　行

ニュートン、―力学　22, 23, 41, 43, 111, 124, 128, 193–197, 203, 207, 228
人間性　27, 34, 71, 89, 103–105, 115, 154
ノーベル　167

ハ　行

排中律　169, 216, 256
背理法　183, 213, 215, 255
博愛　29, 98
反抗期　51
パスカル　224
ハミルトン　41, 191, 220
パラドックス　21, 22, 257–260, 262, 263

非ユークリッド幾何学　188, 226, 246–248
ピタゴラス、―の定理　20, 186, 216, 245
微分積分　182, 194, 228, 235
ヒルベルト　22, 242, 248, 259, 262
不確定性原理　111, 211
不完全性定理　22, 261–263
不規則、ランダム　113, 165, 181, 208, 209, 210, 211, 223, 224
複雑系　111
負数、負の数　20, 21, 177, 180, 186, 219, 259
フロイト　101
プラトン　18, 172
物理的時間　190, 195, 199
物理的時空間　43, 199
平行線、―公理　188, 246, 247, 248
偏見　11, 156
ポアンカレ　259
ポピュリズム　11, 17, 91, 93

マ 行

マズロー　103, 104, 106
マクスウェル　197
未知　13, 16, 17, 24, 28, 36, 37, 62, 67, 78, 109, 122, 131, 139, 159, 161, 163, 164
無限小　227, 228
無限小数　181, 182, 228, 233, 234, 240, 251
無限数列　39, 182, 216, 227–230, 233–244, 254, 262
無限大、∞　228, 229, 232–234, 249
無限集合　21, 241, 249–251, 256, 259–261, 263
無限値、∞　21, 39, 182, 183, 207, 216, 217, 233–235, 238–245, 251–254, 256, 259
無限分数列　239, 240
無理数、無理量　20, 39, 213, 215, 228, 230–232, 234, 239–240, 250
目的　17, 22, 48, 73, 74, 79, 129, 130, 141, 150, 167, 168, 201, 209–211, 225

ヤ 行

ユークリッド、―幾何学、―原論　22, 40, 187, 188, 226, 245–248
優位感　15, 29, 89–91, 93, 94, 97
唯物論　43, 111
有理数　230–232, 234, 239, 240, 250, 251, 261
欲求　15, 23, 26, 80, 81, 83, 97, 102–105
四元素説　175, 201

ラ 行

ラッセル　258, 259
ラプラス　111
ランダム　→「不規則」(参照)
量子力学　42, 113, 137, 211
理論域（数学の―）　40, 161, 183, 185
理論域（科学の―）　36, 42, 43, 138, 163, 164, 203, 204
劣位感　15, 29, 54, 88, 89, 96, 97
論理規則　13, 16, 19, 22, 38, 157, 169, 170, 179, 181, 215

ワ 行

ワイエルシュトラス　228, 229, 234
ワイル　259

■著者紹介

辻　義行（つじ　よしゆき）
1945年生まれ。1968年京都大学工学部卒業。2009年まで製造業に携わる。
著書　『算術、数学、そして理論はなぜ〈正しい〉のか』図書新聞
　　　『究極の理論で世界を読み解く』図書新聞
E-mail　yosshy@gf6.so-net.ne.jp

編集協力　　坂井　泉＋GALLAP
装　　幀　　守谷義明＋六月舎

感じ方考え方を科学する

2017年12月20日　第1刷発行

著　者　　辻　義行
発行者　　山中　洋二
発行所　　合同フォレスト株式会社
　　　　　　郵便番号　101-0051
　　　　　　東京都千代田区神田神保町 1-44
　　　　　　電話 03（3291）5200　FAX 03（3294）3509
　　　　　　振替 00170-4-324578
　　　　　　ホームページ http://www.godo-shuppan.co.jp/forest
発売元　　合同出版株式会社
　　　　　　郵便番号　101-0051
　　　　　　東京都千代田区神田神保町 1-44
　　　　　　電話　03（3294）3506　FAX 03（3294）3509
印刷・製本　株式会社シナノ

■落丁・乱丁の際はお取り換えいたします。

本書を無断で複写・転訳載することは、法律で認められている場合を除き、著作権及び出版社の権利の侵害になりますので、その場合にはあらかじめ小社宛てに許諾を求めてください。

ISBN 978-4-7726-6104-1　NDC 401　188 × 130
© Yoshiyuki Tsuji 2017